ポイントで学ぶ

電気回路

—直流・交流基礎編—

工学博士　三浦　　光　著

コロナ社

姉妹書

ポイントで学ぶ電気回路
―交流活用編―

1. 電気回路基礎のポイント
2. 二端子対回路
3. 三相交流回路
4. ひずみ波交流とフーリエ級数
5. 分布定数回路
6. 微分方程式による過渡現象
7. ラプラス変換と過渡現象

まえがき

この本は電気回路の中でも，直流回路と交流回路の基礎的な範囲について書かれています．そのため，電気・電子・通信系学科の学生はもちろんのこと，機械・メカトロニクス系や情報系などの学生に対しても学びやすい内容になっています．

本書は標準的な内容について記述していますが，下記に示すような点を特徴としています．

(1)　高等学校等では物理科目で「電気回路」の基礎になる部分を学ぶことが出来ます．しかし，高等学校等で学ぶ「電気回路」の範囲と，大学・短大などで学ぶ「電気回路」とは繋がりが乏しく，ギャップがあるように感じていました．また，高等学校等で物理を学んでいない学生も少なくありません．そのため本書では，**初学者にも十分理解でき，高等学校等からの勉学の橋渡しが出来るように，詳しく説明を行いました．**

(2)　電気回路を初めて学ぶ学生にとって，何気ない所に疑問を持ち，そこが引っかかっているために理解が困難になり，つまずいてしまうことがたびたびあります．本書では，**つまずくことが無くなるように，読者の立場になって出来るだけ丁寧に記述しました．**

(3)　一般にその分野の専門書は，それが入門書であっても重要な部分が多くあり，要点をつかむことが難しくなっています．本書では，**特に重要な事柄や，公式として扱える事項を『ポイント』として表示しました．**これによって，皆さんの理解を助けるようにしました．また，既習者にとっても，ポイントを設けることによって，内容の確認を容易にしました．

(4)　直流回路の部分を多くし，丁寧に説明しました．そのため，**電気回路の基礎的な定理などは直流回路の部分で記述し，理解を容易にしました．**

また，ここでの定理の証明などは避け，**交流回路の部分で再度，定理を説明し，そこで証明を行いました.**

(5)　例題は，重要事項の理解を確実にし，実際に利用できるようにするために必要になります．そのため，**例題をなるべく多く入れるようにし，詳しい解答を心がけました.**

また，例題や問題の解法は一つとは限らないため，**例題や問題を別の解法でも解くように努めました.**

この本は前述の通り，直流回路と基礎的な交流回路について記述しています．二端子対回路，三相交流回路，ひずみ波，分布定数回路，過渡現象などについては，姉妹書の『交流活用編』をご覧いただきたいと思います.

本書が電気回路を学ばれる皆さんにとって，容易な理解の一助になり，電気回路に好感を持っていただければ幸いに思います.

最後になりますが，遅筆な著者を常に暖かく見守ってくださった(株)昭晃堂編集部部長の小林孝雄さんに深く感謝申し上げます.

2008年　盛夏

著　者

本書を発行していた昭晃堂が2014年6月に解散したことに伴いまして，この度，コロナ社より継続出版することになりました．昭晃堂にて2008年10月の1刷発行から7刷までに至りましたが，引き続き多くの方にご拝読いただき，お役に立てるならば，著者としてこの上ない喜びであります.

2014年　12月

著　者

目　　次

1 直 流 回 路

2 直流回路の法則・定理

3 正弦波交流回路

4 複素数表示による正弦波交流回路

5 回路解析の基礎

6　回路解析法

7　回路解析の諸定理

1
直　流　回　路

電気回路（electric circuit）とは，**電池**（battery, electric cell）や**電球**（light bulb）などの**素子**（element）を導線で接続し，閉路を形成したものである．

電気回路には，大きく分けて，**直流**（direct current, D.C.）回路と**交流**（alternating current, A.C.）回路がある．**直流回路**とは，狭義の意味では，電圧・電流に時間的変化がなく，その大きさが一定な回路であるが，広義の意味では，電圧・電流の向きが時間に対して変わらず，常に同じ方向である回路である．

一方，**交流回路**とは，狭義の意味では，電圧・電流の向きが時間に対して正負の方向をもち，同じ波形が繰り返される（周期をもつ）回路であるが，広義の意味では，電圧・電流の向きが時間に対して単に正と負の方向をもつ回路である．たとえば，乾電池は直流回路に用いられ，家庭用の**電源**（electric source）は交流回路に用いられる．

本章では直流回路の基本的な事項を学ぶ．

1.1　電流と電圧

電線などの導体内を**電荷**（electric charge, charge）（単位は**クーロン**（coulomb）で，記号は〔C〕）が移動するとき，**電流**（electric current）が流れるという．電流の向きは正の電荷が移動する向き，すなわち，**起電力**（electromotive force, e.m.f.）のプラスからマイナスの向きと決められている．導線内では負の電荷をもった**電子**（electron）が移動しているので，電流が流れる向きと電子が移動する向きは互いに逆である．

ポイント

電流の大きさは導線内を単位時間当たりに通過する**電気量**（quantity of electricity）で定められる．単位は**アンペア**（ampere）で，記号は〔A〕である．すなわち，1〔C〕の電気量を1〔s〕間に運ぶ電流が1〔A〕である．1〔A〕= 1〔C/s〕．

電子1個は-1.60×10^{-19}〔C〕の電荷をもっているので，1〔C〕の電荷は6.25×10^{18}個の電子数に相当する．

1〔A〕の電流はこの数の電子が1〔s〕当たりに導線内を移動することである．したがって，電流をI〔A〕，電荷をQ〔C〕，時間をt〔s〕とすると，それらの間には，

$$I = \frac{Q}{t} \tag{1.1}$$

の関係がある．

電流は**電流計**（amperemeter, ammeter）によって測定することができる．

電流を流すには流れようとする力が必要であり，この力を**電位**（electric potential）という．単位は**ボルト**（volt）で，記号は〔V〕である．

図1.1に示すような電球が光ったり，**ヒータ**（heater）が熱くなるのは，電球やヒータに電流が流れているからである．電流が流れるには，a点とb点の電位に差があることが必要であり，逆にいうと，a点とb点の間に電位の差（**電位差**（potential difference）という）があるから電流が流れる．電流は電位の高い方から低い方に流れる．また，a点とb点の電位差のことをa, b間の**電圧**（voltage），または**電圧降下**（voltage drop）という．電位差および電圧降下の単位もボルトである．

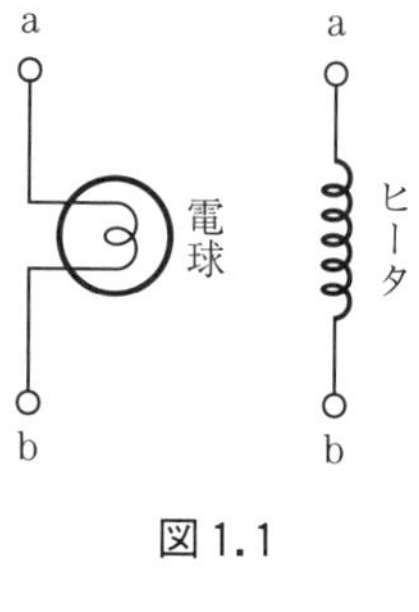

図1.1

電圧は**電圧計**（voltmeter）によって測定することができる．なお，電気回路の特性は一般に電圧と電流によって知ることができる．

1.2 オームの法則

図 1.2 のように電池に**抵抗**（resistance）の値が R である抵抗（抵抗 R と呼ぶ）を接続した場合を考える．抵抗とは一般に**電気エネルギー**（electrical energy）を消費するものをいい，ヒータ，電球などである．

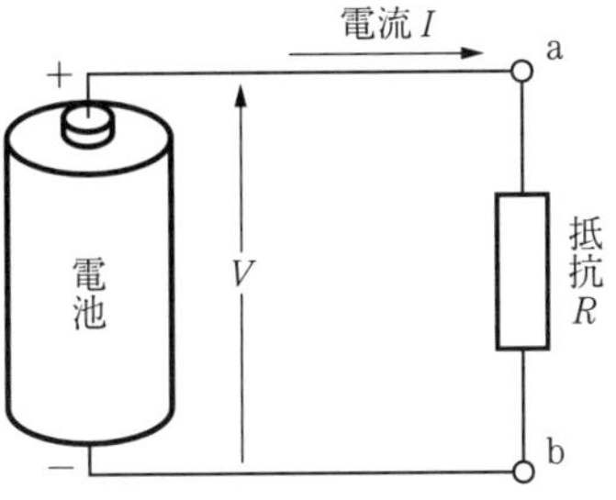

図 1.2

電池の端子電圧 V と抵抗 R を流れる電流 I は比例関係（$V \propto I$）にあり，その比例定数が R である．すなわち，

ポイント

端子電圧 V は抵抗 R を流れる電流 I との間に，

$$V = RI \tag{1.2}$$

の関係がある．これを**オームの法則**（Ohm's law）という．

抵抗 R の値は多くの場合素子が決まれば一定値になる（1.10 節参照）．R の単位は**オーム**（ohm）で，記号は〔Ω〕である．

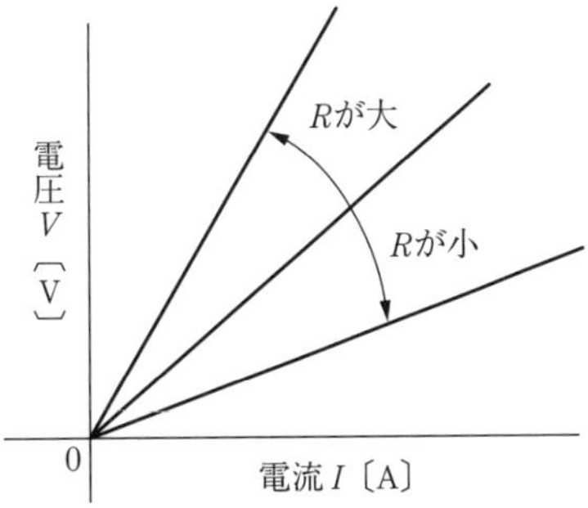

図 1.3

図 1.2 は電池であるので，端子電圧を変えることは難かしいが，式(1.2)は端子電圧 V を変化させると，それに比例して電流 I も変化することを意味している．**図 1.3** はその様子を示す．図は R の値が大きいほど電流が流れにくくなることを示している．

また，式(1.2)の RI を電流 I による抵抗 R における電圧降下といい，その向きは電流の流れる向きと逆向きで，端子 b から a の向きである．

式(1.2)を変形して，

ポイント

$$I=\frac{V}{R}=GV \tag{1.3}$$

とするとき，G を**コンダクタンス**（conductance）といい，R の逆数である．G の単位は**ジーメンス**（Siemens）で，記号は〔S〕である．

例題 1.1

抵抗 R に電流 0.3〔A〕を流したとき，抵抗両端の電圧が 15〔V〕であった．抵抗 R の値はいくらか．

［解］ 式(1.2)より，

$$R=\frac{V}{I}=\frac{15}{0.3}=50 \quad〔\Omega〕$$

となる．

1.3 抵抗の直並列接続

1.3.1 直列接続

図 1.4 に示すように，抵抗 R_1，R_2，R_3 が接続され，共通の電流 I が流れているとき，これを抵抗の**直列接続**（series connection）という．各抵抗における電圧降下を順に V_1，V_2，V_3 とすると，各抵抗には同じ電流 I が流れているので，オームの法則から，

$$V_1=R_1I,\quad V_2=R_2I,$$
$$V_3=R_3I \tag{1.4}$$

となる．全体の電圧はこれらの和になるので，

$$V=V_1+V_2+V_3$$

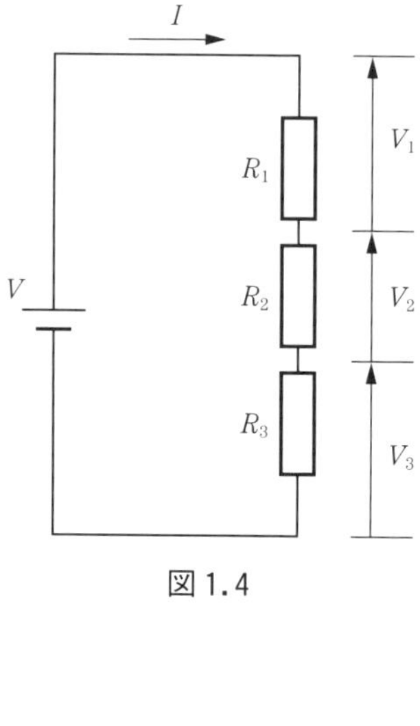

図 1.4

$$=(R_1+R_2+R_3)I \tag{1.5}$$

となる．R_1～R_3の合成抵抗（1つの抵抗と見なす）をRとおくと，$V=RI$の関係があるので，式(1.5)と見比べて，

ポイント

3個の抵抗R_1，R_2，R_3が直列に接続された時の合成抵抗Rは，

$$R=R_1+R_2+R_3 \tag{1.6}$$

となり，各抵抗の和になる．

一般にn個の抵抗が直列接続である場合，合成抵抗Rは，

$$R=R_1+R_2+\cdots+R_n=\sum_{k=1}^{n}R_k \tag{1.7}$$

となる．

1.3.2　並列接続

図1.5に示すように抵抗R_1，R_2，R_3が接続され，共通の電圧Vが加わっているとき，これを抵抗の**並列接続**（parallel connection）という．各抵抗を流れる電流を順にI_1，I_2，I_3とすると，各抵抗には同じ電圧Vが加わっているので，オームの法則から，

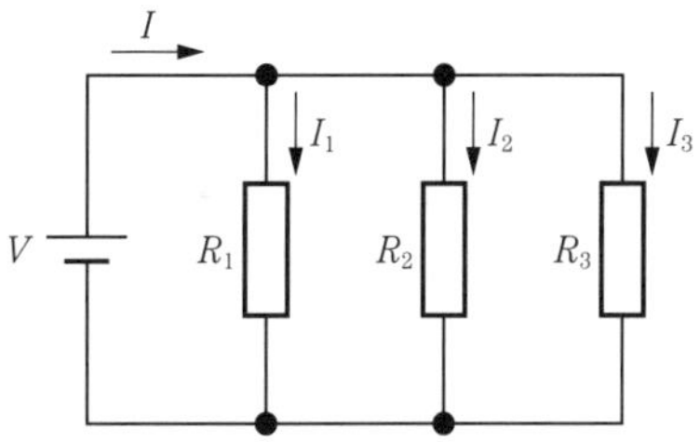

図1.5

$$I_1=\frac{V}{R_1},\qquad I_2=\frac{V}{R_2},\qquad I_3=\frac{V}{R_3} \tag{1.8}$$

となる．全体の電流Iはこれらの和になるので，

$$I=I_1+I_2+I_3=\left(\frac{1}{R_1}+\frac{1}{R_2}+\frac{1}{R_3}\right)V \tag{1.9}$$

となる．R_1～R_3の合成抵抗をRとおくと，$I=\dfrac{V}{R}$の関係があるので，式(1.9)と見比べて，

ポイント

3個の抵抗 R_1, R_2, R_3 が並列に接続された時の合成抵抗 R は，

$$\frac{1}{R}=\frac{1}{R_1}+\frac{1}{R_2}+\frac{1}{R_3} \tag{1.10}$$

となり，R の逆数は各抵抗の逆数の和になる．

一般に n 個の抵抗が並列接続である場合，合成抵抗 R は，

$$\frac{1}{R}=\frac{1}{R_1}+\frac{1}{R_2}+\cdots+\frac{1}{R_n}=\sum_{k=1}^{n}\frac{1}{R_k} \tag{1.11}$$

となる．

例題 1.2

図1.4に示した抵抗3個の直列回路において，電圧 $V=10$〔V〕とし，$R_1=3$〔Ω〕，$R_2=5$〔Ω〕，$R_3=2$〔Ω〕とするとき，抵抗の各位置における電圧降下の様子を図示せよ．

［解］ 抵抗を1つにまとめた合成抵抗を R とすると，式(1.6)より，

$$R=R_1+R_2+R_3=3+5+2=10 \ \text{〔Ω〕}$$

直列接続なので各抵抗を流れる電流は等しく I とすると，オームの法則から，

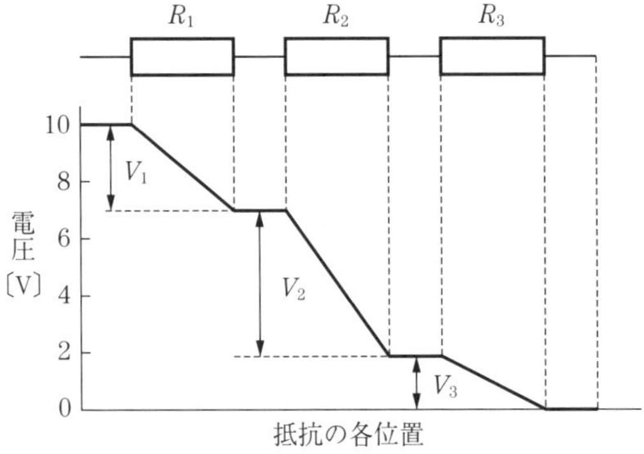

例図 1.1

$$I=\frac{V}{R}=\frac{10}{10}=1 \quad 〔A〕$$

各抵抗における電圧降下を順に V_1，V_2，V_3 とすると，

$$V_1=R_1I=3 〔V〕, \quad V_2=R_2I=5 〔V〕, \quad V_3=R_3I=2 〔V〕$$

これらを図示すると，**例図 1.1** になる．

例題 1.3

図 1.5 に示した抵抗 3 個の並列回路において，電圧 $V=12$〔V〕とし，$R_1=3$〔Ω〕，$R_2=6$〔Ω〕，$R_3=2$〔Ω〕とするとき，合成抵抗 R，各抵抗を流れる電流を求めよ．

［解］　合成抵抗を R とすると，式(1.10)より，

$$\frac{1}{R}=\frac{1}{R_1}+\frac{1}{R_2}+\frac{1}{R_3}=\frac{1}{3}+\frac{1}{6}+\frac{1}{2}=\frac{12}{12}=1 \quad 〔S〕$$

したがって，全体の電流 I は，$R=1$〔Ω〕であるから，オームの法則より，

$$I=\frac{V}{R}=\frac{12}{1}=12 \quad 〔A〕$$

また，R_1，R_2，R_3 を流れる電流を順に I_1，I_2，I_3 とすると，

$$I_1=\frac{V}{R_1}=4 〔A〕, \quad I_2=\frac{V}{R_2}=2 〔A〕, \quad I_3=\frac{V}{R_3}=6 〔A〕$$

となる．各抵抗を流れる電流の和は $I_1+I_2+I_3=12$〔A〕となり，先に求めた全体の電流 I の値と一致していることが分かる．

また，各電流の比をとると，

$$I_1 : I_2 : I_3=4:2:6=\frac{1}{R_1}:\frac{1}{R_2}:\frac{1}{R_3}$$

となり，抵抗の逆数の比になっていることが分かる．これは，抵抗を流れる電流は抵抗の値が大きい程，流れにくいことを意味している．

例題 1.4

例図 1.2 に示すような抵抗が直列および並列に接続されている回路を**直並列回路**という．この回路の合成抵抗 R を求めよ．

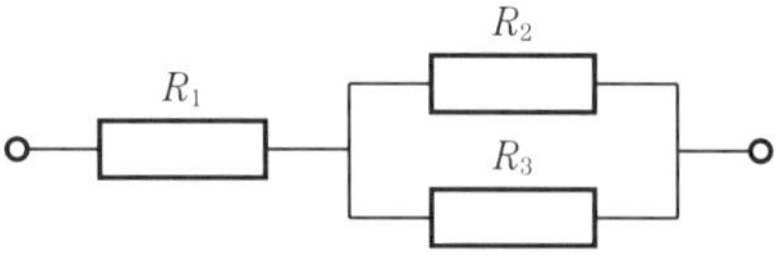

例図 1.2

［解］ R_2 と R_3 の並列接続の合成抵抗を $R_2/\!/R_3$ とすると，

$$R_2/\!/R_3=\frac{1}{\dfrac{1}{R_2}+\dfrac{1}{R_3}}=\frac{R_2R_3}{R_2+R_3}$$

$R_2/\!/R_3$ と R_1 は直列接続であるので，全体の合成抵抗 R は，

$$R=R_1+R_2/\!/R_3=R_1+\frac{R_2R_3}{R_2+R_3}$$

となる．

1.4 電力と電力量

図 1.2 において，抵抗 R に流れる電流を I〔A〕，R の端子間電圧を V〔V〕とすれば，単位時間当たりに R に供給される電気のエネルギー〔J/s〕は V と I の積で表され，**電力**（power）P と定義される．

ポイント

電力 P は，

$$P=VI=RI^2=\frac{V^2}{R} \tag{1.12}$$

と定義され，単位は**ワット**（watt）で，記号は〔W〕である．

電力 P は抵抗 R 内ですべて熱として消費される．電力 P は 1 秒当たりに消費される電気エネルギーであり，t〔s〕間に消費されるエネルギーを**電力量**（electric energy）W という．

ポイント

電力量 W は，

$$W=Pt=VIt \qquad (1.13)$$

であり，単位は**ジュール**（Joule）で，記号は〔J〕である．

電力量は式(1.13)の通り電力×時間であるが，時間 t の単位を〔s〕とすると値が大きくなる．そのため一般に実用的な単位として時間の単位を時間〔h〕とした**ワット時**（watt–hour）を用い，記号は〔W·h〕で表すことが多い．

1〔W·h〕=3 600〔J〕である．

例題 1.5

抵抗が 12.5〔Ω〕のヒータに 100〔V〕の電圧を加えた時の消費電力 P を求めよ．また，この電熱器を 5 時間使用した時の電力量 W を求めよ．

［解］　消費電力 P は式(1.12)より，

$$P=\frac{V^2}{R}=\frac{100^2}{12.5}=800 \quad \text{〔W〕}$$

となる．次に 5 時間使用した時の電力量 W は式(1.13)より，

$$W=800\text{〔W〕}\times 5\text{〔h〕}=4\,000\text{〔W·h〕}=4 \quad \text{〔kW·h〕}$$

となる．

1.5　電力の図式表示

電力を図式で考えよう．図 1.6 に示すように起電力 E に抵抗 R が接続された回路を考える．

R の端子電圧を V とし，この回路を流れる電流を I とすると，オームの法則（式(1.2)）より，$V=RI$ で表される．

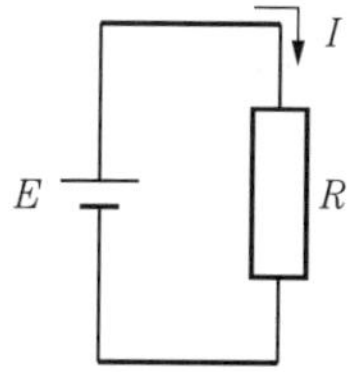

図 1.6

また，電圧 V と電流 I の関係は図 1.3 に示したように

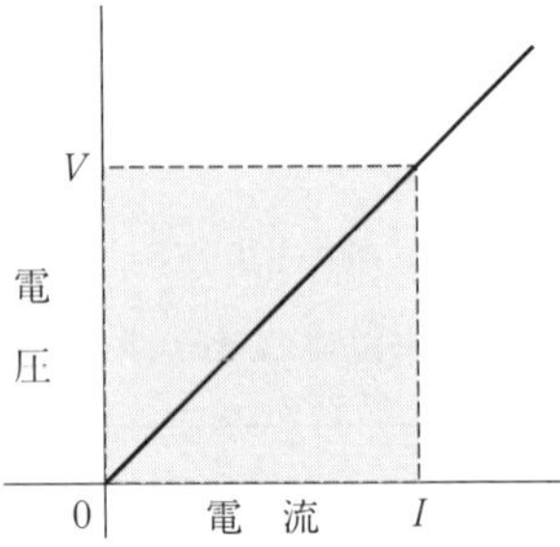

図 1.7

比例関係になる．ここで，電力は式(1.12)に示したように電圧 V と電流 I の積である．したがって，この関係を図に示すと，**図 1.7** のように電力は灰色で示した面積の大きさに相当する．電力は面積に比例するから，面積が大きいほど大きいことになる．

次に，抵抗の直列接続回路の電力を図式で考えてみよう．図 1.4 に示したように抵抗 R_1, R_2, R_3 が直列に接続されているとする．ここで分かりやすいように便宜上，$R_1=R$，$R_2=2R$，$R_3=3R$ とする．

この時の電力は，R_1, R_2, R_3 における値を順に P_1, P_2, P_3 とおくと，

$$P_1=V_1I=RI^2 \qquad (1.14)$$

$$P_2=V_2I=2RI^2 \qquad (1.15)$$

$$P_3=V_3I=3RI^2 \qquad (1.16)$$

となる．これらの関係を図で表すと，**図 1.8** になる．図は R_1, R_2, R_3 で消費される電力がそれぞれ，P_1, P_2, P_3 の部分で表されており，全体の電力 P は $P_1+P_2+P_3$ の面積に相当する．

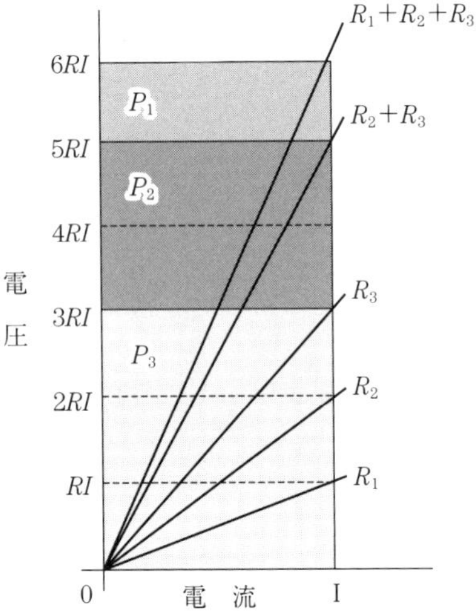

図 1.8

また，抵抗の並列接続回路の電力を図式で考えてみよう．図 1.5 に示したように抵抗 R_1, R_2, R_3 が並列に接続されているとする．直列の場合と同様に便宜上，$R_1=R$，$R_2=2R$，$R_3=3R$ とする．この時の電力は R_1, R_2, R_3 における値を順に P_1, P_2, P_3 とおくと，

$$P_1=VI_1=\frac{V^2}{R_1}=\frac{V^2}{R} \qquad (1.17)$$

$$P_2=VI_2=\frac{V^2}{R_2}=\frac{V^2}{2R} \qquad (1.18)$$

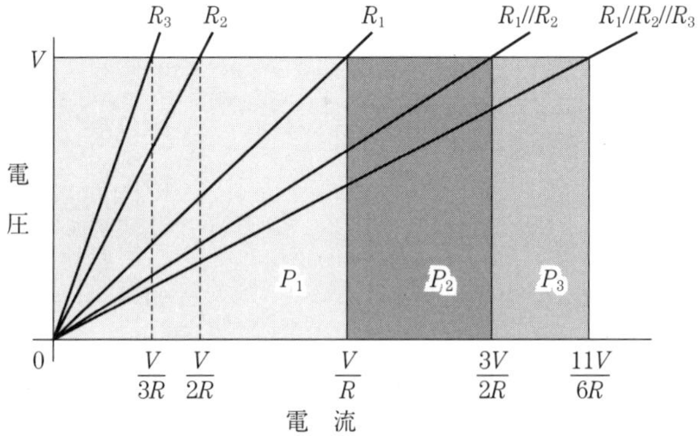

（注）$R_1//R_2$はR_1とR_2の並列接続を意味し，$R_1//R_2//R_3$はR_1とR_2とR_3の並列接続を意味する．

図 1.9

$$P_3 = VI_3 = \frac{V^2}{R_3} = \frac{V^2}{3R} \tag{1.19}$$

となる．これらの関係を図で表すと**図 1.9** になる．図は R_1，R_2，R_3 で消費される電力はそれぞれ P_1，P_2，P_3 の部分で表されており，全体の電力 P は $P_1+P_2+P_3$ の面積に相当する．

例題 1.6

図 1.4 に示すように 3 個の抵抗が直列に接続されており，$R_1=100$〔Ω〕，$R_2=200$〔Ω〕，$R_3=300$〔Ω〕である．電圧 $V=120$〔V〕を加えた時の消費電力を図式によって表せ．

［解］　抵抗 3 個の合成抵抗 R は式(1.6)より，

$$R = R_1+R_2+R_3 = 100+200+300 = 600 \text{〔Ω〕}$$

したがって，抵抗に流れる電流 I はオームの法則から，

$$I = \frac{V}{R} = \frac{120}{600} = 0.2 \text{〔A〕}$$

となる．抵抗 R_1，R_2，R_3 での電圧を順に V_1，V_2，V_3 とすると $V_1=100\times0.2=20$〔V〕，$V_2=200\times0.2=40$〔V〕，$V_3=300\times0.2=60$〔V〕となる．消費電力を順に P_1，P_2，P_3 とすると，

$$P_1 = V_1 I = 20 \times 0.2 = 4 \quad \text{〔W〕}$$
$$P_2 = V_2 I = 40 \times 0.2 = 8 \quad \text{〔W〕}$$
$$P_3 = V_3 I = 60 \times 0.2 = 12 \quad \text{〔W〕}$$

となり，**例図 1.3** のように表せる．

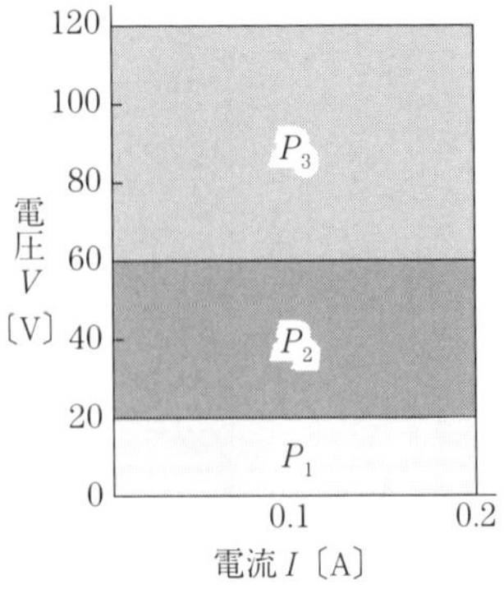

例図 1.3

1.6 電池の起電力と端子電圧

図 1.2 に示したような電池に抵抗などを接続すると電位の高い方から低い方へ正の電荷が移動して，これが電流になる．ところが電荷が移動することによって高い方の電位が下がり，低い方の電位に等しくなると，電荷が移動しなくなり，電流が流れなくなる．そこで 2 点間の電位の差，すなわち電位差を電流が流れても一定の値に保つ必要がある．そのためには低電位にある正電荷を，電池内の電界に逆らって高電位まで持ち上げることが行なわれる．電池の場合には，**化学的エネルギー**（chemical energy）によってそのための力を発生する．その力によって正電荷を持ち上げるために必要な単位正電荷当たりの仕事量を，電池の**起電力**という．電池の起電力は電池の開放端に現われる電位差に等しく，単位は電圧と同じボルト〔V〕を用いる．

図 1.10 に示した端子電圧 V は一般に起電力 E とは異なる．これは抵抗 R に電流 I が流れているとき，

$$V = E - rI \qquad (1.20)$$

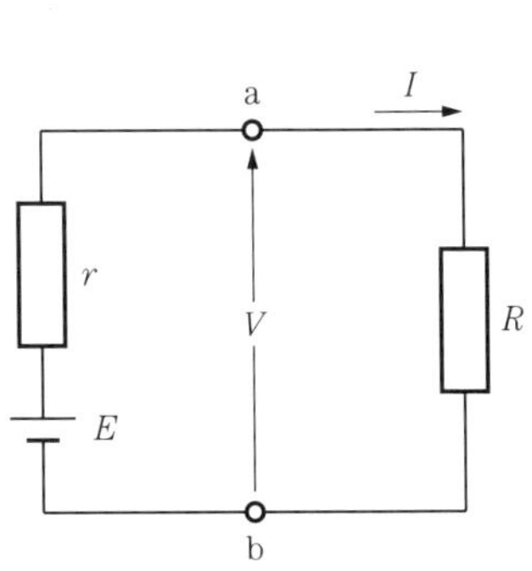

図 1.10

の関係になるためである．ここでrは起電力Eに直列な抵抗と考えられ，電池の**内部抵抗**（internal resistance）という．図中の端子 a, b より左側の部分が電池になる．

ポイント

外部抵抗Rに流れる電流は，図 1.10 より，

$$I=\frac{E}{r+R} \tag{1.21}$$

となり，端子電圧Vを求めるまでもない．端子電圧Vは，

$$V=RI=\frac{RE}{r+R} \tag{1.22}$$

となる．式(1.22)より，端子電圧Vの大きさは起電力Eが一定の値であっても，内部抵抗rがあるために変化することが分かる．

例題 1.7

図 1.10 において，起電力Eを 1.5〔V〕，外部抵抗Rを 2〔Ω〕としたとき，内部抵抗rが 0 から 2〔Ω〕まで変化した場合の端子電圧Vの値を求め，グラフに示せ．

［解］ 式(1.22)よりVは，

$$V=\frac{2\times1.5}{r+2}=\frac{3}{r+2}$$

となる．したがって$r=0$〔Ω〕の時は，

$$V=\frac{2\times1.5}{0+2}=1.5 \quad \text{〔V〕}$$

同様に$r=1$〔Ω〕の時$V=1.0$〔V〕，$r=2$〔Ω〕の時$V=0.75$〔V〕となる．内部抵抗rに対する端子電圧Vのグラフを描くと**例図 1.4** になる．

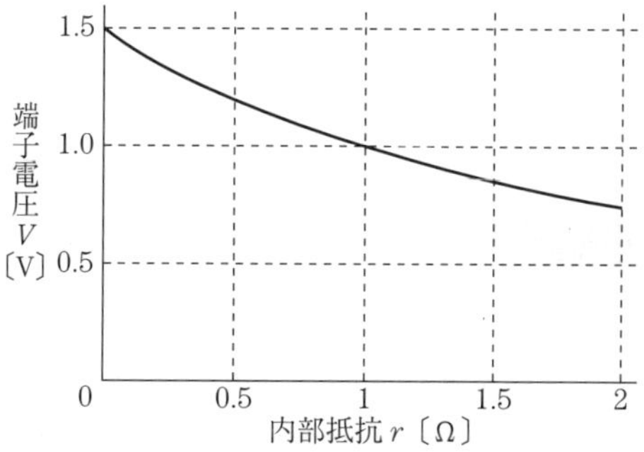

例図 1.4

1.7 定電圧源・定電流源

ポイント

図 1.11 に示すように，電流の値に関わらず，一定の値の端子電圧をもつ素子を**定電圧源**（constant voltage source）という．

図 1.10 における E が定電圧源にあたる．式(1.21)を次のように変形する．

$$I=\frac{E}{r}\cdot\frac{r}{r+R}=I_0\frac{r}{r+R} \tag{1.23}$$

ただし，$I_0=\dfrac{E}{r}$

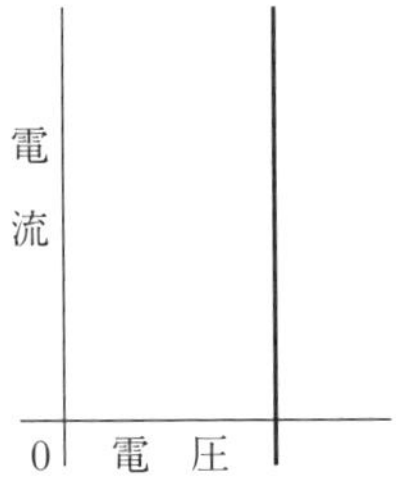

図 1.11

式(1.23)は**図 1.12** のような回路で示される．図中の I_0 は**電流源**（current source）であり，それに並列な内部抵抗 r をもつ．

図 1.12 の端子 a, b から左側の部分は図 1.10 の端子 a, b から左側の部分と等価であり，互いに等価変換できる．

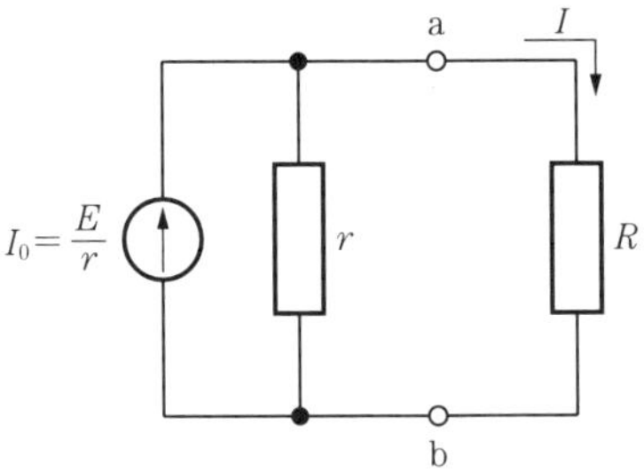

図 1.12

ポイント

図 1.13 に示すように電圧の値に関わらず，一定の値の電流を流す素子を**定電流源**（constant current source）という．

図 1.12 における I_0 が定電流源にあたる．

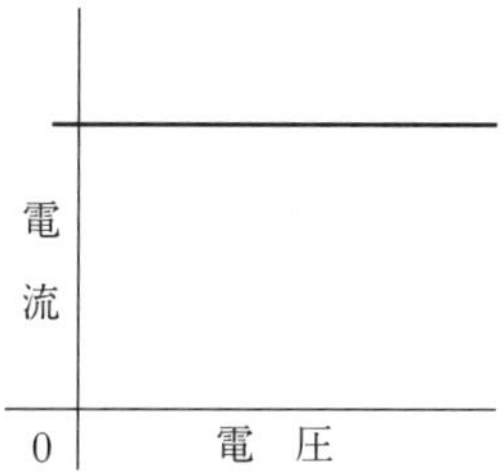

図 1.13

例題 1.8

図 1.10 において，起電力（定電圧源）$E=10$〔V〕，内部抵抗 $r=0.5$〔Ω〕のとき，負荷抵抗 R が 2〜∞〔Ω〕の範囲で変化した場合の a, b 間の端子電圧 V と電流 I の関係を求め，図示せよ．

［解］ 内部抵抗 r にも電流 I が流れているので，V は，

$$V=E-rI$$

また，$V=IR$ であるから，これを上式に代入して，整理すると，

$$I=\frac{E}{r+R}$$

となり，式(1.21)と同じになる．この式に値を代入すると，

$R=2$〔Ω〕のときは $I=4$〔A〕，

$R=\infty$〔Ω〕のときは $I=0$〔A〕

となり，R が 2〜∞〔Ω〕の範囲では I が 0〜4〔A〕の範囲になる．この範囲で $V=10-0.5I$ の図を描くと，**例図 1.5** になる．

なお，$r=0$ の時は常に $V=E$ になる．

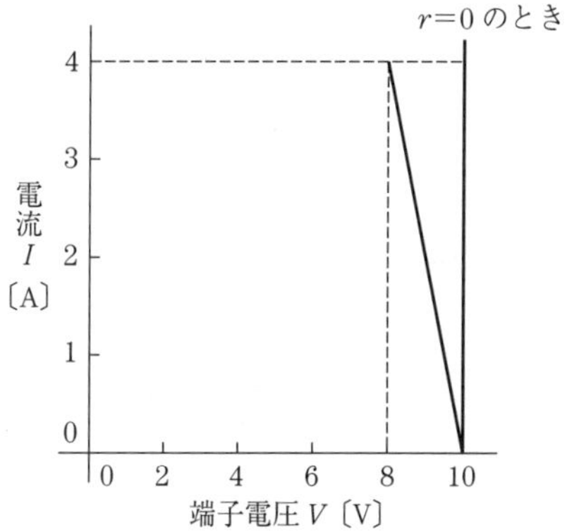

例図 1.5

1.8　負荷への最大供給電力

図1.10に示した回路において，抵抗Rは外部に接続された抵抗であり，一般に電力を消費するものとして**負荷**（load）または負荷抵抗と呼ばれる．ここではRの大きさを変化させた時に，Rの消費電力が最大になるRの値について考えよう．この回路を流れる電流Iは式(1.21)で示されているので，負荷抵抗Rでの消費電力Pは，式(1.12)より，

$$P=RI^2=\frac{RE^2}{(r+R)^2} \tag{1.24}$$

である．Rを変化した場合のPの最大値を求めるために，式(1.24)をRで微分すると，

$$\frac{dP}{dR}=\frac{r-R}{(r+R)^3}E^2 \tag{1.25}$$

Pが最大値になるのは，$dP/dR=0$の時であるから，式(1.25)において分子$=0$の時で，

$$R=r \tag{1.26}$$

である．すなわち，

ポイント

消費電力Pが最大になるのは負荷抵抗Rが電源の内部抵抗rと等しい時である．その時の最大消費電力$P_{\max}$は，式(1.24)において$R=r$とおいて，

$$P_{\max}=\frac{E^2}{4r} \tag{1.27}$$

となる．このとき，内部抵抗rで消費される電力も$P_{\max}$に等しくなる．

例題 1.9

例図 1.6 において，電源の起電力 $E=10$〔V〕，内部抵抗 $r=2$〔Ω〕である．負荷抵抗 R が 0，1，2，3，5，8〔Ω〕に変化した時の R での消費電力 P を求め，R と P の関係を図示せよ．

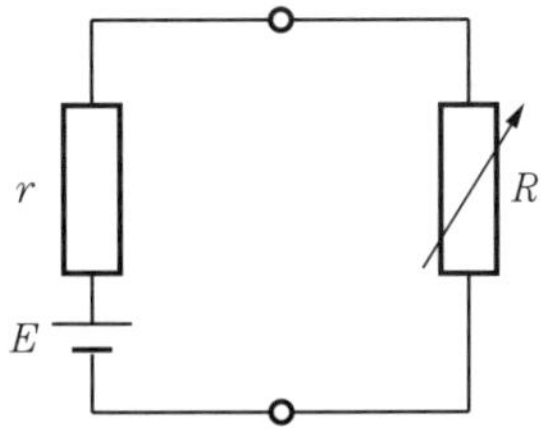

例図 1.6

［解］　消費電力 P は式(1.24)で示されているので，負荷抵抗 R の値が 0，1，2，3，5，8〔Ω〕の場合について，値を代入して P を求めると，順に 0，11.1，12.5，12，10.2，8〔W〕となる．これらの関係を図示すると **例図 1.7** になる．

また図より，$R=r$ のときに電力が最大になることが分かる．

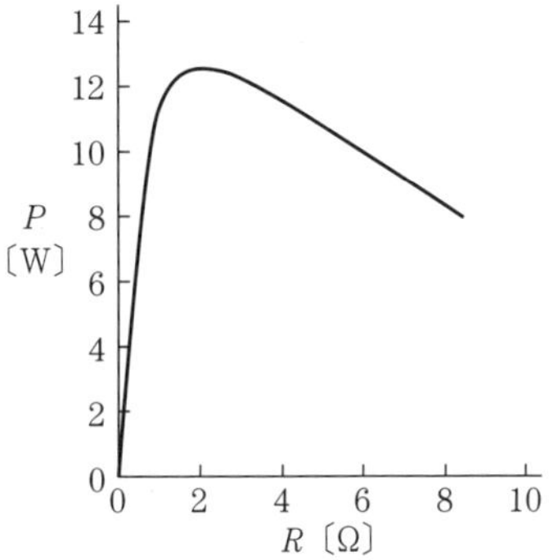

例図 1.7

1.9　直流に対するコンデンサの働き

図 1.14 に示すように，電圧 V に**コンデンサ**（condenser）を接続すると，電荷が蓄えられる．充分時間がたった後，コンデンサには図に示すように $+Q$，$-Q$〔C〕の電荷が蓄えられ，この時，

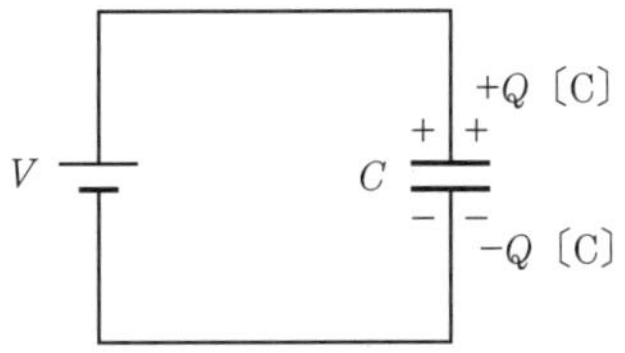

図 1.14

ポイント

$$Q = CV \tag{1.28}$$

の関係が成り立つ．C をコンデンサの**静電容量**（capacity, capacitance）といい，単位はファラッド（farad）で，記号は〔F〕である．

式(1.28)は，電荷 Q が電圧 V に比例することを意味している．

1.9.1　コンデンサの直列接続

図 1.15 のように静電容量がそれぞれ C_1, C_2, C_3 のコンデンサ 3 個が直列に接続された場合を考えよう．3 個のコンデンサ全体に電圧 V を加え，充分に時間が経ったとする．各コンデンサの電荷はそれぞれのコンデンサの電荷が釣り合うために等しくなり，Q とする．この時各コンデンサの端子電圧を順に V_1, V_2, V_3 とすると，式(1.28)より

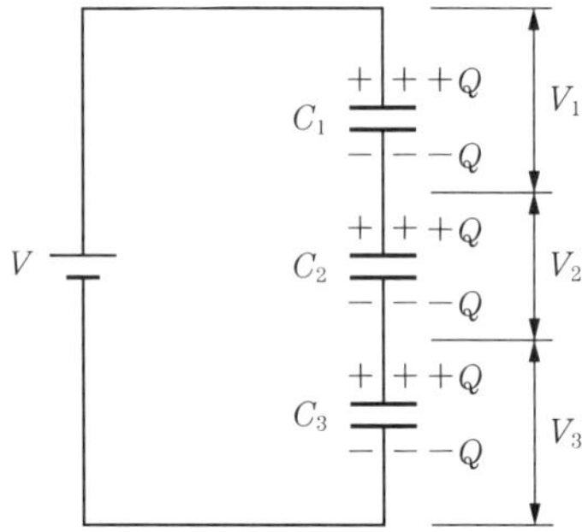

図 1.15

$$V_1 = \frac{Q}{C_1}, \quad V_2 = \frac{Q}{C_2}, \quad V_3 = \frac{Q}{C_3} \tag{1.29}$$

の関係が得られる．全体の電圧 V は，

$$V = V_1 + V_2 + V_3 = \frac{Q}{C_1} + \frac{Q}{C_2} + \frac{Q}{C_3} = \left(\frac{1}{C_1} + \frac{1}{C_2} + \frac{1}{C_3}\right)Q \tag{1.30}$$

となる．これら 3 個のコンデンサを図 1.14 に示すように 1 個にまとめた場合の静電容量を C とすると，式(1.28)より，

$$V = \frac{Q}{C} \tag{1.31}$$

である．式(1.30)と見比べると，

ポイント

コンデンサを直列に接続したときの全体の静電容量は，

$$\frac{1}{C}=\frac{1}{C_1}+\frac{1}{C_2}+\frac{1}{C_3} \qquad (1.32)$$

の関係になる．

1.9.2 コンデンサの並列接続

図 1.16 のように静電容量が C_1，C_2，C_3 のコンデンサ 3 個が並列に接続された場合を考える．3 個のコンデンサ全体に電圧 V を加え，充分に時間が経ったとする．各コンデンサの端子電圧は図に示すように等しく，

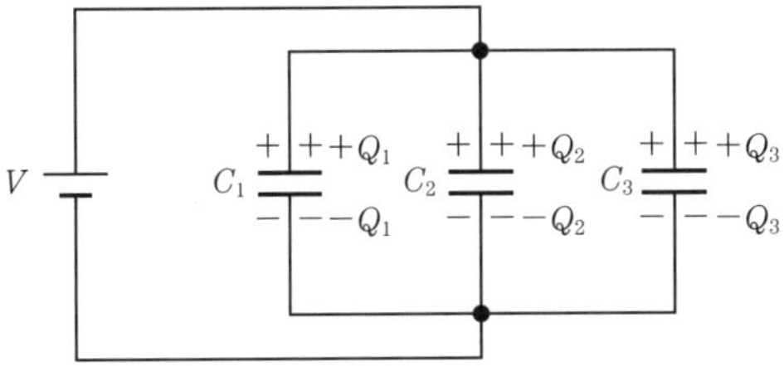

図 1.16

V でなければならない．この時の各コンデンサの電荷は静電容量が異なるので異なり，順に Q_1，Q_2，Q_3 とおくと，式(1.28)より，

$$Q_1=C_1V, \qquad Q_2=C_2V, \qquad Q_3=C_3V \qquad (1.33)$$

の関係が得られる．全体の電荷を Q とすると，

$$Q=Q_1+Q_2+Q_3=C_1V+C_2V+C_3V=(C_1+C_2+C_3)V \qquad (1.34)$$

となる．これら 3 個のコンデンサを図 1.14 に示すように 1 個にまとめた場合の静電容量を C とすると，式(1.28)より，

$$Q=CV \qquad (1.35)$$

である．式(1.34)と見比べると，

ポイント

コンデンサを並列に接続したときの全体の静電容量は，

$$C=C_1+C_2+C_3 \qquad (1.36)$$

の関係になる．

コンデンサにおける直列・並列接続の静電容量の関係は，抵抗の場合と逆になるので注意が必要である．

なお，抵抗は電力を消費するが，コンデンサは電力を消費せず蓄える．

例題 1.10

静電容量がそれぞれ 1〔μF〕，2〔μF〕，3〔μF〕である 3 個のコンデンサ C_1，C_2，C_3 について次の問いに答えよ．

（a） 図 1.15 のように直列に接続した場合の全体の静電容量を求めよ．

（b） 図 1.16 のように並列に接続した場合の全体の静電容量を求めよ．

（c） (a),(b)の場合について，15〔V〕の電圧を加えた時の電荷を求めよ．

［解］ （a） 全体の静電容量を C_a とすると，式(1.32)より，

$$\frac{1}{C_a}=\frac{1}{C_1}+\frac{1}{C_2}+\frac{1}{C_3}=\frac{1}{1\times10^{-6}}+\frac{1}{2\times10^{-6}}+\frac{1}{3\times10^{-6}}$$

であるから，$C_a=0.55$〔μF〕．

（b） 全体の静電容量を C_b とすると，式(1.36)より，

$$C_b=C_1+C_2+C_3=1\times10^{-6}+2\times10^{-6}+3\times10^{-6}=6\times10^{-6}\ 〔\mathrm{F}〕=6\ 〔\mu\mathrm{F}〕.$$

（c） 直列接続の場合の電荷を Q_a とすると式(1.28)より，

$$Q_a=C_aV=0.55\times10^{-6}\times15=8.25\times10^{-6}\ 〔\mathrm{C}〕$$

並列接続の場合の電荷を Q_b とすると同様に，

$$Q_b=C_bV=6\times10^{-6}\times15=90\times10^{-6}\ 〔\mathrm{C}〕$$

となる．

1.10 線形抵抗と非線形抵抗

図 1.17 において(a)の直線で示すように，電圧 V に対して電流 I が比例関係にある抵抗を**線形抵抗**（linear resistance）という．

一方，(b)に示すように，電圧 V に対して電流 I が曲線で表される関係の抵抗を**非線形抵抗**（non–linear resistance）という．(b)は例として**白熱電球**

(incandescent light) の場合を示している．これは，電圧が高くなると**タングステン** (tungsten) でできた**フィラメント** (filament) に流れる電流が多くなり，ジュール熱が生じて温度が上昇するため，抵抗値が大きくなることを示している．

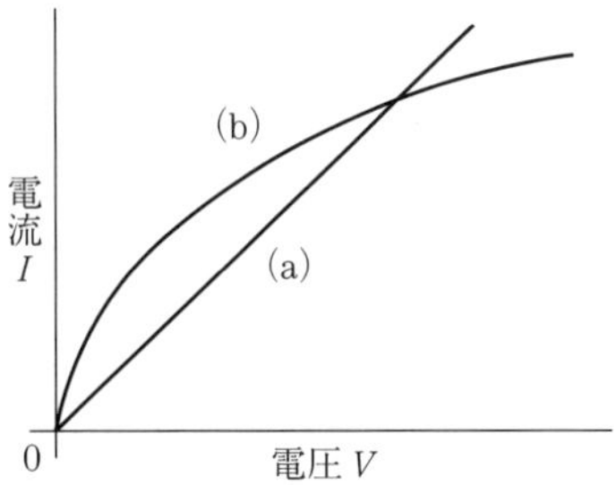

図 1.17

演 習 問 題

〔**問題 1.1**〕 問図 1.1 において，起電力 E が 1.5〔V〕，抵抗 R が 3〔Ω〕である時，流れる電流 I を求めよ．

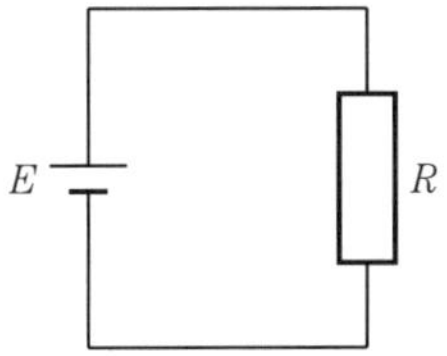

問図 1.1

〔**問題 1.2**〕 問図 1.2 において，起電力 E が 18〔V〕，抵抗 R_1，R_2，R_3 が順に 20，30，40〔Ω〕であり，直列に接続されている．全体の合成抵抗 R，回路を流れる電流 I，各抵抗の端子電圧 V_1，V_2，V_3 を求めよ．

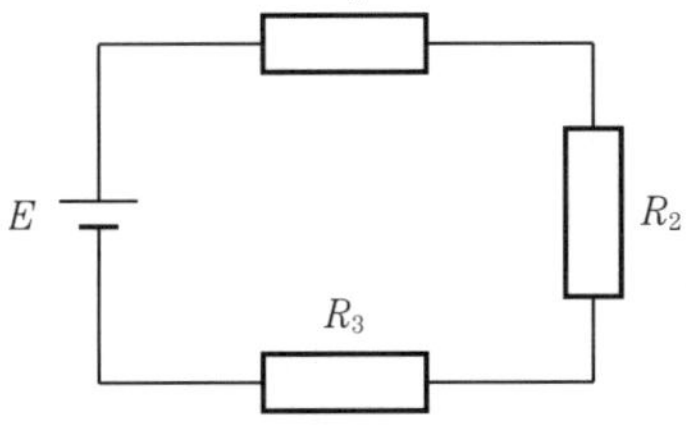

問図 1.2

〔**問題 1.3**〕 問図 1.3 において，起電力 E が 18〔V〕であり，3 個の抵抗 $R_1=20$〔Ω〕，$R_2=30$〔Ω〕，$R_3=40$〔Ω〕が並列に接続されている．全体の合成抵抗 R，全電流 I，各抵抗を流れる電流 I_1，I_2，I_3 を求めよ．

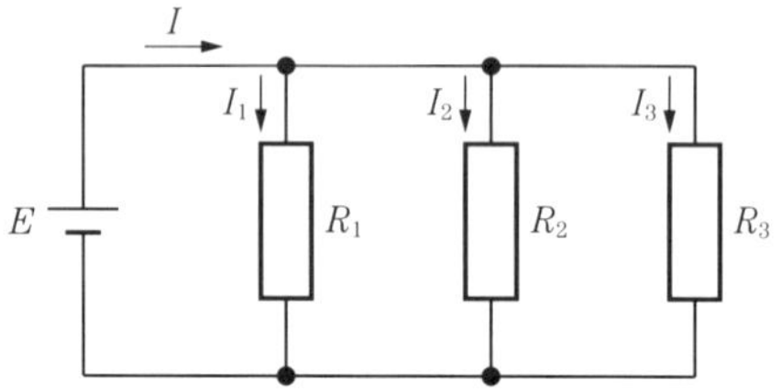

問図 1.3

〔**問題 1.4**〕 4 個の抵抗 $R_1=10$〔Ω〕，$R_2=20$〔Ω〕，$R_3=30$〔Ω〕，$R_4=40$〔Ω〕が問図 1.4 のように接続されている．全体の合成抵抗 R，全電流 I，R_1 と R_3 を流れる電流 I_1，R_2 と R_4 を流れる電流 I_2 を求めよ．ただし，起電力 $E=24$〔V〕である．

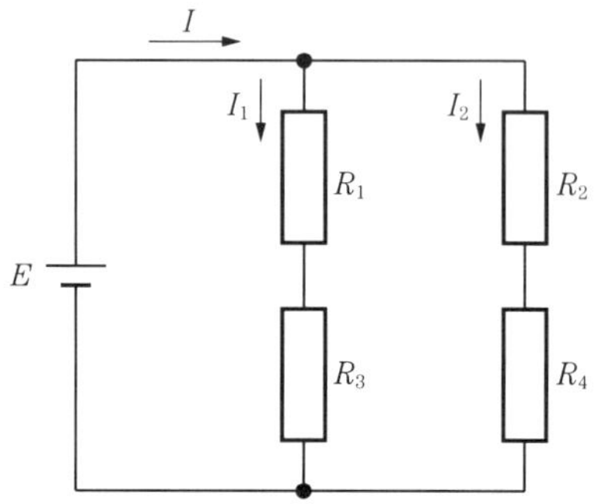

問図 1.4

〔**問題 1.5**〕 電圧 100〔V〕で消費電力 800〔W〕のヒータがある．定常状態での抵抗 R，電流 I を求めよ．

〔**問題 1.6**〕 静電容量 $C_1=2$〔μF〕，$C_2=4$〔μF〕のコンデンサ 2 個を直列に接続した．全体の静電容量 C を求めよ．

〔**問題 1.7**〕〔問題 1.6〕のコンデンサを並列に接続したときの全体の静電容量 C を求めよ．

〔**問題 1.8**〕 静電容量 C〔μF〕のコンデンサが 3 個ある．これらのコンデンサを 1～3 個使ってできる静電容量の大きさをすべて求めよ．

2

直流回路の法則・定理

本章では直流回路の電圧・電流を解析するために必要な諸定理について述べる．これらの定理を利用することによって，回路の性質がより理解でき，容易に電圧・電流を求めることができるようになる．ただし，ここでは定理の紹介にとどめ，詳しい証明は7章で行うことにする．なお，ここで学ぶ定理はすべて後で学ぶ交流回路においても適用できるものである．

2.1 分圧の法則・分流の法則

2.1.1 分圧の法則

図2.1に示すように，抵抗R_1とR_2が直列に接続した回路に起電力Eが加わっている．この時，全抵抗Rは式(1.7)からR_1+R_2であるから，回路を流れる電流Iは，オームの法則から，

$$I=\frac{E}{R_1+R_2} \qquad (2.1)$$

となる．電流IはR_1, R_2を共に流れているので，

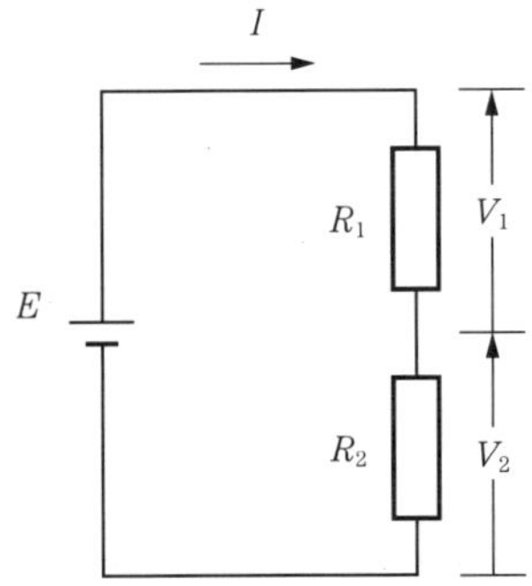

図2.1

ポイント

R_1 および R_2 の端子電圧 V_1 および V_2 は，

$$V_1 = R_1 I = \frac{R_1}{R_1+R_2} E \tag{2.2}$$

$$V_2 = R_2 I = \frac{R_2}{R_1+R_2} E \tag{2.3}$$

となる．これは各抵抗の端子電圧は起電力 E を全抵抗（R_1+R_2）で割ったもの（流れる電流 I）にその抵抗を掛けて求まることを示している．これを**分圧の法則**（voltage divider rule）という．

また，$V_1 : V_2 = R_1 : R_2$ になることから，抵抗の端子電圧の割合は抵抗の比になることを意味している．

例題 2.1

図 2.1 において，$E = 10$〔V〕，$R_1 = 200$〔Ω〕，$R_2 = 300$〔Ω〕とする．各抵抗の端子電圧 V_1，V_2 を求め，$\dfrac{V_1}{V_2} = \dfrac{R_1}{R_2}$ になることを示せ．

［解］　式(2.2)，(2.3)より，

$$V_1 = \frac{200}{200+300} \times 10 = 4 \text{〔V〕}$$

$$V_2 = \frac{300}{200+300} \times 10 = 6 \text{〔V〕}$$

となる．また $\dfrac{V_1}{V_2} = \dfrac{4}{6} = \dfrac{2}{3}$，$\dfrac{R_1}{R_2} = \dfrac{200}{300} = \dfrac{2}{3}$ であるから，$\dfrac{V_1}{V_2} = \dfrac{R_1}{R_2}$ である．

分圧の法則は指示電圧計の測定範囲を広げるために使われる．**図 2.2** のように指示電圧計 Ⓥ の指示部（内部抵抗 r）は最大測定電圧（定格電圧）V_m までしか測定できない．この電圧計を用いて，n 倍の電圧 nV_m まで測定するには，

電圧計と直列に抵抗R_nを挿入することによって電圧計にかかる電圧を分圧する．分圧の法則から，

$$V_m=\frac{r}{R_n+r}nV_m \qquad (2.4)$$

であるから，変形して，

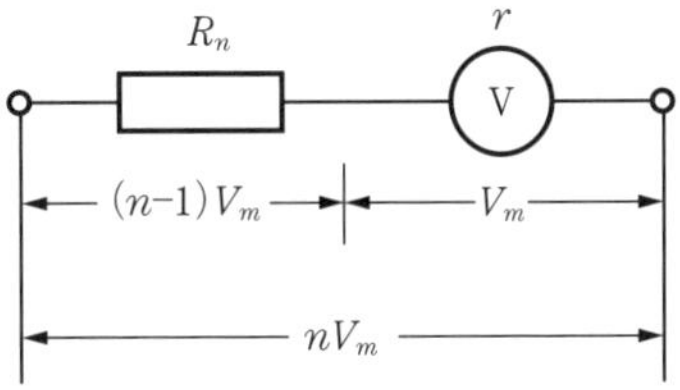

図 2.2

ポイント

R_nは，

$$R_n=(n-1)r \qquad (2.5)$$

となる．すなわち，内部抵抗rの（$n-1$）倍の抵抗R_nを電圧計と直列に挿入すれば，V_mのn倍の電圧を測定できる．

例題 2.2

図 2.2 において，V_m=50〔mV〕，r=50〔Ω〕であるとき，測定電圧を 10〔V〕までに拡大したい．直列に接続する抵抗R_nの値を求めよ．

［解］ n倍の電圧nV_m=10〔V〕であるから，$n=\frac{10}{0.05}$=200 倍である．R_nは式(2.5)より，

$$R_n=(n-1)r=(200-1)\times 50=9\,950\ 〔\Omega〕=9.95\ 〔\mathrm{k\Omega}〕$$

となる．

2.1.2 分流の法則

図 2.3 に示すように，抵抗R_1と抵抗R_2が並列に接続した回路に起電力Eが加わっている．この時，並列の全抵抗Rは，式(1.11)から$R=\frac{R_1R_2}{R_1+R_2}$である．全電流Iは，

$$I=\frac{E}{R}=\frac{R_1+R_2}{R_1R_2}E \quad (2.6)$$

となる．また，R_1 および R_2 を流れる電流 I_1，および I_2 は，$I_1=\dfrac{E}{R_1}$，$I_2=\dfrac{E}{R_2}$ である．したがって，式(2.6)との関係から，

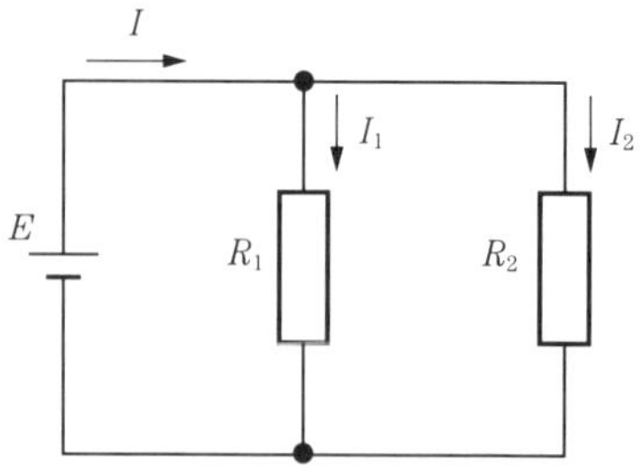

図 2.3

ポイント

各抵抗を流れる電流 I_1，および I_2 は，

$$I_1=\frac{R_2}{R_1+R_2}I \quad (2.7)$$

$$I_2=\frac{R_1}{R_1+R_2}I \quad (2.8)$$

となる．これは各抵抗を流れる電流は，全電流 I を抵抗の和（R_1+R_2）で割った値にもう一方の抵抗を掛けて求まることを示している．これを**分流の法則**（current divider rule）という．

また，I_1：I_2＝R_2：R_1 になることから，分流の割合は抵抗の逆比になることを意味している．

例題 2.3

図 2.3 において，$E=12$〔V〕，$R_1=200$〔Ω〕，$R_2=300$〔Ω〕とする．各抵抗を流れる電流 I_1，I_2 を求め，$\dfrac{I_1}{I_2}=\dfrac{R_2}{R_1}$ になることを示せ．

［解］　全抵抗 R は，

$$R=\frac{200\times 300}{200+300}=120 \quad 〔\Omega〕$$

であるから，全電流 I は，

$$I=\frac{E}{R}=\frac{12}{120}=0.1 \text{〔A〕}$$

となる．式(2.7)，(2.8)より，I_1，I_2 は，

$$I_1=\frac{300}{200+300}\times 0.1=0.06 \text{〔A〕}$$

$$I_2=\frac{200}{200+300}\times 0.1=0.04 \text{〔A〕}$$

となる．また，$\frac{I_1}{I_2}=\frac{0.06}{0.04}=1.5$，$\frac{R_2}{R_1}=\frac{300}{200}=1.5$ であるから，$\frac{I_1}{I_2}=\frac{R_2}{R_1}$ である．

分流の法則は指示電流計の測定範囲を広げるために使われる．図2.4のように，指示電流計Ⓐの指示部（内部抵抗 r）は，最大測定電流（定格電流）I_m までしか測定できない．この電流計を用いて，n 倍の電流 nI_m まで測定するには，電流計と並列に抵抗 R_n を挿入し，それによって電流計に流れる電流を分流する．分流の法則から，

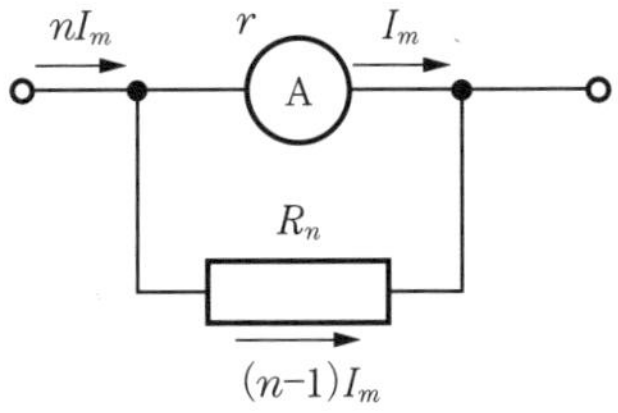

図2.4

$$I_m=\frac{R_n}{R_n+r}nI_m \tag{2.9}$$

であるから，変形して，

ポイント

R_n は，

$$R_n=\frac{r}{n-1} \tag{2.10}$$

となる．すなわち，内部抵抗 r の $\frac{1}{n-1}$ 倍の抵抗 R_n を電流計と並列に挿入すれば，I_m の n 倍の電流を測定できる．

例題 2.4

図2.4において，$I_m=10$〔mA〕，$r=1$〔Ω〕であるとき，測定電流を1〔A〕までに拡大したい．並列に接続する抵抗R_nの値を求めよ．

［解］ n倍の電流$nI_m=1$〔A〕であるから，$n=\dfrac{1}{0.01}=100$倍である．R_nは式(2.10)より，

$$R_n=\frac{r}{n-1}=\frac{1}{100-1}=0.0101\ 〔\Omega〕$$

となる．

2.2　キルヒホッフの法則

キルヒホッフの法則（Kirchhoff's law）は電気回路を解析するときに重要な法則で，電流に着目した第1法則，電圧に着目した第2法則の2つからなる．

（a）キルヒホッフの第1法則（電流連続の法則（Kirchhoff's current law））

たとえば，図2.5において，接続点Nにおいて，流入する電流を正，流出する電流を負とすると，

$$I_1+I_2+(-I_3)+(-I_4)+I_5=0$$

が成立する．すなわち，

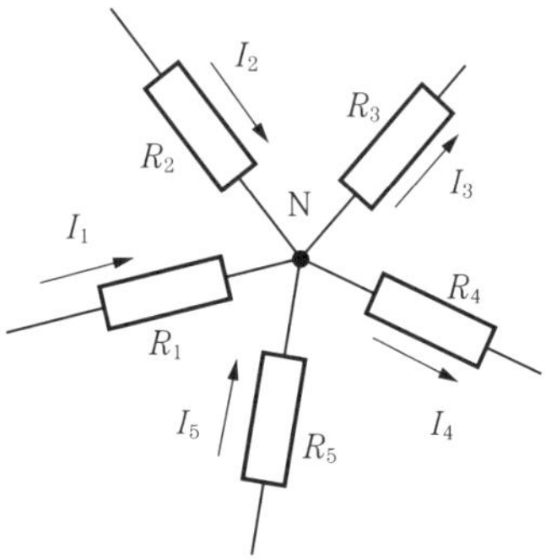

図2.5

ポイント

回路網中の任意の接続点に流れ込む電流の総和は零である．一般には，

$$\sum_{k=1}^{n} I_k = 0 \qquad (k=1,2,\cdots n) \tag{2.11}$$

となる．これをキルヒホッフの第1法則という．

(b) キルヒホッフの第2法則（電圧平衡の法則（Kirchhoff's voltage law））

たとえば，**図2.6**において，点A–B–C–D–Aの閉路について，時計廻り方向を正（電圧が高くなる場合を正）として，すべての起電力および電圧降下の代数和を求めると，

$$E_1+R_1I_1-E_2+R_2I_2+E_3-R_3I_3-R_4I_4=0$$

が成立する．すなわち，

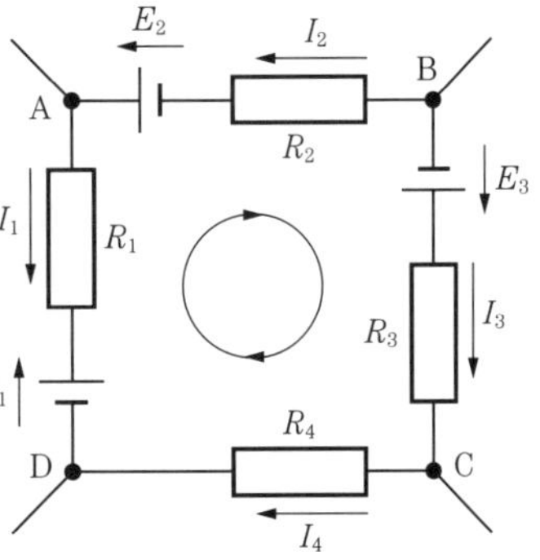

図2.6

ポイント

回路網中の任意の閉路において，一方向を正とすると，すべての起電力および電圧降下の代数和は零である．一般には，

$$\sum_{k=1}^{n} E_k - \sum_{l=1}^{m} R_l I_l = 0 \qquad \begin{pmatrix} k=1,2,\cdots,n \\ l=1,2,\cdots,m \end{pmatrix} \tag{2.12}$$

となる．これをキルヒホッフの第2法則という．

例題 2.5

例図2.1のように抵抗R_1，R_2，R_3が接続された回路に起電力Eが印加された．各部を流れる電流I_1，I_2，I_3を次の方法で求めよ．

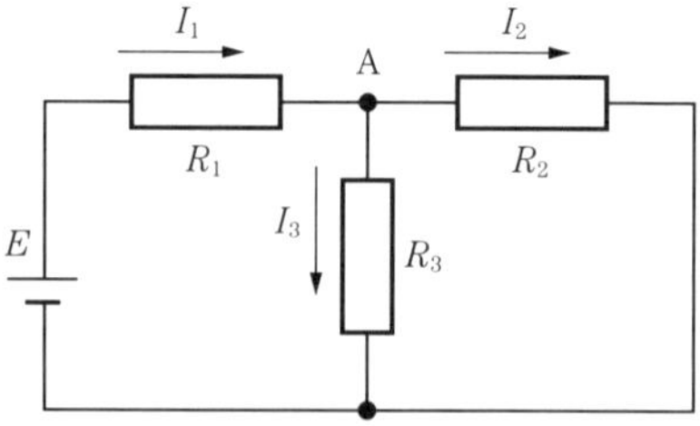

例図 2.1

（a）　キルヒホッフの法則を用いる方法

（b）　分圧の法則を用いる方法

（c）　分流の法則を用いる方法

［解］（a）　キルヒホッフの第1法則より，$I_1-I_2-I_3=0$ であるから，

$$I_1=I_2+I_3 \tag{1}$$

第2法則より，

$$R_1I_1+R_3I_3=E \tag{2}$$

$$R_2I_2-R_3I_3=0 \tag{3}$$

式(1)を式(2)に代入して整理すると，

$$R_1I_2+(R_1+R_3)I_3=E \tag{4}$$

式(3), (4)よりクラメールの方法（付録A参照）を用いると，

$$I_2=\frac{\begin{vmatrix} 0 & -R_3 \\ E & R_1+R_3 \end{vmatrix}}{\begin{vmatrix} R_2 & -R_3 \\ R_1 & R_1+R_3 \end{vmatrix}}=\frac{R_3}{R_1R_2+R_2R_3+R_3R_1}E \tag{5}$$

$$I_3=\frac{\begin{vmatrix} R_2 & 0 \\ R_1 & E \end{vmatrix}}{\begin{vmatrix} R_2 & -R_3 \\ R_1 & R_1+R_3 \end{vmatrix}}=\frac{R_2}{R_1R_2+R_2R_3+R_3R_1}E \tag{6}$$

式(5), (6)より I_1 は，

$$I_1=I_2+I_3=\frac{R_2+R_3}{R_1R_2+R_2R_3+R_3R_1}E \tag{7}$$

（b）　R_2 と R_3 の並列部分の合成抵抗を R_{23} とすると，

$$R_{23}=\frac{R_2R_3}{R_2+R_3} \tag{8}$$

したがって，A 点の電圧 V_A は，分圧の法則から，

$$V_A=\frac{R_{23}}{R_1+R_{23}}E=\frac{R_2R_3}{R_1R_2+R_2R_3+R_3R_1}E \tag{9}$$

V_A は R_2 および R_3 の端子電圧であるから，そこを流れる電流 I_2，I_3 は，

$$I_2=\frac{V_A}{R_2}=\frac{R_3}{R_1R_2+R_2R_3+R_3R_1}E \tag{10}$$

$$I_3=\frac{V_A}{R_3}=\frac{R_2}{R_1R_2+R_2R_3+R_3R_1}E \tag{11}$$

式(10), (11) より I_1 は，

$$I_1=I_2+I_3=\frac{R_2+R_3}{R_1R_2+R_2R_3+R_3R_1}E \tag{12}$$

（c）　回路全体の抵抗を R とすると，

$$R=R_1+R_{23}=\frac{R_1R_2+R_2R_3+R_3R_1}{R_2+R_3} \tag{13}$$

I_1 は全電流であるから，

$$I_1=\frac{E}{R}=\frac{R_2+R_3}{R_1R_2+R_2R_3+R_3R_1}E \tag{14}$$

分流の法則を用いると，

$$I_2=\frac{R_3}{R_2+R_3}I_1=\frac{R_3}{R_1R_2+R_2R_3+R_3R_1}E \tag{15}$$

$$I_3=\frac{R_2}{R_2+R_3}I_1=\frac{R_2}{R_1R_2+R_2R_3+R_3R_1}E \tag{16}$$

以上，3 方法で解いたが，答えは当然同じである．

2.3　ブリッジ回路

図 2.7 のように 4 個の抵抗 R_1，R_2，R_3，R_4 を接続して閉路を作り，接合点 a, b 間に起電力 E，接合点 c, d 間に**検流計**Ⓖ（galvanometer）を接続した回路を**ブリッジ回路**（bridge circuit）という．一般には 4 個の抵抗のうち 3 個は既知の可変抵抗で，残り 1 個の未知抵抗値を求めるために用いる．

たとえば，未知の抵抗を R_4 とすると，R_1，R_2，R_3 の値を調節して，検流計Ⓖを流れる電流が零になるようにする．この時，点 c と点 d の電位が等しくなるから，a, c 間の電位差と，a, d 間の電位差が等しくなり，$R_1I_1=R_2I_2$ の関係が得られる．一方，c, b 間の電位差と d, b 間の電位差も等しいから，$R_3I_3=R_4I_4$ の関係が得られる．これらの関係式の比をとると，

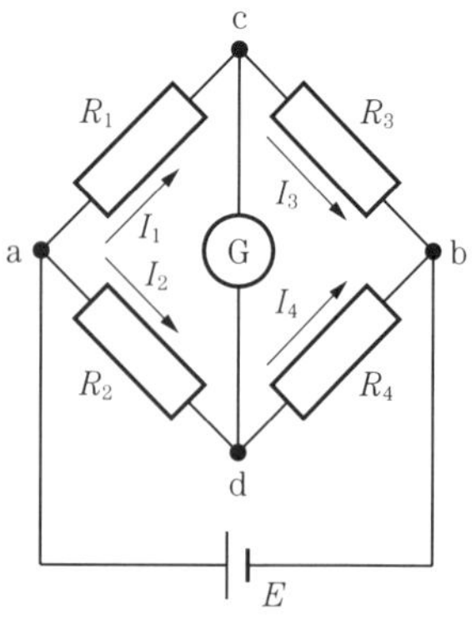

図 2.7

$$\frac{R_1I_1}{R_3I_3}=\frac{R_2I_2}{R_4I_4} \qquad (2.13)$$

となる．ここでⒼが零ということは c, d 間を流れる電流がないので，$I_1=I_3$，$I_2=I_4$ となるから，式(2.13)は，

ポイント

$$\frac{R_1}{R_3}=\frac{R_2}{R_4} \qquad (2.14)$$

書き換えると，

$$R_1R_4=R_2R_3 \qquad (2.15)$$

これを**ブリッジ回路の平衡条件**といい，対向する抵抗の積が等しくなる．

この回路が平衡の時，点 c と点 d の電位は等しく検流計Ⓖには電流が流れないので，平衡条件への検流計の内部抵抗の影響はなく，検流計を取り去っても，式(2.14)，式(2.15)は変わらない．

なお，図 2.7 の回路を特に**ホイートストンブリッジ**（Wheatstone bridge）という．

例題 2.6

図 2.7 において，抵抗がそれぞれ $R_1=10$〔Ω〕，$R_2=1\,000$〔Ω〕，$R_3=2.46$〔Ω〕の時，検流計Ⓖが零になった．未知抵抗 R_4 を求めよ．

[解]　式(2.15)より，R_4は，

$$R_4=\frac{R_2R_3}{R_1}=\frac{1\,000\times2.46}{10}=246\ 〔\Omega〕$$

となる．

2.4　重ね合せの理

重ね合せの理は，直流電源（電圧源，および電流源）が複数個ある回路で，個々の電源に分けたときの解から，全体の解を求めるものである．

ポイント

回路に複数の直流電源（電圧源，および電流源）をもつ場合，任意の位置での電圧・電流は，電源が1つずつ個々に存在するとした時のその位置での電圧・電流を加え合せたものに等しい．これを**重ね合せの理**（law of superposition）という．ただし，1つの電源について考えるときは，他の電圧源は短絡，電流源は開放とする．

これは線形回路の本質の現れであり，重要な性質である．

例題 2.7

例図2.2に示す回路について，抵抗R_3を流れる電流I_3を重ね合せの理によって求めよ．

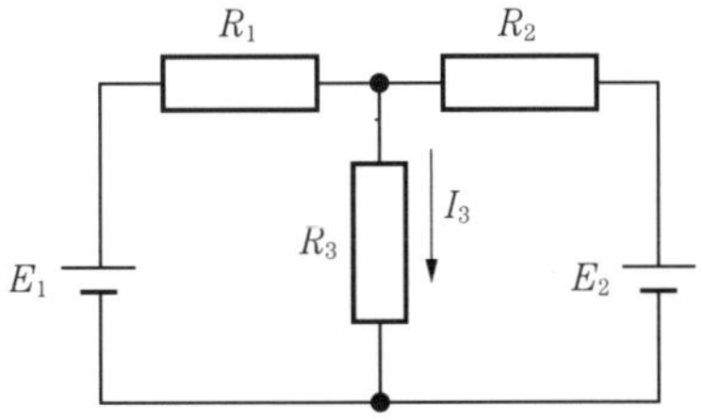

例図2.2

[解]　重ね合せの理を用いるために，2つの起電力E_1，E_2が個々に存在する場合を考える．

始めに，起電力としてE_1のみが存在する場合の回路は，E_2を除去して短絡した回路であるから，**例図2.3**になる．この回路のR_3を流れる電流I_3'は，例題2.5の方法で求められているので，結果のみを示すと，

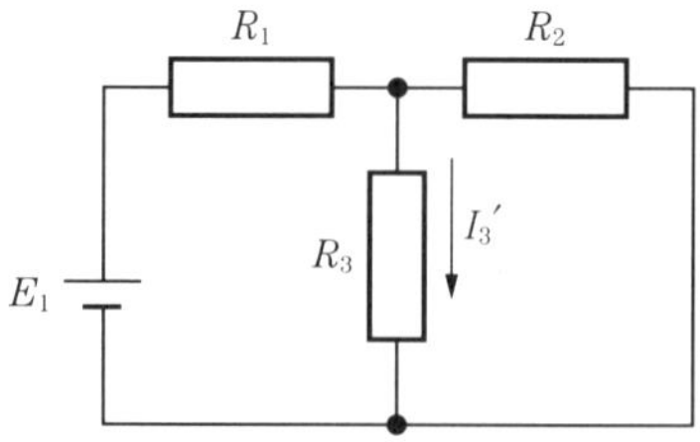

例図 2.3

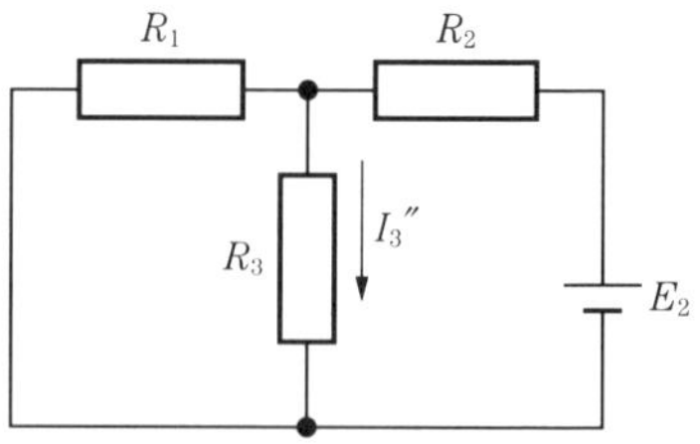

例図 2.4

$$I_3' = \frac{R_2}{R_1R_2+R_2R_3+R_3R_1}E_1 \qquad (1)$$

となる．次に，起電力として E_2 のみが存在する場合の回路は，E_1 を除去して短絡した回路であるから，**例図 2.4** になる．この回路の R_3 を流れる電流 I_3'' は，例図 2.3 との対称性から，式(1)の R_1 と R_2 を入れ換えたことに等しく，

$$I_3'' = \frac{R_1}{R_1R_2+R_2R_3+R_3R_1}E_2 \qquad (2)$$

となる．したがって，重ね合せの理より，R_3 を流れる電流 I_3 は，I_3' と I_3'' の和になり，

$$I_3 = I_3' + I_3'' = \frac{R_2E_1+R_1E_2}{R_1R_2+R_2R_3+R_3R_1} \qquad (3)$$

となる．

2.5　テブナンの定理

図 2.8 に示すように，電圧源，電流源，抵抗を含む**回路網**（network）の任意の二端子，a, b に着目する．この時，端子 a, b 間の電圧を V_0（**開放電圧**（open-circuit voltage）という），また，回路網の電圧源を取り去って短絡し，かつ電流源を取り去って開放し，抵抗だけにした時の端子 a, b から見た抵抗を R_0 とする．

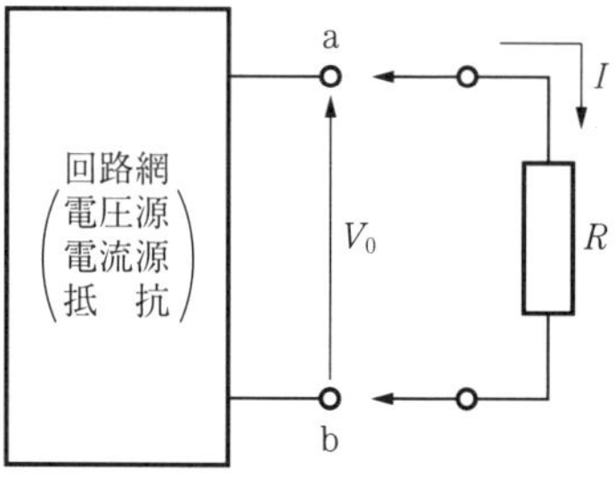

図 2.8

ポイント

この端子 a, b 間に抵抗 R を接続したとき，R を流れる電流 I は，

$$I=\frac{V_0}{R_0+R} \tag{2.16}$$

となる．これを**テブナンの定理**（Thevenin's theorem）という．

なお，この定理は**鳳–テブナンの定理**とも呼ばれる．

この回路網の内部は，**図 2.9** に示すような起電力 V_0 と合成抵抗 R_0 の直列回路と等価であり，**等価電圧源**（equivalent voltage source）という．等価とは，回路の電圧・電流の関係が元の回路と同じであることを意味する．

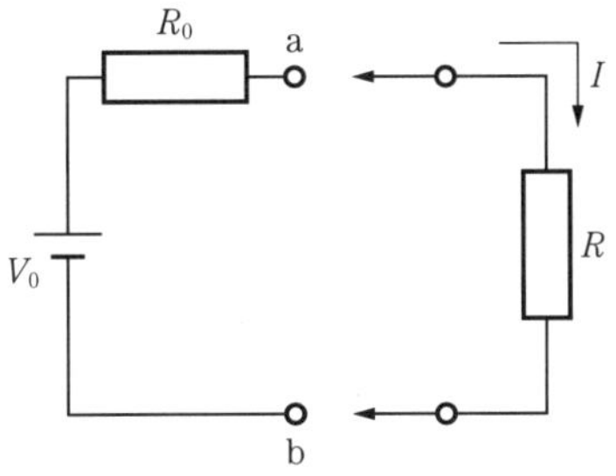

図 2.9

例題 2.8

例題 2.5 の例図 2.1 において，抵抗 R_2 を流れる電流 I_2 をテブナンの定理を用いて求めよ．

［解］ テブナンの定理を適用するために，**例図 2.5** に示すように端子 a, b で R_2 を切り離した回路を考える．端子 a, b 間の電圧 V_0 は，起電力 E を R_1 と R_3 で分圧した時の R_3 の端子電圧であるから，

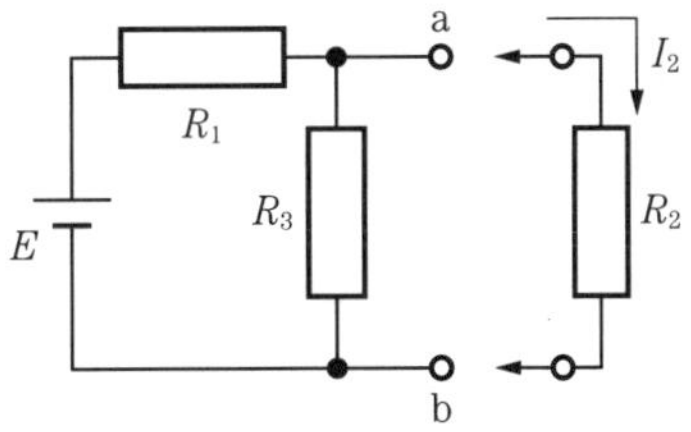

例図 2.5

$$V_0=\frac{R_3}{R_1+R_3}E$$

となる．また，端子 a, b から見た抵抗 R_0 は，
端子 a, b から見ると R_1 と R_3 は並列に接続されているので（E は除去し短絡），

$$R_0=\frac{R_1R_3}{R_1+R_3}$$

である．したがって，端子 a, b 間に抵抗 R_2 を接続したとき，R_2 を流れる電流 I_2 は，テブナンの定理を用いて，

$$I_2=\frac{V_0}{R_0+R_2}=\frac{\dfrac{R_3}{R_1+R_3}E}{\dfrac{R_1R_3}{R_1+R_3}+R_2}=\frac{R_3}{R_1R_2+R_2R_3+R_3R_1}E$$

となる．この結果は，当然であるが例題 2.5 の答えと同じである．

2.6　ノートンの定理

ノートンの定理はテブナンの定理と双対な関係にある．

図 2.10 に示すように，電圧源，電流源，抵抗を含む回路網の任意の二端子 a, b に着目する．この時，端子 a, b 間を短絡したときに流れる電流を I_S（**短絡電流**（short–circuit current）という），また，回路網の電圧源を取り去って短絡し，かつ電流源を取り去って開放し，抵抗だけにしたときの端子 a, b から見た抵抗を R_0 とする．

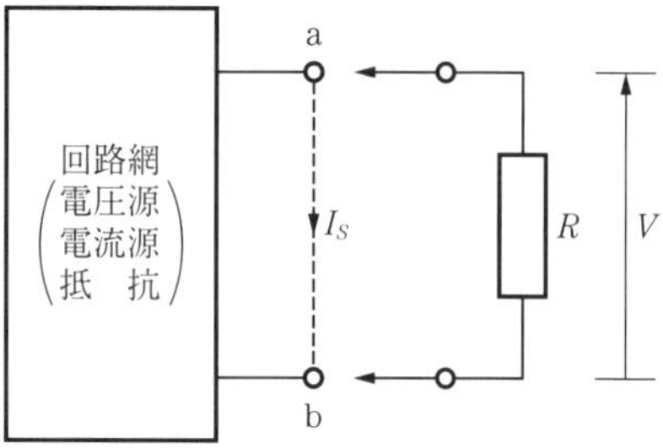

図 2.10

ポイント

この端子 a, b に抵抗 R を接続したとき，R の端子間電圧 V は，

$$V=\frac{I_S}{\dfrac{1}{R_0}+\dfrac{1}{R}} \tag{2.17}$$

となる．これを**ノートンの定理**（Norton's theorem）という．

この回路網の内部は，図 2.11 に示すような電流源 I_S と合成抵抗 R_0 の並列回路と等価であり，**等価電流源**（equivalent current source）という．

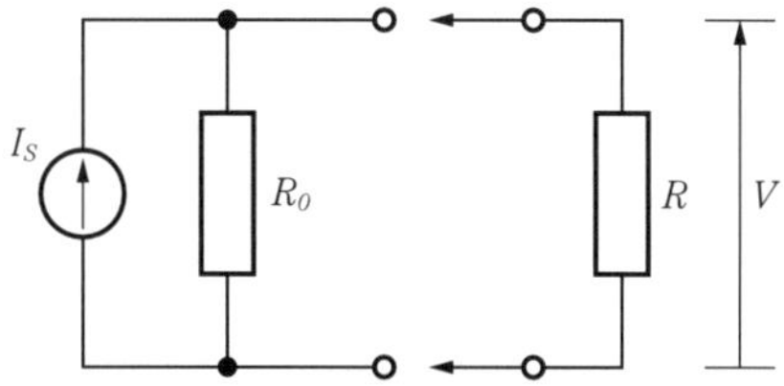

図 2.11

例題 2.9

例題 2.5 の例図 2.1 において，抵抗 R_2 の端子電圧 V_2 をノートンの定理を用いて求めよ．それから R_2 を流れる電流 I_2 を求めよ．

［解］　ノートンの定理を適用するために，例図 2.5 に示すように，端子 a, b で R_2 を切り離した回路を考える．端子 a, b を短絡したときに流れる電流 I_S は，R_3 の両端が短絡されたことになるので，

$$I_S = \frac{E}{R_1}$$

となる．次に，端子 a, b から見た抵抗 R_0 は，端子 a, b から見ると R_1 と R_3 は並列に接続されているので（E は除去し短絡），

$$R_0 = \frac{R_1 R_3}{R_1 + R_3}$$

である．したがって，端子 a, b 間に抵抗 R_2 を接続したとき，R_2 の端子電圧 V_2 は，ノートンの定理を用いて，

$$V_2 = \frac{I_S}{\dfrac{1}{R_0} + \dfrac{1}{R_2}} = \frac{\dfrac{E}{R_1}}{\dfrac{R_1 + R_3}{R_1 R_3} + \dfrac{1}{R_2}} = \frac{R_2 R_3}{R_1 R_2 + R_2 R_3 + R_3 R_1} E$$

また，R_2 を流れる電流 I_2 は，

$$I_2 = \frac{V_2}{R_2} = \frac{R_3}{R_1 R_2 + R_2 R_3 + R_3 R_1} E$$

となる．この結果は，例題 2.5，例題 2.8 の答えと当然同じである．

2.7　抵抗の Δ 形結線–Y 形結線の等価変換

ここでは，図 2.12(a)に示す抵抗 R_{ab}，R_{bc}，R_{ca} の **Δ 形結線**（delta–connection）回路と，同図(c)に示す抵抗 R_a，R_b，R_c の **Y 形結線**（Y–connection）回路とを，等価変換する方法について述べる．

これは同図(b)に示すように，抵抗回路の部分が隠れているとした場合に，端子 a, b, c から見た抵抗の値が同じであれば，Δ 形結線回路でも，Y 形結線回路でも等価であるということである．

2.7.1　Δ 形結線を Y 形結線に変換

図 2.12(a)において，a, b 間の抵抗（R_{ab} と（$R_{bc}+R_{ca}$）とが並列になっている）は，同図(c)の a, b 間の抵抗に等しくなければならないので，

$$\frac{R_{ab}(R_{bc}+R_{ca})}{R_{ab}+R_{bc}+R_{ca}}=R_a+R_b \tag{2.18}$$

同様に b, c 間は，

$$\frac{R_{bc}(R_{ab}+R_{ca})}{R_{ab}+R_{bc}+R_{ca}}=R_b+R_c \tag{2.19}$$

同様に c, a 間は，

$$\frac{R_{ca}(R_{ab}+R_{bc})}{R_{ab}+R_{bc}+R_{ca}}=R_c+R_a \tag{2.20}$$

式(2.18)＋式(2.20)－式(2.19)を求めると，

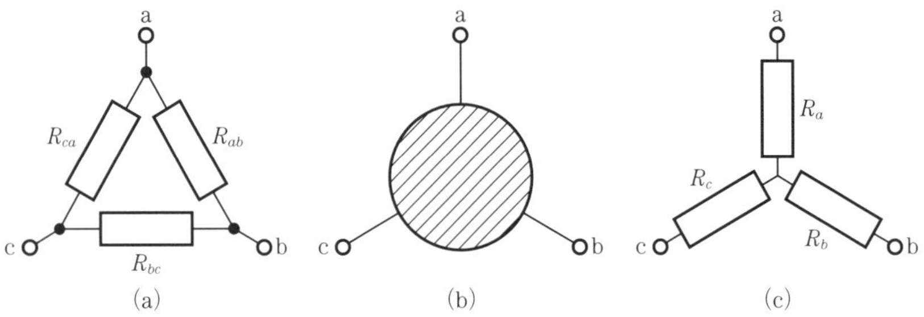

図 2.12

$$2R_a=\frac{2R_{ab}R_{ca}}{R_{ab}+R_{bc}+R_{ca}} \tag{2.21}$$

となる．式(2.21)の両辺を2で割ると，

ポイント

Δ形結線抵抗回路をY形結線抵抗回路に変換する式は，R_a が，

$$R_a=\frac{R_{ab}R_{ca}}{R_{ab}+R_{bc}+R_{ca}} \tag{2.22}$$

R_b，R_c についても同様の方法で求めると，

$$R_b=\frac{R_{ab}R_{bc}}{R_{ab}+R_{bc}+R_{ca}} \tag{2.23}$$

$$R_c=\frac{R_{bc}R_{ca}}{R_{ab}+R_{bc}+R_{ca}} \tag{2.24}$$

2.7.2　Y形結線をΔ形結線に変換

式(2.22)と式(2.23)を掛けると，

$$R_aR_b=\frac{R_{ab}{}^2R_{bc}R_{ca}}{(R_{ab}+R_{bc}+R_{ca})^2} \tag{2.25}$$

式(2.23)と式(2.24)を掛けると，

$$R_bR_c=\frac{R_{ab}R_{bc}{}^2R_{ca}}{(R_{ab}+R_{bc}+R_{ca})^2} \tag{2.26}$$

式(2.24)と式(2.22)を掛けると，

$$R_cR_a=\frac{R_{ab}R_{bc}R_{ca}{}^2}{(R_{ab}+R_{bc}+R_{ca})^2} \tag{2.27}$$

式(2.25)～式(2.27)の辺々の和をとり，式(2.22)～式(2.24)と見比べると，

$$\begin{aligned}R_aR_b+R_bR_c+R_cR_a&=\frac{R_{ab}R_{bc}R_{ca}}{R_{ab}+R_{bc}+R_{ca}}\\&=R_aR_{bc}\\&=R_bR_{ca}\end{aligned}$$

$$=R_c R_{ab} \tag{2.28}$$

となる．したがって，

ポイント

Y形結線抵抗回路をΔ形結線抵抗回路に変換する式は，

$$R_{ab}=\frac{R_a R_b+R_b R_c+R_c R_a}{R_c} \tag{2.29}$$

$$R_{bc}=\frac{R_a R_b+R_b R_c+R_c R_a}{R_a} \tag{2.30}$$

$$R_{ca}=\frac{R_a R_b+R_b R_c+R_c R_a}{R_b} \tag{2.31}$$

例題 2.10

図2.12(a)のΔ型抵抗回路において，$R_{ab}=20$〔Ω〕，$R_{bc}=30$〔Ω〕，$R_{ca}=50$〔Ω〕のとき，同図(c)のY型抵抗回路に変換した時のR_a，R_b，R_cを求めよ．次に求めたY型抵抗回路の値を用いて，元のΔ型抵抗回路に変換した時，元の値に一致することを確かめよ．

〔解〕 Δ型抵抗回路からY型抵抗回路への変換は，式(2.22)～式(2.24)に示されているので，

$$R_a=\frac{R_{ab}R_{ca}}{R_{ab}+R_{bc}+R_{ca}}=\frac{20\times 50}{20+30+50}=10 \quad 〔\Omega〕$$

$$R_b=\frac{R_{ab}R_{bc}}{R_{ab}+R_{bc}+R_{ca}}=\frac{20\times 30}{100}=6 \quad 〔\Omega〕$$

$$R_c=\frac{R_{bc}R_{ca}}{R_{ab}+R_{bc}+R_{ca}}=\frac{30\times 50}{100}=15 \quad 〔\Omega〕$$

となる．次に，Y型抵抗回路からΔ型抵抗回路への変換は，式(2.29)～式(2.31)に示されているので，

$$R_{ab}=\frac{R_a R_b+R_b R_c+R_c R_a}{R_c}=\frac{10\times 6+6\times 15+15\times 10}{15}=20 \quad 〔\Omega〕$$

$$R_{bc}=\frac{R_aR_b+R_bR_c+R_cR_a}{R_a}=\frac{300}{10}=30 \quad 〔\Omega〕$$

$$R_{ca}=\frac{R_aR_b+R_bR_c+R_cR_a}{R_b}=\frac{300}{6}=50 \quad 〔\Omega〕$$

となり，元の値と一致する．

2.8　特別な形をした抵抗回路

ここでは，特別な形をした抵抗回路の合成抵抗を求める方法について述べる．

2.8.1　格子形抵抗回路

図 2.13 に示した回路を**格子形**（lattice–type）抵抗回路という．この回路の端子対 a, e から見た合成抵抗を求めよう．

回路は端子対 a, e に対して対称であるから，b, b′ 間，c, c′ 間，c′ , c″ 間，および d, d′ 間の電位差は零であり，電位は等しい．そのため，端子 a から流れ込む電流を I とすると，a, b 間，a, b′ 間，d, e 間，および d′ , e 間の 4 抵抗には $I/2$ の電流が流れ，残りの 8 個の抵抗にはすべて $I/4$ の電流が流れる．a, e 間の電圧を V とすると，V は a, b 間，b, c 間，c, d 間，および d, e 間の電圧を加えればよいので，

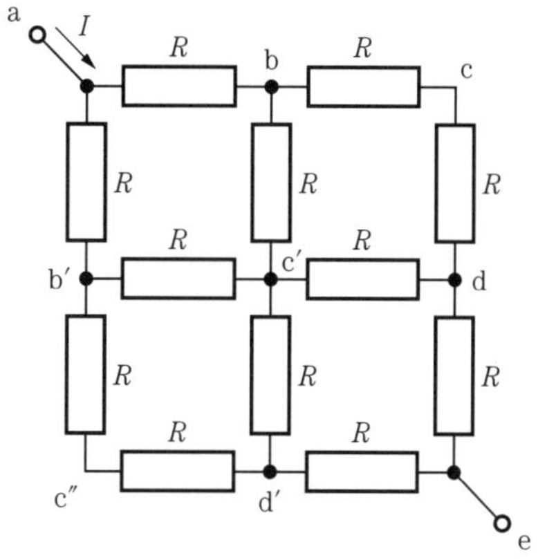

図 2.13

$$V=\frac{I}{2}R+\frac{I}{4}R+\frac{I}{4}R+\frac{I}{2}R=\frac{3}{2}RI \qquad (2.32)$$

となる．したがって，a, e 間の合成抵抗は $3R/2$ である．

2.8.2　梯子形抵抗回路

図 2.14 に示すような抵抗 R が無限に続く回路を**梯子形**（ladder–type）抵抗

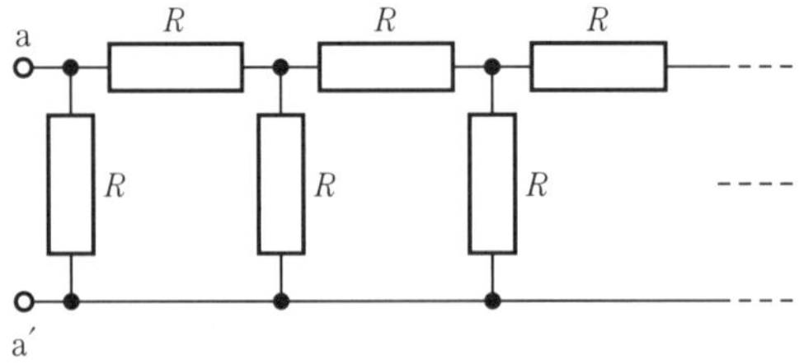

図 2.14

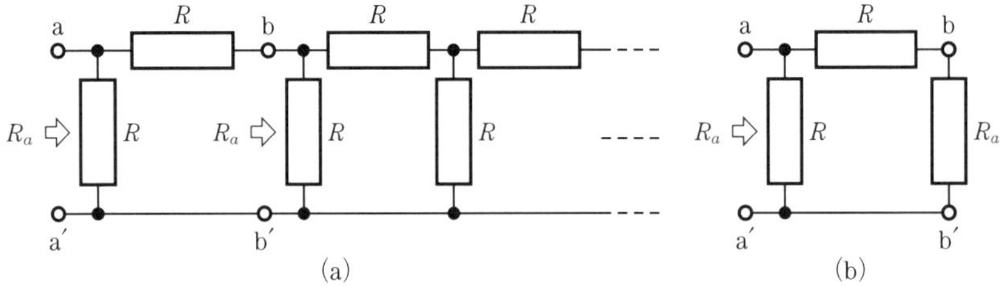

図 2.15

回路という．この回路の端子対 a, a′ から見た合成抵抗 R_a を求めよう．

同図の回路は無限に続いているので，図 2.15(a)のように左の 2 個の抵抗を取り除いて，端子対 b, b′ から右側を見た時の合成抵抗も，R_a に等しくなる．そのため，同図(a)の回路は端子対 b, b′ から右側の部分を R_a と置いた同図(b)の回路と等価である．したがって，端子対 a, a′ から見た合成抵抗 R_a は，$(R+R_a)$ と R の並列回路であるから，

$$R_a=\frac{(R+R_a)R}{(R+R_a)+R} \tag{2.33}$$

と表せる．整理すると，

$$R_a^2+RR_a-R^2=0 \tag{2.34}$$

これは，R_a に関する 2 次方程式であり，これを解くと，

$$R_a=\frac{\sqrt{5}-1}{2}R \fallingdotseq 0.62\,R \tag{2.35}$$

となる．

演 習 問 題

〔問題 2.1〕 問図 2.1 の回路において，抵抗 R〔Ω〕に流れる電流 I_R が 0.4〔A〕のとき，R の値を求めよ．

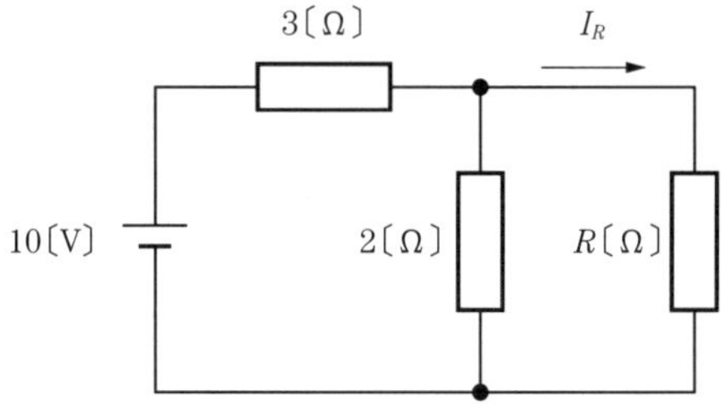

問図 2.1

〔問題 2.2〕 問図 2.2 の回路において，6〔Ω〕の抵抗を流れる電流 I を求めよ．

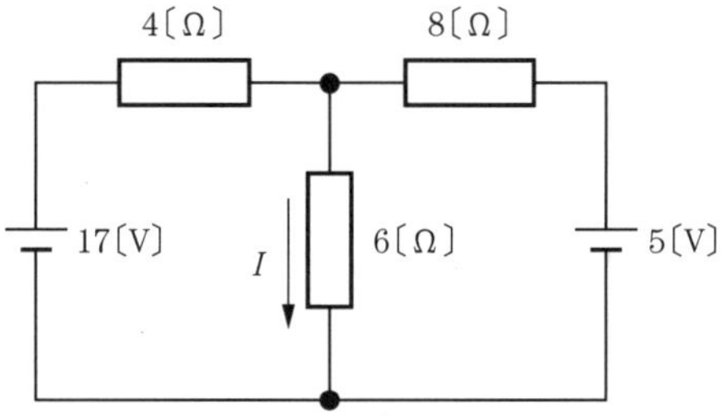

問図 2.2

〔問題 2.3〕 問図 2.3 に示す回路において，各抵抗を流れる電流 I_1，I_2，I_3 を求めよ．

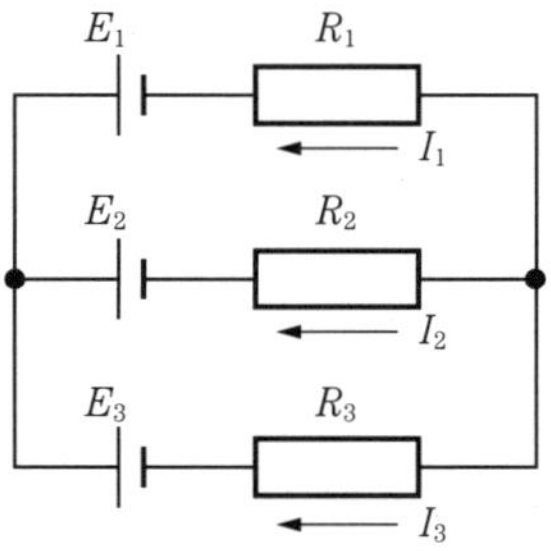

問図 2.3

ただし，起電力 $E_1=6$〔V〕，$E_2=4$〔V〕，$E_3=2$〔V〕であり，抵抗 $R_1=10$〔Ω〕，$R_2=2$〔Ω〕，$R_3=5$〔Ω〕である．

〔問題 2.4〕 問図 2.4 の回路において，可変抵抗 R を変えて，50〔Ω〕に流れる電流が零になる時の R の値を求めよ．

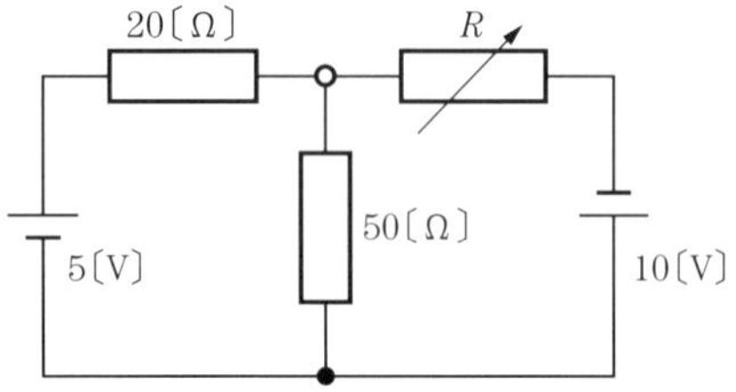

問図 2.4

〔問題 2.5〕 問図 2.5 に示すような，電源を含む抵抗回路網の端子 a, b 間の電圧 V が 20〔V〕であり，a, b 間から回路網を見た抵抗 R_0 が 16〔Ω〕であった．この端子 a, b に抵抗 R を接続したところ，R に 0.5〔A〕の電流が流れた．R の値を求めよ．

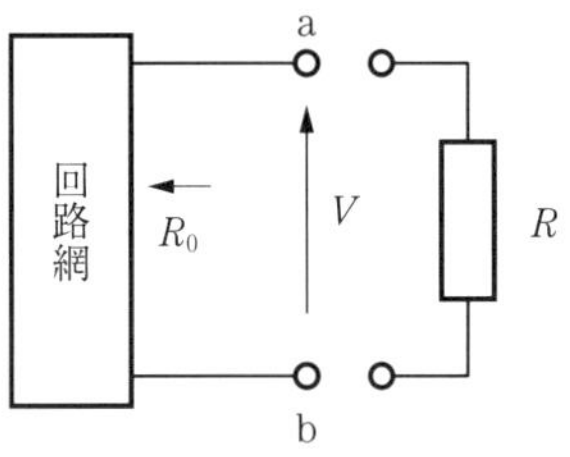

問図 2.5

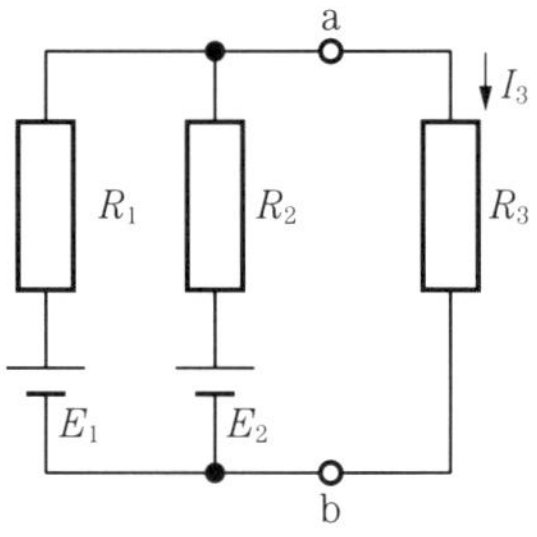

問図 2.6

〔問題 2.6〕 問図 2.6 に示す回路において，抵抗 R_3 を流れる電流 I_3 をテブナンの定理を用いて求めよ．

〔問題 2.7〕 問図 2.6 に示す回路において，抵抗 R_3 を流れる電流 I_3 をノートンの定理を用いて求めよ．

〔**問題 2.8**〕 問図 2.7 に示した a, b 間の合成抵抗 R_T を求めよ.

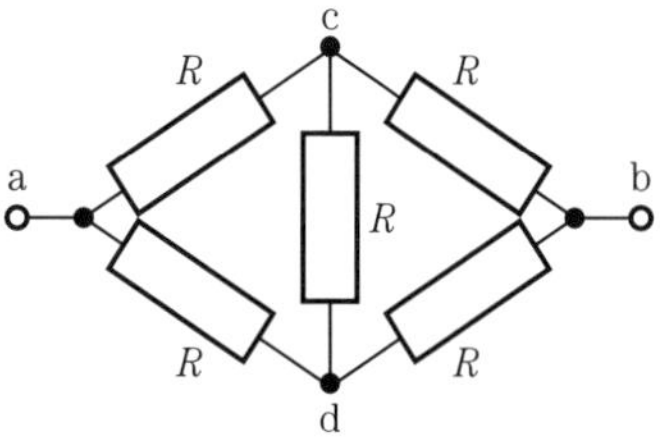

問図 2.7

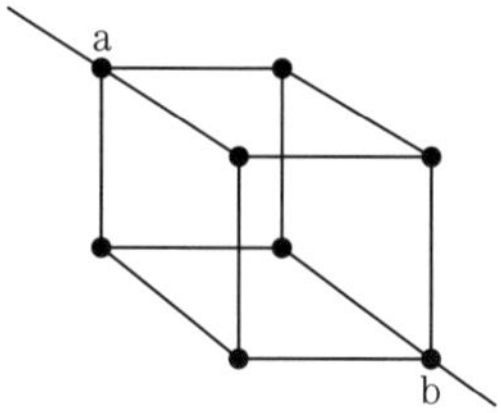

問図 2.8

〔**問題 2.9**〕 問図 2.8 のような立方体の各辺は抵抗 r からできている. a, b 間の合成抵抗を求めよ.

〔**問題 2.10**〕 問図 2.9 において, 抵抗 R_4 を流れる電流 I_4, R_4 の端子電圧 V_4, および消費電力 W_4 を, テブナンの定理を使って求めよ.

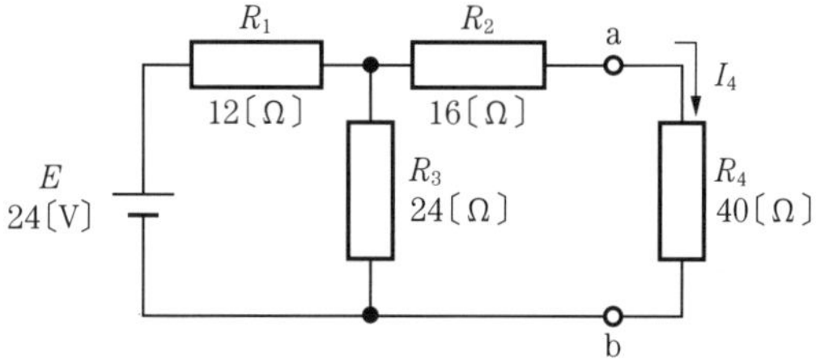

問図 2.9

3 正弦波交流回路

電圧や電流の大きさが時間的に変化しない直流に対して，これらが周期的に正負を繰り返すものを交流という．交流の基本になる波形は**正弦波**（sine wave）である．それは，複雑な波形であっても，それが周期をもった繰り返される波形であれば，周期の異なる正弦波の和として示されるからである．正弦波の利点は電力の発生や送電が容易なこと，電気の多方面での利用に適していることが上げられる．また，正弦波で表される電圧を電気回路に加えた場合，流れる電流も正弦波になる．これは，本章で詳しく述べるが，正弦波を微分・積分しても正弦波になるためであり，これも正弦波が使われる大きな理由である．ここでは定常状態における正弦波交流の基本的な事項について述べる．

3.1 正弦波交流の表し方

正弦波交流における電圧の瞬時の値 v〔V〕は，

$$v = V_m \sin(\omega t + \theta) \tag{3.1}$$

で表される．v は任意の時刻 t〔s〕における電圧を表しているので，v を電圧の**瞬時値**（instantaneous value）という．式(3.1)の v を ωt を横軸にとって描くと図 **3.1** になる．ここで，V_m は電圧の最大の値を示しており，電圧の**最大値**（maximum value）または電圧の**振幅**（amplitude）という．また，ω〔rad/s〕は**角周波数**（angular frequency）または**角速度**（angular velocity）である．θ〔rad〕は**初期位相（角）**（initial phase angle）であり，図に示したように $t=0$〔s〕における v の値を決めるものである．

正弦波は図 3.1 に示すように一定の時間を経るごとに同じ大きさの電圧にな

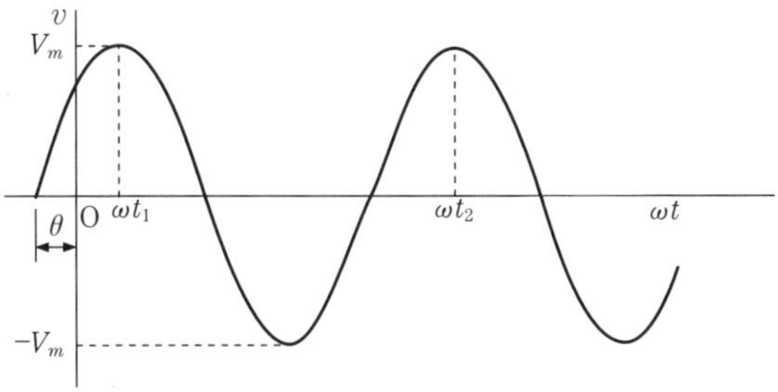

図 3.1

る．たとえば，電圧 v が最大である V_m〔V〕の時刻 t_1〔s〕から一定時間後に再び V_m〔V〕になる時刻が t_2〔s〕であるとする．このように，

ポイント

1 つの波形が完了するのに必要な時間を**周期**（period）といい，記号 T〔s〕で表す．

すなわち，$T=t_2-t_1$〔s〕である．この時 ωt は $\omega t_2-\omega t_1=\omega T=2\pi$〔rad〕であるから，

ポイント

角周波数 ω は，

$$\omega=\frac{2\pi}{T} \tag{3.2}$$

が常に成り立つ．また，

ポイント

1〔s〕間に同一波形を繰り返す数を**周波数**（frequency）といい，f で表す．単位はヘルツ（Hertz）で，記号は〔Hz〕である．周波数 f は，

$$f=\frac{1}{T} \tag{3.3}$$

の関係になる．式(3.2)に代入すると，

ポイント

$$\omega = 2\pi f \tag{3.4}$$

の関係が得られる．

ここでは交流電圧について述べたが，交流電流についても同様に示すことができる．

例題 3.1

次式に示す瞬時電圧 v について，最大値 V_m，角周波数ω，周波数f，周期 T，初期位相 θ を求めよ．

$$v = 141\sin\left(314\,t + \frac{\pi}{4}\right) \quad 〔\mathrm{V}〕$$

［解］ 式(3.1)との対応関係から，

最大値 $V_m = 141$〔V〕，　角周波数$\omega = 314$〔rad/s〕，

周波数$f = \dfrac{\omega}{2\pi} = 50$〔Hz〕，　周期 $T = \dfrac{1}{f} = 0.02$〔s〕，

初期位相 $\theta = \dfrac{\pi}{4}$〔rad〕

となる．

例題 3.2

一般家庭のコンセントでは，正弦波交流電圧が得られる．この瞬時電圧 v は，最大値 141〔V〕（一般には，最大値を $\sqrt{2}$ で割った実効値 100〔V〕（3.2.2参照）で示している），周波数 50〔Hz〕または 60〔Hz〕（地域によって異なる）である．v を表す式を求めよ．ただし，初期位相は 0〔rad〕とする．

［解］　周波数 50〔Hz〕の場合，$\omega = 2\pi f = 314$〔rad/s〕であるから，

$$v = 141 \sin(314\,t) \quad \text{〔V〕}$$

周波数 60〔Hz〕の場合，$\omega = 2\pi f = 377$〔rad/s〕であるから，

$$v = 141 \sin(377\,t) \quad \text{〔V〕}$$

となる．

3.2　正弦波交流の平均値および実効値

3.2.1　平　均　値

正弦波交流は瞬時瞬時で値が変わるので，交流の大きさを示す値として**平均値**（average value, mean value）で表すことがある．交流の大きさを示す値としては最大値があるが，時間平均を取った方が便利なことが多い．平均値は交流の1周期にわたって時間に対する平均を取るが，正弦波の場合では1周期の平均を取ると零になるから，正の半周期の平均を取って，これを正弦波交流の平均値とする．

ポイント

式(3.1)に示した電圧 v の平均値 V_{ave} は，$\theta = 0$ とすると，

$$V_{ave} = \frac{1}{\frac{T}{2}} \int_0^{\frac{T}{2}} v dt = \frac{1}{\frac{T}{2}} \int_0^{\frac{T}{2}} V_m \sin \omega t dt$$

$$= \frac{2}{\frac{T}{2}} \frac{V_m}{\omega} = \frac{2}{\pi} V_m = 0.637\, V_m \quad \text{〔V〕} \qquad (3.5)$$

ここで，$\theta = 0$ としたのは，平均値は θ の値に関わらず，正の半周期の平均を取ればよいためである．

となり，V_m の 0.637 倍になる．

3.2.2　実　効　値

正弦波交流の大きさを表す値として，先に述べた最大値，平均値があるが，電気のエネルギーを使って仕事をする場合，3.3.1 で述べる理由から，直流と

等しい仕事をする量として，**実効値**（effective value）が定義される．実効値は瞬時値の**2乗の平均の平方根**（root–mean–square）で求められる．2乗を取るので，瞬時値の正負の値には無関係になる．

ポイント

式(3.1)に示した電圧 v の実効値 V は，

$$V=\sqrt{\frac{1}{T}\int_0^T v^2 dt}=\sqrt{\frac{1}{T}\int_0^T \left\{V_m \sin(\omega t+\theta)\right\}^2 dt}$$

$$=\frac{V_m}{\sqrt{2}}=0.707\,V_m \quad \text{〔V〕} \tag{3.6}$$

となり，V_m の 0.707 倍になる．

一般に，交流電圧等の大きさを表すには，実効値を用いている．

例題 3.3

次に示す正弦波交流電圧 v の平均値および実効値を求めよ．

$$v=50\sin(100\pi t) \quad \text{〔V〕}$$

［解］ 角周波数 $\omega=\dfrac{2\pi}{T}=100\pi$ であるから，周期 $T=0.02$〔s〕である．平均値 V_{ave} は式(3.5)から，

$$V_{\text{ave}}=\frac{1}{\frac{0.02}{2}}\int_0^{0.01} 50\sin(100\pi t)dt=5\,000\left[\frac{-\cos(100\pi t)}{100\pi}\right]_0^{0.01}$$

$$=\frac{50}{\pi}\times 2=31.8 \quad \text{〔V〕}$$

実効値 V は式(3.6)から，

$$V=\sqrt{\frac{1}{0.02}\int_0^{0.02}\left\{50\sin(100\pi t)\right\}^2 dt}$$

$$=\sqrt{\frac{50^2}{0.02}\int_0^{0.02}\frac{1-\cos(200\pi t)}{2}dt}$$

$$= \sqrt{125\,000 \left[\frac{t - \dfrac{\sin(200\pi t)}{200\pi}}{2} \right]_0^{0.02}} = 35.4 \quad 〔\mathrm{V}〕$$

ここでは定義に従って計算したが，一般に，実効値は $\dfrac{V_m}{\sqrt{2}}$ から求める．

3.3　基本素子の回路

交流回路の基本素子には，既に述べた抵抗 R，および静電容量 C の他に，コイルの自己インダクタンス L，および3.6節で述べる相互インダクタンス M がある．ここでは R，L，C のみの基本回路の性質について述べる．

3.3.1　抵抗 R のみの回路

図3.2は抵抗 R に正弦波交流電圧 v を加えた回路を示す．図中の v〔V〕を示す図記号が正弦波交流電圧源を表す記号である．また，抵抗 R はその大きさが R〔Ω〕で，流れる電流 i〔A〕の大きさに無関係に一定の値である．

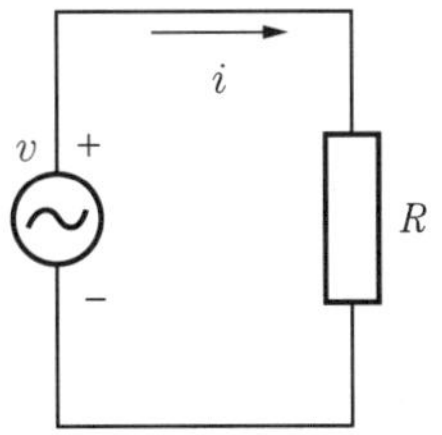

図3.2

正弦波交流電圧 v は最大値を V_m，初期位相を零とすると，

$$v = V_m \sin\omega t \tag{3.7}$$

と表せる．オームの法則は直流の場合と同様に交流の場合にも成立するので，抵抗 R を流れる電流 i は，

$$i = \frac{v}{R} = \frac{V_m}{R}\sin\omega t = I_m \sin\omega t \tag{3.8}$$

となる．i も時間 t と共に変化し，v と同様に $\sin\omega t$ で表される．I_m は電流の最大値であり，

ポイント

V_m と I_m との関係は,

$$I_m = \frac{V_m}{R} \tag{3.9}$$

である．式(3.7)の v と式(3.8)の i の関係を図示すると**図 3.3(a)**になる．図より，v と i は同じ位相（**同位相**（same phase, in–phase）という）である．

次に，抵抗 R で消費される電力を考える．瞬時に消費される電力を**瞬時電力**（instantaneous power）p〔W〕とすると，p は式(3.7)，式(3.8)より，

$$p = vi = V_m I_m \sin^2 \omega t = \frac{1}{2} V_m I_m (1 - \cos 2\omega t) \tag{3.10}$$

となる．これを図に描くと，図 3.3(b)のように表せる．p は常に正の値で周期があり，v や i の 2 倍の周期，すなわち角周波数が 2ω になる．

瞬時電力の最大値 P_m は式(3.9)，式(3.10)より，式(3.11)となる．

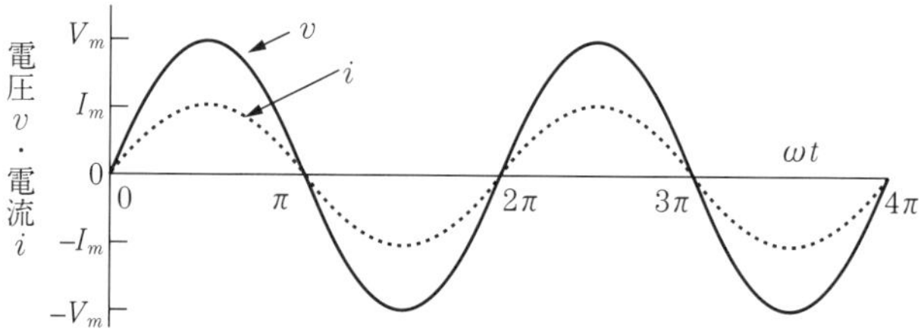

(a)

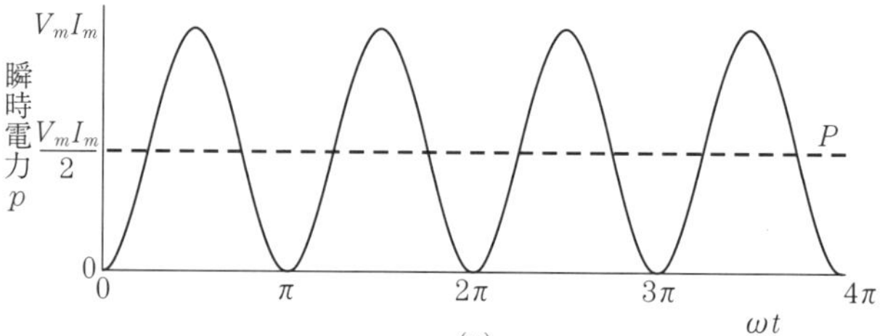

(b)

図 3.3

$$P_m = V_m I_m = \frac{{V_m}^2}{R} = R{I_m}^2 \qquad (3.11)$$

また，p は時間と共に変化するので，p の1周期にわたっての平均値を P〔W〕で表し，平均電力または単に交流の**電力**（power）と呼ぶ．P は，

$$P = \frac{1}{\frac{T}{2}} \int_0^{\frac{T}{2}} p dt = \frac{V_m I_m}{T} \int_0^{\frac{T}{2}} (1 - \cos 2\omega t) dt = \frac{V_m I_m}{2} = \frac{P_m}{2} \qquad (3.12)$$

となる．平均電力 P は瞬時電力の最大値 P_m の 1/2 になる．この P は各周期ごとの値であるが，単位時間あたりの平均電力 P と考えても同じ値になる．P は**毎秒熱エネルギー**（thermal energy）として抵抗 R で消費される．

式(3.12)は，

ポイント

$$P = \frac{V_m I_m}{2} = \frac{V_m}{\sqrt{2}} \cdot \frac{I_m}{\sqrt{2}} = V \cdot I = \frac{V^2}{R} = RI^2 \qquad (3.13)$$

と表すと，$V = \frac{V_m}{\sqrt{2}}$ は式(3.6)より電圧の実効値を，$I = \frac{I_m}{\sqrt{2}}$ は同様に電流の実効値を表している．これは，直流回路において，R〔Ω〕の抵抗に V〔V〕の大きさの直流電源をつないで I〔A〕の直流電流が流れた時の R での消費電力 P〔W〕（式(1.12)参照）と同じ値である．したがって，交流の電圧および電流について，最大値の $\frac{1}{\sqrt{2}}$ 倍の値である実効値をとって表すことにより，電圧，電流，および電力の関係が直流の場合と同じに扱え，実用上便利になる．

例題 3.4

図3.2の回路において，正弦波交流電圧 $v = 100\sqrt{2}\ \sin\omega t$〔V〕が抵抗 $R = 25$〔Ω〕に加えられたとき，R を流れる電流 i を表す式とその実効値 I を求め

よ．また，この時の電力 P も求めよ．

［解］　式(3.8)より電流 i は，

$$i=\frac{V_m}{R}\sin\omega t=\frac{100\sqrt{2}}{25}\sin\omega t=4\sqrt{2}\sin\omega t\quad〔\mathrm{A}〕$$

となる．また，電流の実効値 I は，

$$I=\frac{I_m}{\sqrt{2}}=\frac{4\sqrt{2}}{\sqrt{2}}=4\quad〔\mathrm{A}〕$$

となる．この時の電力 P は，式(3.13)より，

$$P=\frac{V_m I_m}{2}=V\cdot I=100\times4=400\quad〔\mathrm{W}〕$$

となる．

3.3.2　静電容量 C のみの回路

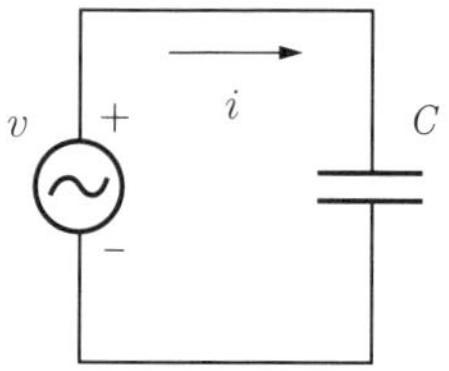

図 3.4

1.9節で述べたように，静電容量 C のコンデンサに直流電圧を加えた場合，コンデンサに電荷が蓄えられ，電流はコンデンサの端子電圧が加えた電圧と同じになるまで流れるが，その後は流れなくなる．

ここでは，図 3.4 に示すように，静電容量 C のコンデンサに正弦波交流電圧 $v=V_m\sin\omega t$ を加えた場合を考える．交流電圧を加えた場合，v の大きさおよび向きが周期的に変化するので，それに伴い電荷は周期的に移動する．そのため電流は流れ続ける．

コンデンサに蓄えられる電荷 q は，式(1.28)より，

$$q=Cv=CV_m\sin\omega t \tag{3.14}$$

である．これは，q が v と同位相で正弦的に変化していることを示している．また，電流 i は1.1節で述べたように，単位時間当たりの電荷の移動量であるから，

$$i=\frac{dq}{dt}=C\frac{dv}{dt} \tag{3.15}$$

と表せる．これに式(3.14)を代入すると，

ポイント

コンデンサの電流 i は,

$$i = C\frac{d}{dt}(V_m \sin\omega t) = \omega C V_m \cos\omega t \tag{3.16}$$

$$= \omega C V_m \sin\left(\omega t + \frac{\pi}{2}\right)$$

となり,電流 i も正弦波になるが,電圧 v より $\frac{\pi}{2}$〔rad〕(=90°)だけ位相が**進む**(lead).

また,式(3.16)における電流の最大値を I_m とおくと,

$$I_m = \omega C V_m \quad \text{または} \quad V_m = \frac{1}{\omega C} I_m \tag{3.17}$$

の関係が得られる.これら v と i の関係を図示すると,**図 3.5(a)** のようにな

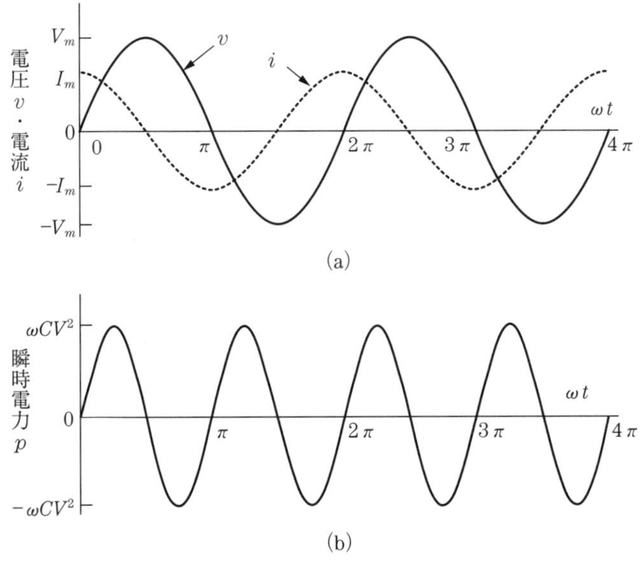

図 3.5

る．電圧，電流の実効値を $V\left(=\dfrac{V_m}{\sqrt{2}}\right)$，$I\left(=\dfrac{I_m}{\sqrt{2}}\right)$ とすると，式(3.17)より，

ポイント

コンデンサにおける V と I の関係は，

$$V=\frac{1}{\omega C}I \tag{3.18}$$

となる．ここで $\dfrac{1}{\omega C}$ は電圧と電流の大きさを関係づける量で，交流に対して抵抗のような働きをする量である．これを**容量性リアクタンス**（capacitive reactance）といい，X_C で表し，単位は〔Ω〕である．

$$X_C=\frac{1}{\omega C} \tag{3.19}$$

ここで，$\omega=2\pi f$ であるから，X_C は周波数が高くなる程小さくなることを示している．

次に，瞬時電力 p は，

$$p=vi=\omega C{V_m}^2\sin\omega t\cdot\cos\omega t=\frac{1}{2}\omega C{V_m}^2\sin 2\omega t$$
$$=\omega CV^2\sin 2\omega t \tag{3.20}$$

となる．p の波形を図3.5(b)に示す．図は，p が正の部分はコンデンサに蓄えられるエネルギーを示し，p が負の部分はコンデンサから出ていくエネルギーを示している．また，平均電力 P は式(3.12)と同様の方法で求めると，

$$P=\frac{1}{\dfrac{T}{2}}\int_0^{\frac{T}{2}}p\,dt=\frac{2\omega CV^2}{T}\int_0^{\frac{T}{2}}\sin 2\omega t\,dt=0 \tag{3.21}$$

となる．これは，コンデンサではエネルギーを蓄えたり，出したりすることを交互に繰り返すが，電力を消費しないことを意味する．

任意の時間における静電的蓄積エネルギー W_C は，

$$W_C=\int_0^t p\,dt=\omega CV^2\int_0^t \sin 2\omega t\,dt=CV^2\sin^2\omega t \qquad (3.22)$$

となり，W_C の平均値 W_{Cave} は，

$$W_{Cave}=\frac{1}{\frac{T}{2}}\int_0^{\frac{T}{2}} W_C\,dt=\frac{1}{2}CV^2 \qquad (3.23)$$

となる．

例題 3.5

図 3.4 に示す回路において，周波数 $f=100$〔kHz〕で最大値 $I_m=5\sqrt{2}$〔A〕の正弦波電流 i が流れたとき，0.2〔μF〕の静電容量 C に加えられた正弦波電圧 v を表す式を求めよ．

［解］　容量性リアクタンス X_C は，式(3.19)より，

$$X_C=\frac{1}{\omega C}=\frac{1}{2\pi fC}=\frac{1}{2\pi\times 100\times 10^3\times 0.2\times 10^{-6}}=8 \text{〔}\Omega\text{〕}$$

となる．したがって，電圧の実効値 V は式(3.18)より，

$$V=\frac{1}{\omega C}I=X_C\frac{I_m}{\sqrt{2}}=8\times\frac{5\sqrt{2}}{\sqrt{2}}=40 \text{〔V〕}$$

加えられた電圧は電流を基準に考えると，位相が $\pi/2$〔rad〕遅れているので，v を表す式は，

$$v=40\sqrt{2}\sin\left(2\pi\times 10^5 t-\frac{\pi}{2}\right) \text{〔V〕}$$

となる．

3.3.3　自己インダクタンス L のみの回路

一般に導線を円形状にして何巻もしたものを**コイル**（coil）と呼ぶ．コイルの外部から**磁界**（magnetic field）を与えて，コイルに存在していた磁界を変化させようとすると，その変化を妨げるような**磁束**（magnetic flux）を作るようにコイルに電圧が生じる．これを**電磁誘導**（electromagnetic induction）という．

コイルに交流電流 i を流すと，コイルのまわりには磁界ができ，磁束 ϕ は i および巻数 n に比例して生じる．この磁束 ϕ はコイル自身も貫くので，コイル自身にもその磁束 ϕ の変化を妨げるような電圧 e が発生する．これを**自己誘導**（self induction）という．電圧 e はコイルを貫く磁束の時間的変化に比例するので，

$$e=-n\frac{d\phi}{dt}=-kn^2\frac{di}{dt} \tag{3.24}$$

と表せる．k は比例定数である．これを**ファラデーの電磁誘導の法則**（Faraday's law）という．マイナスが付いているのは，e が元の電圧とは逆向きになるためである．ここで，$L=kn^2$ とおくと，

ポイント

誘起される電圧 e は，

$$e=-L\frac{di}{dt} \tag{3.25}$$

となる．L を**自己インダクタンス**（self inductance）といい，単位はヘンリー（Henry）で，記号は〔H〕である．

Lの値はコイルの形や巻数などによって異なる．

図 3.6 のような抵抗が無視できる自己インダクタンス L のコイルに，交流電圧 v が加えられ，交流電流 i が流れている回路を考える．この時，L に誘起される電圧 e は，電圧 v と平衡を保っているので，$v+e=0$ から，

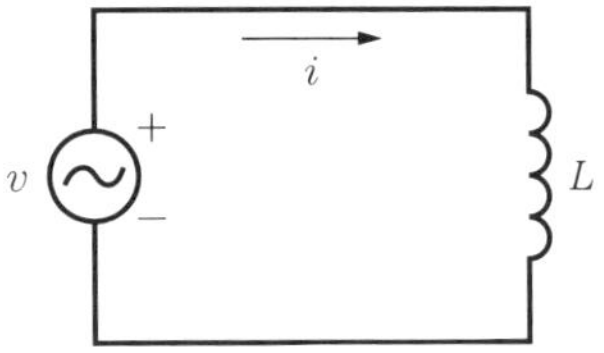

図 3.6

ポイント

$$v=-e=L\frac{di}{dt} \tag{3.26}$$

となる．交流電流 i を流すのに必要な電圧を $v=V_m\sin\omega t$ とすると，式(3.26)

より，i は，

$$i=\frac{1}{L}\int v\,dt=\frac{V_m}{L}\int \sin\omega t\,dt=\frac{-V_m}{\omega L}\cos\omega t$$

$$=\frac{V_m}{\omega L}\sin\left(\omega t-\frac{\pi}{2}\right) \qquad (3.27)$$

となる．電流 i の位相は電圧 v より $\frac{\pi}{2}$〔rad〕$=90°$ **遅れ**（lag）ている．電流を $i=I_m\sin\left(\omega t-\frac{\pi}{2}\right)$ とおくと，式(3.27)との大きさの対応から，

ポイント

> V_m と I_m の関係は，
>
> $$V_m=\omega L I_m \qquad (3.28)$$

となる．これら v と i の関係を図示すると**図3.7(a)**のようになる．

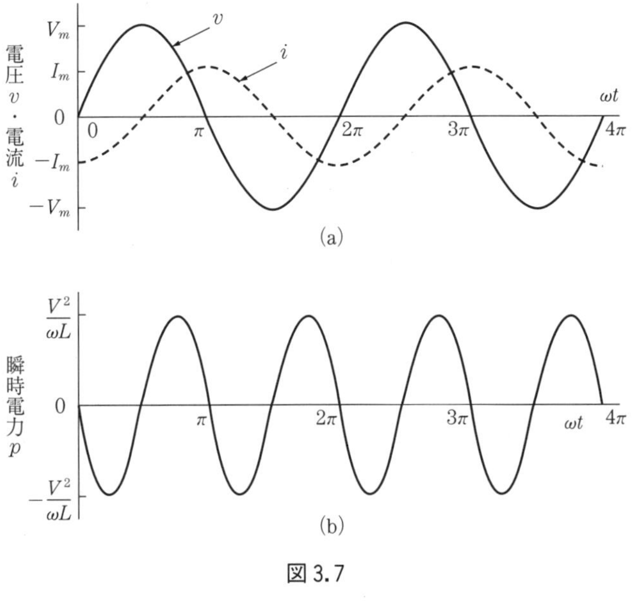

図3.7

式(3.28)を電圧，電流の実効値 V，I で表せば，

ポイント

$$V=\omega LI=X_L I \tag{3.29}$$

ここで，$X_L=\omega L$ であり，電圧と電流の大きさを関係づける量で，交流に対しての抵抗のような働きをする量である．X_L を**誘導性リアクタンス**（inductive reactance）といい，単位は〔Ω〕である．X_L は ω，すなわち周波数 f に比例して大きくなる．

次に，瞬時電力 p は，

$$p=vi=-\frac{{V_m}^2}{\omega L}\sin\omega t\cos\omega t=-\frac{{V_m}^2}{2\omega L}\sin 2\omega t$$

$$=-\frac{V^2}{\omega L}\sin 2\omega t=-\omega LI^2\sin 2\omega t \tag{3.30}$$

となる．p の波形を図3.7(b)に示す．p が正の部分は自己インダクタンスに蓄えられるエネルギーを示し，p が負の部分は自己インダクタンスから出ていくエネルギーを示している．また，平均電力 P は式(3.12)，および式(3.21)と同様の方法で求めると，

$$P=\frac{1}{\frac{T}{2}}\int_0^{\frac{T}{2}}p\,dt=\frac{-2V^2}{T\omega L}\int_0^{\frac{T}{2}}\sin 2\omega t\,dt=0 \tag{3.31}$$

となる．これは，自己インダクタンスはコンデンサと同様にエネルギーを蓄えたり出したりすることを交互に繰り返すが，電力を消費しないことを意味する．

任意の時間における磁気的蓄積エネルギー W_L は，式(3.30)より，

$$W_L=\int_0^t p\,dt=-\omega LI^2\int_0^t\sin 2\omega t\,dt=\frac{LI^2}{2}(\cos 2\omega t-1) \tag{3.32}$$

となる．式(3.32)は時間 t の変化に対して，0 から $-LI^2$ の間で変化し，W が正の値にはならず，常にエネルギーを放出しているように見える．これは，式(3.22)に示したコンデンサの静電的蓄積エネルギー W_C と同一の位相で求めたためであり，W_C と W_L とは蓄積エネルギーの出入りの位相が逆であることを

示している.

次に, W_L の大きさの平均値 $|W_{Lave}|$ は,

$$|W_{Lave}| = \left| \frac{1}{\frac{T}{2}} \int_0^{\frac{T}{2}} W_L \, dt \right| = \left| -\frac{1}{2} LI^2 \right| = \frac{1}{2} LI^2 \qquad (3.33)$$

となる.

例題 3.6

図 3.6 の回路において, 自己インダクタンス $L=20$〔mH〕のコイルに, 正弦波交流電圧 $v=100\sqrt{2}\sin(100\pi t)$〔V〕が加わった. コイルを流れる電流 i を表す式, およびその実効値 I を求めよ.

[解] 誘導性リアクタンス X_L は,

$$X_L = \omega L = 100\pi \times 20 \times 10^{-3} = 6.28 \quad 〔\Omega〕$$

となる. 電流の最大値 I_m は, 式(3.28)より,

$$I_m = \frac{V_m}{\omega L} = \frac{100\sqrt{2}}{6.28} = 22.5 \quad 〔A〕$$

となる. したがって, i を表す式は, 電流の位相が電圧より $\pi/2$〔rad〕遅れるので, 式(3.27)より,

$$i = 22.5\sin\left(100\pi t - \frac{\pi}{2}\right) \quad 〔A〕$$

となる. また, 実効値 I は $22.5/\sqrt{2}=15.9$〔A〕である.

3.4 基本回路の計算

正弦波交流回路における基本的な回路を, ここでは微積分方程式を解析的に解いて, 電圧を加えた時の定常電流を求める.

3.4.1 *R*, *L* の直列回路

図 3.8 のように抵抗 R と自己インダクタンス L を**直列**に**接続**した**回路** (series circuit) に, 交流電圧 v を加えた時の v と流れる定常電流 i との関係を求

める．R および L における電圧降下をそれぞれ v_R，v_L とすると，

$$v=v_R+v_L \qquad (3.34)$$

となる．ここで，式(3.8)より $v_R=Ri$，式(3.26)より $v_L=L\dfrac{di}{dt}$ であるから，これらを式(3.34)に代入して，

$$v=Ri+L\frac{di}{dt} \qquad (3.35)$$

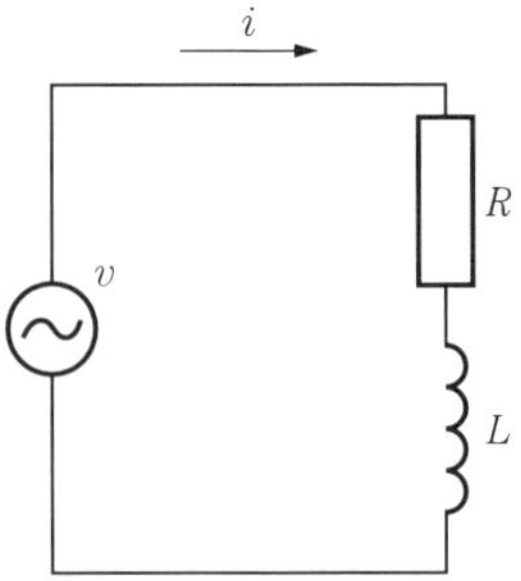

図 3.8

となる．ここで，

$$i=I_m\sin\omega t \qquad (3.36)$$

とすると，式(3.35)は，

$$v=RI_m\sin\omega t+\omega LI_m\cos\omega t$$
$$=\sqrt{R^2+(\omega L)^2}\,I_m\left(\sin\omega t\cdot\frac{R}{\sqrt{R^2+(\omega L)^2}}+\cos\omega t\cdot\frac{\omega L}{\sqrt{R^2+(\omega L)^2}}\right) \qquad (3.37)$$

　ここで，$\tan\theta=\dfrac{\omega L}{R}$ とすると，

$$\frac{R}{\sqrt{R^2+(\omega L)^2}}=\cos\theta, \qquad \frac{\omega L}{\sqrt{R^2+(\omega L)^2}}=\sin\theta \qquad (3.38)$$

になるので，これらを式(3.37)に代入して，

$$v=\sqrt{R^2+(\omega L)^2}\,I_m(\sin\omega t\cdot\cos\theta+\cos\omega t\cdot\sin\theta)$$
$$=\sqrt{R^2+(\omega L)^2}\,I_m\sin(\omega t+\theta) \qquad (3.39)$$

となる．v の最大値を V_m とすると，

ポイント

R, L 直列回路における V_m と I_m の関係は，

$$V_m=\sqrt{R^2+(\omega L)^2}\,I_m \qquad (3.40)$$

V_m，I_m の実効値 V，I で表すと，

$$V=\sqrt{R^2+(\omega L)^2}\,I \qquad (3.41)$$

の関係が得られる．式(3.40)または式(3.41)から電圧と電流の比を Z とおくと，

ポイント

$$Z=\frac{V_m}{I_m}=\frac{V}{I}=\sqrt{R^2+(\omega L)^2}=\sqrt{R^2+X_L{}^2} \tag{3.42}$$

となり，Z をこの回路の**インピーダンス**(impedance)といい，単位は**オーム**(ohm)〔Ω〕である．ただし，X_L は式(3.29)で示した誘導性リアクタンスである．

図 3.9 に示したように，横軸に抵抗 R の大きさを，縦軸に誘導性リアクタンス X_L の大きさをとると，インピーダンス Z は，斜辺の長さに相当する．

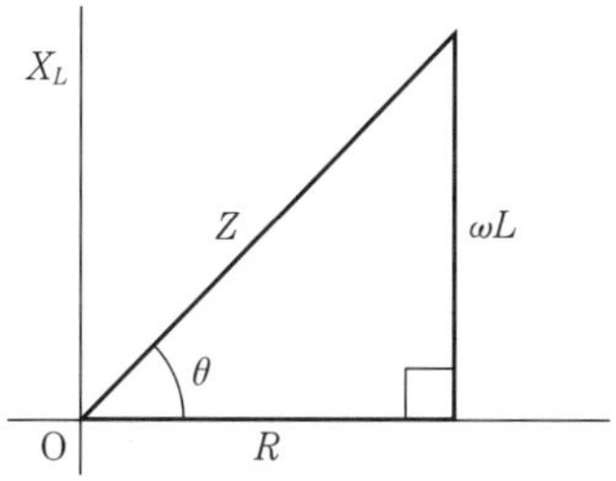

図 3.9

また，式(3.36)と，式(3.39)より，電流の位相は電圧よりも θ だけ遅れている（遅れ電流）．

ポイント

この**位相角**（phase angle）θ は，

$$\theta=\tan^{-1}\left(\frac{\omega L}{R}\right) \tag{3.43}$$

で示され，0° から 90° の範囲の値をとる．

例題 3.7

図 3.8 の RL 直列回路において，$R=3$〔Ω〕，$L=10$〔mH〕である．交流電流 $i=2\sin 400\,t$〔A〕が流れたとき，加えられた電圧の瞬時値 v を求めよ．また，ωt に対する v，i の波形を 2 周期分描け．

[解]　インピーダンス Z は，式(3.42)から，$\omega=400$〔rad/s〕として，

$$Z=\sqrt{R^2+(\omega L)^2}=\sqrt{3^2+(400\times10\times10^{-3})^2}=5 \quad 〔\Omega〕$$

したがって，電圧の最大値 V_m は，式(3.40)から，

$$V_m=ZI_m=5\times2=10 \quad 〔\mathrm{V}〕$$

また，位相角 θ は，式(3.43)から，

$$\theta=\tan^{-1}\left(\frac{\omega L}{R}\right)=\tan^{-1}\left(\frac{4}{3}\right)=53.1^\circ=0.93 \quad 〔\mathrm{rad}〕$$

となる．したがって，瞬時値 v は，

$$v=10\sin(400t+0.93) \quad 〔\mathrm{V}〕$$

となる．また，波形は**例図 3.1** になる．

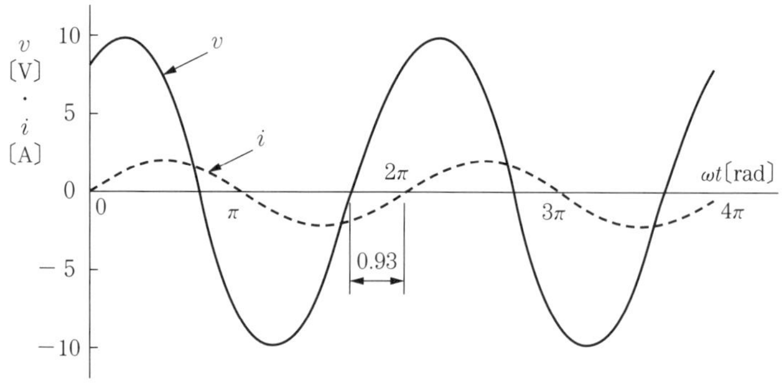

例図 3.1

3.4.2　R，C の直列回路

図 3.10 のような抵抗 R と静電容量 C のコンデンサを直列に接続した回路に，交流電圧 v を加えた時の v と流れる定常電流 i との関係を求める．

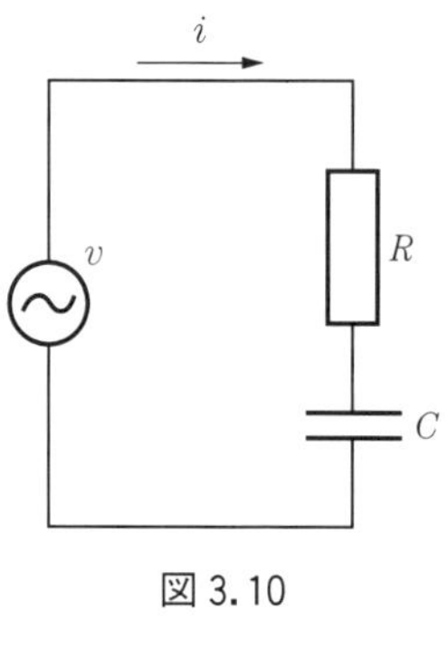

図 3.10

抵抗 R での電圧降下を v_R，コンデンサでの電圧降下を v_C とすると，

$$v=v_R+v_C \qquad (3.44)$$

となる．ここで，式(3.8)より $v_R=Ri$，式(3.15)

を積分形にして，$v_C=\dfrac{1}{C}\displaystyle\int i dt$ となるから，これらを式(3.44)に代入して，

$$v=Ri+\frac{1}{C}\int i dt \tag{3.45}$$

となる．ここで，

$$i=I_m\sin\omega t \tag{3.46}$$

とすると，式(3.45)は，

$$\begin{aligned} v &= RI_m\sin\omega t-\frac{1}{\omega C}I_m\cos\omega t \\ &= \sqrt{R^2+\left(\frac{1}{\omega C}\right)^2}\,I_m\left\{\sin\omega t\frac{R}{\sqrt{R^2+\left(\frac{1}{\omega C}\right)^2}}\right. \\ &\qquad \left.+\cos\omega t\frac{-\frac{1}{\omega C}}{\sqrt{R^2+\left(\frac{1}{\omega C}\right)^2}}\right\} \end{aligned} \tag{3.47}$$

ここで，$\tan\theta=\dfrac{-\dfrac{1}{\omega C}}{R}$ とすると，

$$\frac{R}{\sqrt{R^2+\left(\frac{1}{\omega C}\right)^2}}=\cos\theta,\qquad \frac{-\frac{1}{\omega C}}{\sqrt{R^2+\left(\frac{1}{\omega C}\right)^2}}=\sin\theta \tag{3.48}$$

となるので，これらを式(3.47)に代入して，

$$\begin{aligned} v &= \sqrt{R^2+\left(\frac{1}{\omega C}\right)^2}\,I_m(\sin\omega t\cdot\cos\theta+\cos\omega t\cdot\sin\theta) \\ &= \sqrt{R^2+\left(\frac{1}{\omega C}\right)^2}\,I_m\sin(\omega t+\theta) \end{aligned} \tag{3.49}$$

となる．v の最大値を V_m とすると，

ポイント

R，C 直列回路における V_m と I_m の関係は，

$$V_m = \sqrt{R^2 + \left(\frac{1}{\omega C}\right)^2} I_m \tag{3.50}$$

V_m，I_m の実効値を V，I で表すと，

$$V = \sqrt{R^2 + \left(\frac{1}{\omega C}\right)^2} I \tag{3.51}$$

の関係になる．また，

ポイント

この回路のインピーダンス Z は，

$$Z = \sqrt{R^2 + \left(\frac{1}{\omega C}\right)^2} = \sqrt{R^2 + {X_C}^2} \tag{3.52}$$

となる．ただし，X_C は式(3.19)で示した容量性リアクタンスである．単位は式(3.42)と同様にオーム〔Ω〕である．

図 3.11 に示したように，横軸に抵抗 R の大きさを，縦軸に容量性リアクタンス X_C の大きさをとると，インピーダンス Z は斜辺の長さに相当する．

また，式(3.48)より，θ は負の値になる．そのため，式(3.46)と式(3.49)より，電流の位相は電圧よりも θ だけ進んでいる（進み電流）．

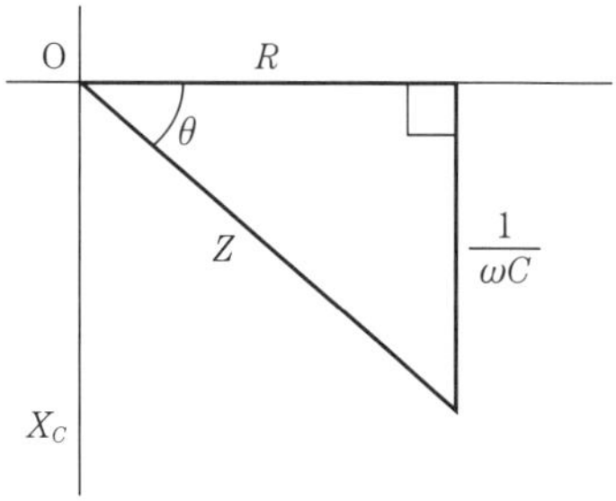

図 3.11

ポイント

この位相角 θ は,

$$\theta = \tan^{-1}\left(-\frac{1}{\omega CR}\right) \tag{3.53}$$

で示され，0° から −90° の範囲の値をとる.

例題 3.8

図 3.10 の RC 直列回路において，$R=2$〔Ω〕，$C=500$〔μF〕である．交流電流 $i=3\sin 1\,000\,t$〔A〕が流れたとき，加えられた電圧の瞬時値 v を求めよ．また，ωt に対する v，i の波形を 2 周期分描け.

［解］　インピーダンス Z は，式(3.52)から，$\omega=1\,000$〔rad/s〕として,

$$Z=\sqrt{R^2+\left(\frac{1}{\omega C}\right)^2}=\sqrt{2^2+\left(\frac{1}{1\,000\times500\times10^{-6}}\right)^2}=2\sqrt{2}=2.83 \ 〔\Omega〕$$

したがって，電圧の最大値 V_m は式(3.50)から,

$$V_m=ZI_m=2.83\times3=8.49 \ 〔\mathrm{V}〕$$

また，位相角 θ は，式(3.53)から,

$$\theta=\tan^{-1}\left(-\frac{1}{\omega CR}\right)=\tan^{-1}\left(-\frac{2}{2}\right)=-45^\circ=-0.79 \ 〔\mathrm{rad}〕$$

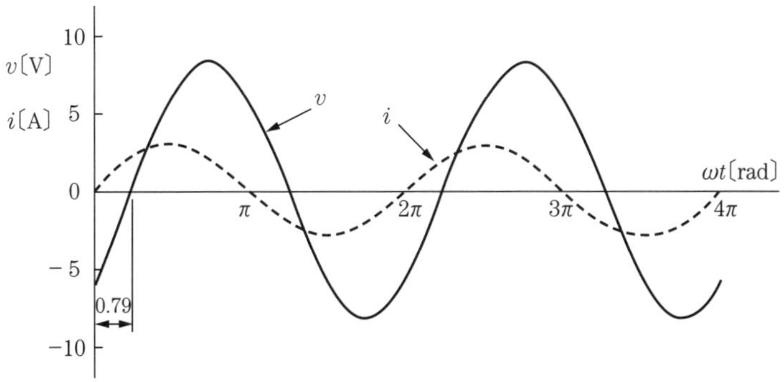

例図 3.2

となる．したがって，電圧の瞬時値 v は，

$$v=8.49\sin(1\,000\,t-0.79)\quad \text{〔V〕}$$

となる．また，波形は**例図 3.2** になる．

3.4.3　*R*，*L* の並列回路

図 3.12 のように抵抗 R と自己インダクタンス L を**並列に接続した回路**（parallel circuit）に交流電圧 v を加えた時の v と流れる定常電流 i との関係を求める．R を流れる電流を i_R，L を流れる電流を i_L とすると，全電流 i は，

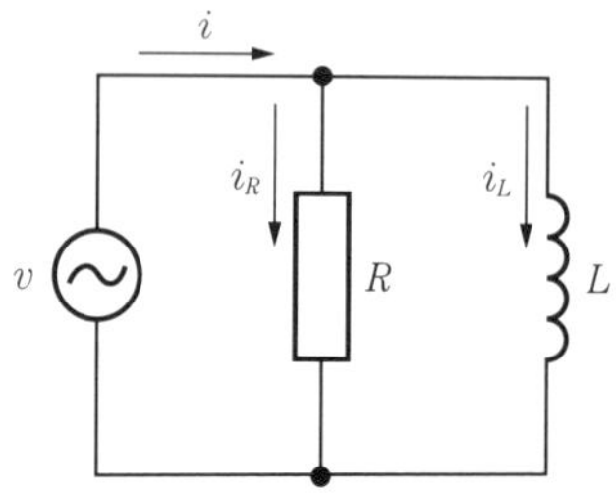

図 3.12

$$i=i_R+i_L \tag{3.54}$$

であり，式(3.8)および式(3.27)より，

$$i=\frac{v}{R}+\frac{1}{L}\int v\,dt \tag{3.55}$$

と表せる．電圧 v を $v=V_m\sin\omega t$ とすると，式(3.55)は，

$$i=\frac{V_m}{R}\sin\omega t+\frac{V_m}{L}\int\sin\omega t\,dt=\frac{V_m}{R}\sin\omega t-\frac{V_m}{\omega L}\cos\omega t \tag{3.56}$$

となる．式(3.37)，式(3.38)と同様に考え，$\tan\theta=\dfrac{-1/\omega L}{1/R}$ とすると，

$$i=\sqrt{\left(\frac{1}{R}\right)^2+\left(\frac{1}{\omega L}\right)^2}\,V_m\sin(\omega t+\theta) \tag{3.57}$$

となる．i の最大値を I_m とすると，

ポイント

R, L 並列回路における V_m と I_m の関係は,

$$I_m=\sqrt{\left(\frac{1}{R}\right)^2+\left(\frac{1}{\omega L}\right)^2}\,V_m \tag{3.58}$$

V_m, I_m の実効値 V, I で表すと,

$$I=\sqrt{\left(\frac{1}{R}\right)^2+\left(\frac{1}{\omega L}\right)^2}\,V \tag{3.59}$$

の関係が成り立つ. 式(3.58)または式(3.59)から, 電流と電圧の比を Y とおくと,

ポイント

$$Y=\frac{I_m}{V_m}=\frac{I}{V}=\sqrt{\left(\frac{1}{R}\right)^2+\left(\frac{1}{\omega L}\right)^2}=\sqrt{G^2+B^2} \tag{3.60}$$

となり, Y をこの回路の**アドミタンス** (admittance) といい, 単位は**ジーメンス** (Siemens) 〔S〕である. また, G を**コンダクタンス** (conductance), B を**サセプタンス** (susceptance) といい, 単位は両者ともジーメンス〔S〕である. アドミタンス Y はインピーダンス Z の逆数になる.

アドミタンス Y は図 3.13 に示したように, 横軸に G の大きさを縦軸に B の大きさをとると, 斜辺の長さに相当する. このように並列回路の場合ではアドミタンスで考え方が計算がしやすい.

また, 式(3.57)から, 電流の位相は電圧よりも θ だけ遅れている (遅れ電流).

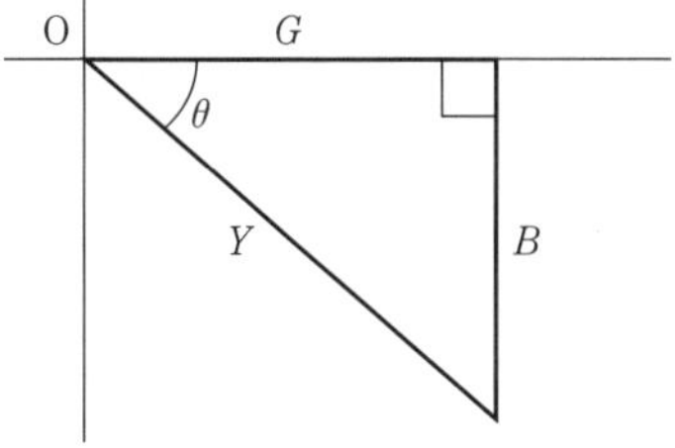

図 3.13

ポイント

この位相角 θ は,

$$\theta = \tan^{-1}\left(\frac{B}{G}\right) = \tan^{-1}\left(\frac{-1/\omega L}{1/R}\right) = \tan^{-1}\left(-\frac{R}{\omega L}\right) \tag{3.61}$$

で示され，0° から −90° の範囲の値をとる.

例題 3.9

図 3.12 の RL 並列回路において，$R=4$〔Ω〕，$L=5$〔mH〕である．交流電圧 $v=10\sin 1\,000\,t$〔V〕を加えたとき，回路を流れる全電流の瞬時値 i を求めよ.

［解］　アドミタンス Y は，式(3.60)から，$\omega=1\,000$〔rad/s〕として，

$$Y=\sqrt{\left(\frac{1}{R}\right)^2+\left(\frac{1}{\omega L}\right)^2}=\sqrt{\left(\frac{1}{4}\right)^2+\left(\frac{1}{1\,000\times5\times10^{-3}}\right)^2}$$

$$=0.32 \text{〔S〕}$$

したがって，電流の最大値 I_m は，式(3.58)から，

$$I_m=YV_m=0.32\times10=3.2 \text{〔A〕}$$

また，位相角 θ は，式(3.61)から，

$$\theta=\tan^{-1}\left(-\frac{R}{\omega L}\right)=\tan^{-1}\left(-\frac{4}{5}\right)=-39^\circ=-0.67 \text{〔rad〕}$$

となる．したがって瞬時値 i は式(3.57)から，

$$i=3.2\sin(1\,000\,t-0.67) \text{〔A〕}$$

となる.

3.4.4　*R*，*C* の並列回路

図 3.14 のように抵抗 R と静電容量 C のコンデンサを並列に接続した回路に，交流電圧 v を加えた時の v と流れる定常電流 i との関係を求める．R を流れる電流を i_R，C を流れる電流を i_C とすると，全電流 i は,

$$i=i_R+i_C \tag{3.62}$$

であり，式(3.8)および式(3.15)より，

$$i=\frac{v}{R}+C\frac{dv}{dt} \qquad (3.63)$$

と表せる．電圧 v を $v=V_m\sin\omega t$ とすると，式(3.63)は，

$$i=\frac{V_m}{R}\sin\omega t+CV_m\frac{d}{dt}\sin\omega t$$

$$=\frac{V_m}{R}\sin\omega t+\omega CV_m\cos\omega t \qquad (3.64)$$

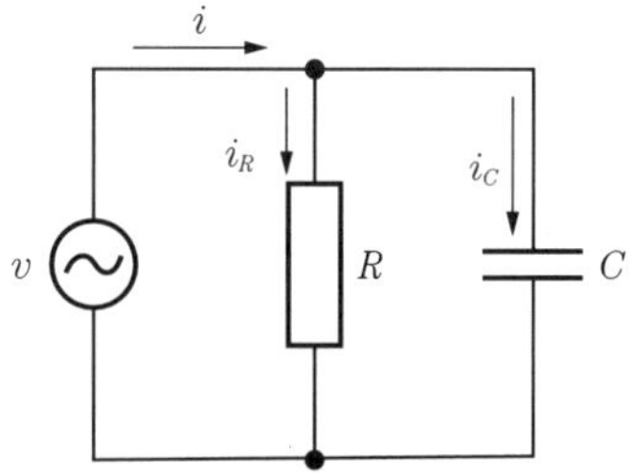

図 3.14

となる．式(3.47)，式(3.48)と同様に考えると，

$$i=\sqrt{\left(\frac{1}{R}\right)^2+(\omega C)^2}\,V_m\sin(\omega t+\theta) \qquad (3.65)$$

となる．i の最大値を I_m とすると，

ポイント

RC 並列回路における V_m と I_m の関係は，

$$I_m=\sqrt{\left(\frac{1}{R}\right)^2+(\omega C)^2}\,V_m \qquad (3.66)$$

V_m，I_m の実効値を V，I で表すと，

$$I=\sqrt{\left(\frac{1}{R}\right)^2+(\omega C)^2}\,V \qquad (3.67)$$

の関係が成り立つ．

ポイント

この回路のアドミタンス Y は，

$$Y=\sqrt{\left(\frac{1}{R}\right)^2+(\omega C)^2}=\sqrt{G^2+B^2} \qquad (3.68)$$

となる．アドミタンス Y は図 3.15 に示したように，横軸に G の大きさを，縦軸に B の大きさをとると，斜辺の長さに相当する．

また，式(3.65)から，電流の位相は電圧よりも θ だけ進んでいる（進み電流）．

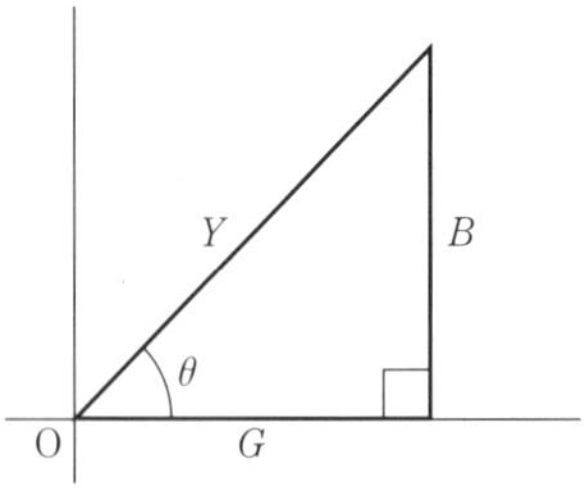

図 3.15

ポイント

この位相角 θ は，

$$\theta=\tan^{-1}\left(\frac{B}{G}\right)=\tan^{-1}\left(\frac{\omega C}{1/R}\right)=\tan^{-1}(\omega CR) \tag{3.69}$$

で示され，0° から 90° の範囲の値をとる．

例題 3.10

図 3.14 の RC 並列回路において，$R=4$〔Ω〕，$C=200$〔μF〕である．交流電圧 $v=10\sin 1\,000\,t$〔V〕を加えたとき，回路を流れる全電流の瞬時値 i を求めよ．

［解］ アドミタンス Y は式(3.68)から，$\omega=1\,000$〔rad/s〕として，

$$Y=\sqrt{\left(\frac{1}{R}\right)^2+(\omega C)^2}=\sqrt{\left(\frac{1}{4}\right)^2+(1\,000\times 200\times 10^{-6})^2}$$

$$=0.32 \text{〔S〕}$$

したがって，電流の最大値 I_m は，式(3.66)から，

$$I_m=YV_m=0.32\times 10=3.2 \text{〔A〕}$$

また，位相角 θ は，式(3.69)から，

$$\theta=\tan^{-1}(\omega CR)=\tan^{-1}(0.8)=39°=0.67 \text{〔rad〕}$$

となる．したがって，瞬時値 i は，式(3.65)から，

$$i=3.2\sin(1\,000\,t+0.67) \text{〔A〕}$$

となる．

3.4.5　R，L，C の直列回路

図3.16のように抵抗R，自己インダクタンスL，および静電容量Cを直列に接続した回路に，交流電圧vを加えた時のvと流れる定常電流iとの関係を求める．R，L，およびCにおける電圧降下をそれぞれv_R，v_L，およびv_Cとすると，

$$v=v_R+v_L+v_C \tag{3.70}$$

となる．式(3.8)より$v_R=Ri$，式(3.26)より$v_L=L\dfrac{di}{dt}$，式(3.15)を積分形にして$v_C=\dfrac{1}{C}\displaystyle\int idt$となるから，式(3.70)は，

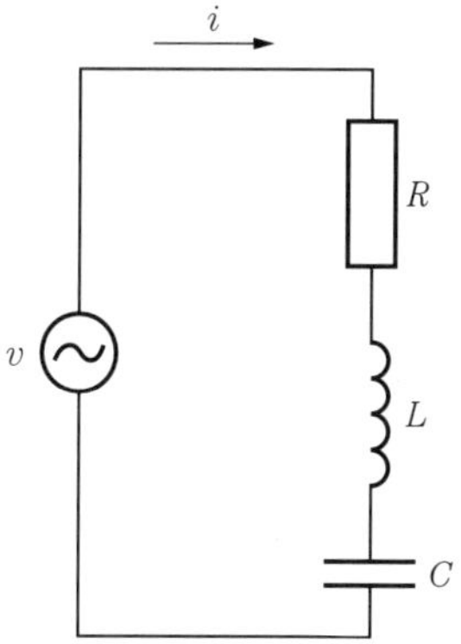

図3.16

$$v=Ri+L\frac{di}{dt}+\frac{1}{C}\int idt \tag{3.71}$$

となる．ここで定常電流iを$i=I_m\sin\omega t$とすると，

$$\begin{aligned}v&=RI_m\sin\omega t+L\frac{d}{dt}I_m\sin\omega t+\frac{1}{C}\int I_m\sin\omega t dt\\&=RI_m\sin\omega t+\left(\omega L-\frac{1}{\omega C}\right)I_m\cos\omega t\\&=\sqrt{R^2+\left(\omega L-\frac{1}{\omega C}\right)^2}I_m\sin(\omega t+\theta)\end{aligned} \tag{3.72}$$

となる．ただし，

ポイント

θは，

$$\theta=\tan^{-1}\left(\frac{\omega L-\dfrac{1}{\omega C}}{R}\right) \tag{3.73}$$

であり，電圧と電流の位相角を表す．

vの最大値をV_mとすると，

ポイント

R, L, C 直列回路における V_m と I_m の関係は,

$$V_m=\sqrt{R^2+\left(\omega L-\frac{1}{\omega C}\right)^2}\,I_m \tag{3.74}$$

実効値で表すと,

$$V=\sqrt{R^2+\left(\omega L-\frac{1}{\omega C}\right)^2}\,I \tag{3.75}$$

の関係になる．また,

ポイント

この回路のインピーダンス Z は,

$$Z=\sqrt{R^2+\left(\omega L-\frac{1}{\omega C}\right)^2}=\sqrt{R^2+X^2} \tag{3.76}$$

となる．X は**リアクタンス**（reactance）である．X の値は $\omega L>\dfrac{1}{\omega C}$ の時には正の値で誘導性リアクタンスになり, $\omega L<\dfrac{1}{\omega C}$ の時には負の値で容量性リアクタンスになる．

位相角 θ についても同様に $\omega L>\dfrac{1}{\omega C}$ の時には $\theta>0°$ となり, 電圧の位相は電流より θ だけ進むことになる．一方, $\omega L<\dfrac{1}{\omega C}$ の時には $\theta<0°$ となり, 電圧の位相は電流より θ だけ遅れることになる．なお, $\omega L=\dfrac{1}{\omega C}$ の時は $\theta=0°$ となり, 電圧の位相は電流と同相になる．この時を**共振**と呼ぶが, これについては4.6.1で述べる．

例題 3.11

図3.16の RLC 直列回路において, $R=4$〔Ω〕, $L=4$〔mH〕, $C=125$〔μF〕

である．定常電流 $i=5\sin 2\,000\,t$〔A〕が流れたとき，加えられた電圧の瞬時値 v を求めよ．また，各素子における電圧降下の実効値を求めよ．

［解］ 全インピーダンス Z は式(3.76)から，

$$Z=\sqrt{R^2+\left(\omega L-\frac{1}{\omega C}\right)^2}=\sqrt{4^2+\left(2\,000\times 4\times 10^{-3}-\frac{1}{2\,000\times 125\times 10^{-6}}\right)^2}$$

$$=5.66\ 〔\Omega〕$$

となり，電圧と電流の位相角は式(3.73)から，

$$\theta=\tan^{-1}\left(\frac{\omega L-\dfrac{1}{\omega C}}{R}\right)=45^\circ=\frac{\pi}{4}\ 〔\mathrm{rad}〕$$

である．したがって，加えられた電圧の瞬時値 v は，式(3.72)から，

$$v=5.66\times 5\sin\left(2\,000\,t+\frac{\pi}{4}\right)\ 〔\mathrm{V}〕$$

$$=28.3\sin\left(2\,000\,t+\frac{\pi}{4}\right)\ 〔\mathrm{V}〕$$

となる．また，抵抗 R での電圧降下の実効値 V_R は，電流の実効値 $I=5/\sqrt{2}=3.54$〔A〕であるから，

$$V_R=RI=4\times 3.54=14.2\ 〔\mathrm{V}〕$$

自己インダクタンス L での電圧降下の実効値 V_L は，

$$V_L=\omega LI=2\,000\times 4\times 10^{-3}\times 3.54=28.3\ 〔\mathrm{V}〕$$

静電容量 C での電圧降下の実効値 V_C は，

$$V_C=\frac{1}{\omega C}I=\frac{1}{2\,000\times 125\times 10^{-6}}\times 3.54=14.2\ 〔\mathrm{V}〕$$

となる．なお，V_R，V_L，および V_C の和は v の実効値 20〔V〕と等しくならないことに注意が必要である．

3.5　正弦波交流回路の電力

既に，3.3節においてR，LおよびCの個々の素子における瞬時電力，平均電力については記述している．ここでは複数の素子（負荷）から成る回路における電力について述べる．

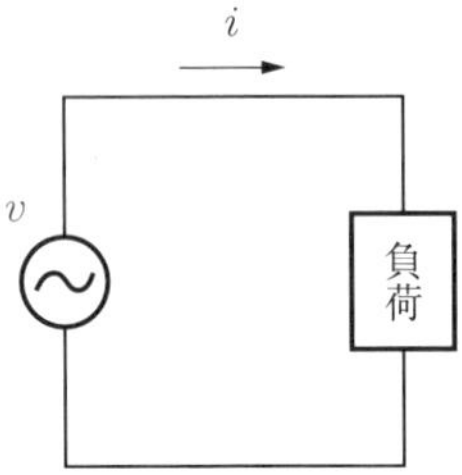

図 3.17

図3.17に示すような負荷に正弦波電圧vを加えたとき，負荷を流れる電流をiとすると，v，iはそれぞれ，

$$\left.\begin{aligned} v &= V_m \sin\omega t = \sqrt{2}\,V \sin\omega t \\ i &= I_m \sin(\omega t+\theta) = \sqrt{2}\,I \sin(\omega t+\theta) \end{aligned}\right\} \tag{3.77}$$

と表される．このとき瞬時電力pは，

$$\begin{aligned} p &= vi = V_m I_m \sin\omega t \cdot \sin(\omega t+\theta) \\ &= 2\,VI \sin\omega t \cdot \sin(\omega t+\theta) \\ &= VI\cos\theta - VI\cos(2\omega t+\theta) \end{aligned} \tag{3.78}$$

となる．式(3.78)は，右辺の第1項には時間tが入っていないため，時間的に一定の部分と，第2項に示したv,iの2倍の周波数で変化する部分から成る．

図3.18は，ωtと瞬時電力pとの関係の一例である．平均電力Pは，式(3.78)に示した瞬時電力pの1周期の時間平均をとって，

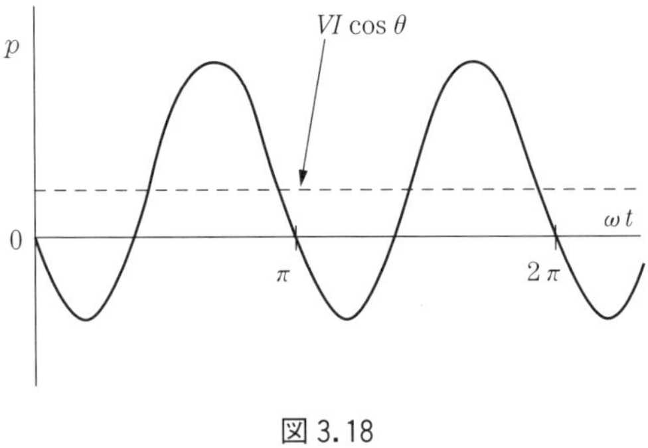

図 3.18

ポイント

$$P = \frac{1}{T}\int_0^T p\,dt = VI\cos\theta \quad 〔\mathrm{W}〕 \tag{3.79}$$

となる．平均電力は**有効電力**（active power），消費電力，または単に電力とも呼ばれる．単位はワット〔W〕である．

ポイント

v と i の位相差 θ の余弦 $\cos\theta$ をこの回路の**力率**（power factor）といい，$0° \leqq \theta \leqq 90°$，$0 \leqq \cos\theta \leqq 1$ の範囲をとる．

交流の場合でも抵抗のみの回路では $\theta = 0°$ であるから，V と I の積が平均電力になるが，L や C を含んでいる回路では，VI に力率 $\cos\theta$ を掛けることが必要である．

ポイント

単に V と I の積 VI を**皮相電力**（apparent power）といい，単位はボルトアンペア〔V·A〕を用いる．したがって，

$$\cos\theta = \frac{\text{有効電力}}{\text{皮相電力}} \tag{3.80}$$

の関係がある．

ポイント

また，$VI\sin\theta$ を**無効電力**（reactive power）と呼び，その単位はバール〔var〕（volt ampere reactive）である㊟．

㊟　無効電力の単位は JIS 規格では〔V·A〕であるが，本書では IEC（国際電気標準会議）にならって〔var〕とした．

したがって，これら電力の間は図 3.19 に示すような関係になり，

$$VI = \sqrt{(VI\cos\theta)^2 + (VI\sin\theta)^2} \tag{3.81}$$

であるから，

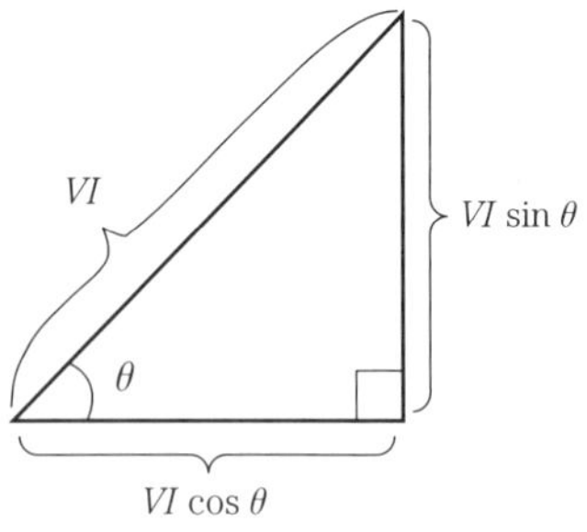

図 3.19

ポイント

$$皮相電力 = \sqrt{(有効電力)^2 + (無効電力)^2} \tag{3.82}$$

の関係になる．

例題 3.12

抵抗 $R=4$〔Ω〕と誘導性リアクタンス $X_L=3$〔Ω〕とが直列接続された回路に，瞬時電圧 $v=100\sqrt{2}\sin\omega t$〔V〕を加えた．回路を流れる電流の瞬時値 i，回路の皮相電力 P_S，有効電力 P，無効電力 P_Q，および力率 $\cos\theta$ を求めよ．

［解］　回路のインピーダンスの大きさ Z は，式(3.42)より，

$$Z = \sqrt{4^2+3^2} = 5 \ 〔\Omega〕$$

電流の位相は電圧よりも θ だけ遅れ，この位相角 θ は，式(3.43)より，

$$\theta = \tan^{-1}\left(\frac{X_L}{R}\right) = \tan^{-1}\left(\frac{3}{4}\right) = 36.9^\circ$$

となる．したがって，電流の瞬時値 i は，

$$i = \frac{100\sqrt{2}}{5}\sin(\omega t - \theta) = 20\sqrt{2}\sin(\omega t - 36.9^\circ) \ 〔A〕$$

となる．また，力率 $\cos\theta$ は，

$$\cos\theta = \cos 36.9^\circ = 0.8$$

となる．P_S，P，P_Q は，電圧および電流の実効値を V，I とすると，

$$P_S = VI = 100 \times 20 = 2\,000 \ 〔V\cdot A〕$$

$$P = VI\cos\theta = 100\times20\times0.8 = 1\,600 \quad \text{〔W〕}$$
$$P_Q = VI\sin\theta = 100\times20\times0.6 = 1\,200 \quad \text{〔var〕}$$

となる．

3.6　相互誘導回路

既に，3.3.3の自己インダクタンスにおいて，自己インダクタンスL_1のコイルに，交流電流i_1が流れた時，磁束ϕ_1がコイルを貫くと，このϕ_1を打ち消すような磁束を作るための電流を流そうとするように電圧v_1'が起こる．これを自己誘導と呼んだ．この時，式(3.26)に示すように，

$$v_1' = L_1\frac{di_1}{dt} \tag{3.83}$$

の関係があった．

図3.20のようにL_1のコイルに近接して，自己インダクタンスL_2のコイルが置かれているとする．L_2のコイルにϕ_1の一部の磁束ϕ_{12}が貫くと，このϕ_{12}を打ち消すような磁束を作るための電流を流そうとするように電圧v_2'が起こる．これを**相互誘導**（mutual induction）と呼ぶ．v_2'は式(3.83)に示したv_1'との対応関係から，

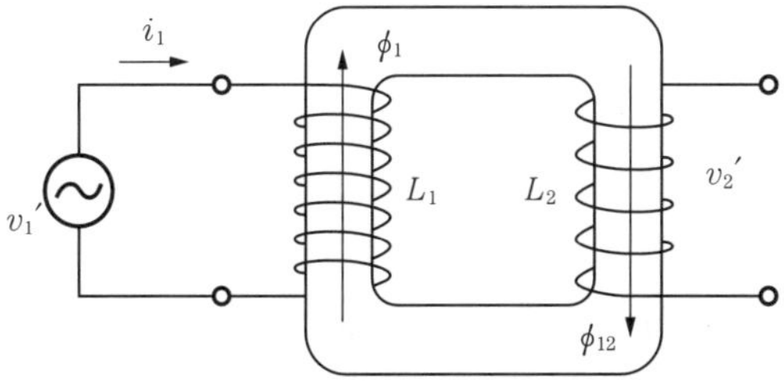

図3.20

ポイント

$$v_2' = M\frac{di_1}{dt} \qquad (3.84)$$

となる．M を**相互インダクタンス**（mutual inductance）といい，単位は L と同じでヘンリー〔H〕である．

相互誘導回路を図記号で表すと，図3.21のようになる．2つのコイルの電圧が v_1，v_2 で，電流 i_1，i_2 が流れたとすると，自己誘導作用，および相互誘導作用によって，

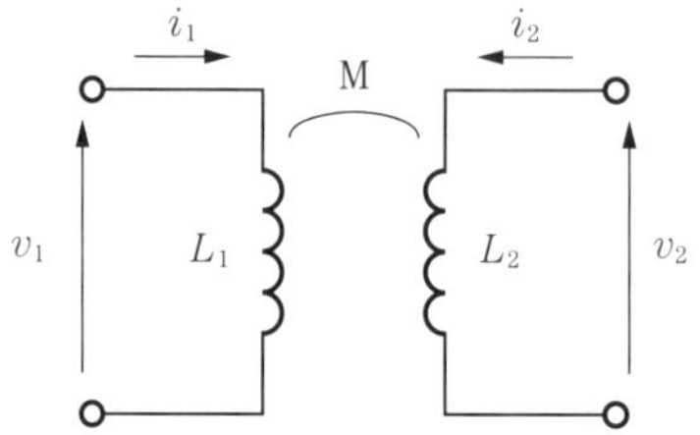

図3.21

ポイント

$$v_1 = L_1\frac{di_1}{dt} \pm M\frac{di_2}{dt} \qquad (3.85)$$

$$v_2 = L_2\frac{di_2}{dt} \pm M\frac{di_1}{dt} \qquad (3.86)$$

の関係が成立する．ここで，M の符号は2つのコイルの巻き方向と2つのコイルに流れる電流の向きの組合せによって定まる．すなわち，電流 i_1，i_2 によって生じる磁束の向きが同方向で互いに加わり合う場合は正（**加極性**という），逆方向で互いに減じ合う場合には負（**減極性**という）となる．

一般にコイルの巻き方向を示すために，図記号に●印を付ける．

図3.22はその概略を示したもので，両図とも電流 i_1，i_2 は上から下方向に流れている．図(a)は●印が共に上に付いているので同じ巻き方向を示しており，この時の M の符号は正になる．図(b)は●印が上と下に別れて付いているので巻き方向が逆であることを示しており，この時の M の符号は負になる．

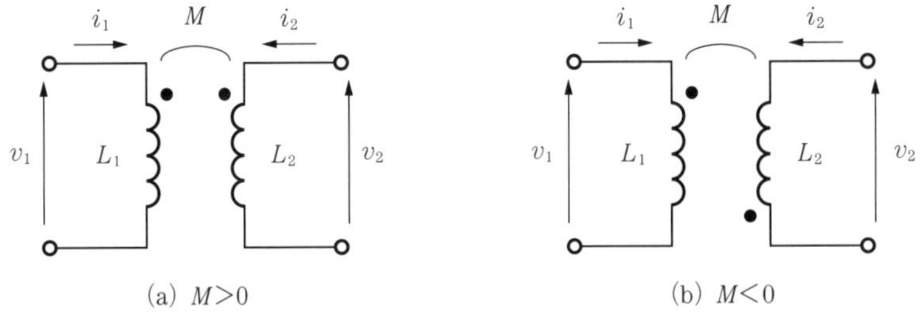

図 3.22

なお，●印がない場合には，一般に i_1，i_2 の流れる向きが同方向のときは正，互いに逆方向のときは負とする．

ポイント

L_1，L_2，および M の大きさの間には，

$$M = k\sqrt{L_1 L_2} \tag{3.87}$$

の関係がある．k をコイルの**結合係数**（coupling coefficient）という．

$M \leqq \sqrt{L_1 L_2}$ であるから，k は $0 \leqq k \leqq 1$ の範囲をとる．

図 3.21 の回路において，この系に供給される瞬時電力 p は，

$$p = v_1 i_1 + v_2 i_2 \tag{3.88}$$

で表される．この式に式(3.85)，式(3.86)の v_1，v_2 を代入して整理すると，

$$p = L_1 i_1 \frac{di_1}{dt} \pm M\left(i_1 \frac{di_2}{dt} + i_2 \frac{di_1}{dt}\right) + L_2 i_2 \frac{di_2}{dt} \tag{3.89}$$

となる．また，この系に任意の時間に蓄えられる磁気エネルギー w は，式(3.89)において，$\dfrac{di_1 i_2}{dt} = i_1 \dfrac{di_2}{dt} + i_2 \dfrac{di_1}{dt}$ であることを考えて，

$$w = \int p\, dt = \frac{1}{2} L_1 {i_1}^2 \pm M i_1 i_2 + \frac{1}{2} L_2 {i_2}^2 \tag{3.90}$$

となる．

演習問題

〔問題 3.1〕　正弦波交流電圧の実効値が 100〔V〕，周波数 50〔Hz〕の波形を，0 から 0.03〔s〕の範囲で描け．ただし，初期位相を 0〔rad〕とする．

〔問題 3.2〕　RL 直列回路の電圧および電流の瞬時値がそれぞれ，

$$v=120\sqrt{2}\sin\left(100\pi t+\frac{\pi}{4}\right)$$

$$i=5\sqrt{2}\sin(100\pi t)$$

であるとき，抵抗 R，自己インダクタンス L の値を求めよ．

〔問題 3.3〕　抵抗 R が 50〔Ω〕，コンデンサの静電容量 C が 20〔μF〕の直列回路に，実効値 V が 100〔V〕，周波数 f が 50〔Hz〕の電圧を加えたとき，流れる電流の実効値 I，電圧と電流の位相差 θ を求めよ．

〔問題 3.4〕　抵抗 R が 40〔Ω〕，誘導性リアクタンス X_L が 40〔Ω〕の RL 直列回路に，実効値 V が 100〔V〕，周波数 f が 60〔Hz〕の電圧を加えた．この時に流れる瞬時電流 i および瞬時電力 p を表す式を求めよ．

〔問題 3.5〕　抵抗 R が 12〔Ω〕，自己インダクタンス L が 15.9〔mH〕の RL 直列回路に実効値 130〔V〕，周波数 50〔Hz〕の電圧を加えた．この回路の電流，力率，皮相電力，有効電力，無効電力，および R，L の端子電圧を求めよ．

〔問題 3.6〕　抵抗 R が 3〔Ω〕，静電容量 C が 796〔μF〕の RC 直列回路に実効値 100〔V〕，周波数 50〔Hz〕の電圧を加えた．この回路の電流，力率，皮相電力，有効電力，無効電力，および R，C の端子電圧を求めよ．

〔問題 3.7〕　皮相電力 20〔kV·A〕で力率が 70〔%〕の誘導性負荷に，コンデンサを並列に接続して力率を 90〔%〕にしたい．接続するコンデンサの静電容量を求めよ．ただし，加えた電圧の実効値は 200〔V〕，周波数が 50〔Hz〕である．

〔問題 3.8〕　抵抗 R が 4〔Ω〕，自己インダクタンス L が 32〔mH〕，.静電容量 C が 455〔μF〕の RLC 直列回路に実効値 100〔V〕，周波数 50〔Hz〕の電圧を加えた．この回路の電流，力率，皮相電力，有効電力，無効電力，および R，L，C の端子電圧を求めよ．

4 複素数表示による正弦波交流回路

3章では正弦波交流回路を時間の関数として表した．しかし，この方法では電気回路が多少複雑になるだけで，その計算は面倒になる．そこで考え出されたのが本章で述べる複素数表示（フェーザ表示，ベクトル表示またはベクトル記号法ともいう）である．これは，正弦波交流は同じ波形が繰り返される周期関数であるため，電圧・電流の大きさ（実効値）とそれらの位相関係を表す位相とで表示することによって，回路の解析を容易に行うものである．

4.1 複素数の導入

ここでは，電気回路の解析に必要な**複素数**（complex number）の基礎事項について述べる．

4.1.1 複　素　数

複素数 $\boldsymbol{Z}$ の**実部**（real part）を a，**虚部**（imaginary part）を b とおくと，

$$\boldsymbol{Z}=a+jb \tag{4.1}$$

と表される．ただし，a，b は実数であり，j は**虚数単位**（imaginary unit）で $j=\sqrt{-1}$ である．数学では虚数単位に i を用いているが，電気回路では瞬時電流に i を用いているため，一般には j を用いている．なお，複素数 $\boldsymbol{Z}$ の実部 a を $a=\mathrm{Re}[\boldsymbol{Z}]$，虚部 b を $b=\mathrm{Im}[\boldsymbol{Z}]$ とも表す．

4.1.2 複素数の座標表示

式(4.1) に示した複素数 $\boldsymbol{Z}=a+jb$ を直交座標で表すことを考える．図4.1

に示すように，$\boldsymbol{Z}$ の実部 a を横軸（実軸）に，虚部 b を縦軸（虚軸）にとった平面に示せば，複素数を平面上の点と 1 対 1 に対応付けることができ，その座標を点 P(a,b) で表せる．このような平面を**複素平面**または**ガウス平面**という．また，複素数 $\boldsymbol{Z}$ をベクトル $\boldsymbol{Z}$ で表すには，図 4.1 に示した複素平面上で OP のベクトルを考える．図において，

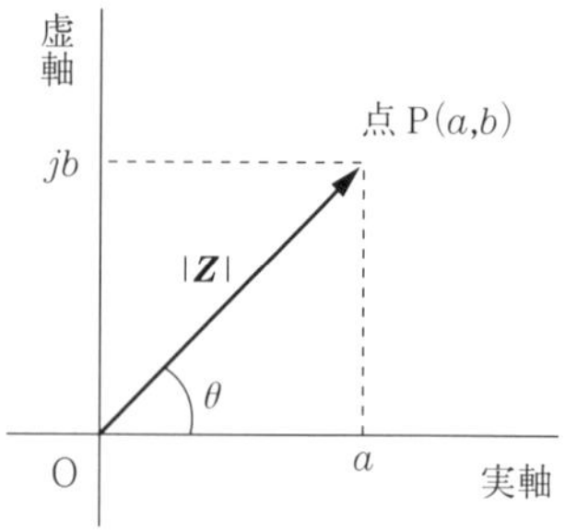

図 4.1

複素数 $a+jb$ の a は実軸の成分（**実数**（real number））であるから，ベクトル $\overrightarrow{\mathrm{OP}}$ の横軸（X 軸）の成分になり，jb は虚軸の成分（**虚数**（imaginary number））であるから，ベクトル $\overrightarrow{\mathrm{OP}}$ の縦軸（Y 軸）の成分になる．したがって，複素数 $\boldsymbol{Z}$ とベクトル $\boldsymbol{Z}$ は一意的に表すことができる．

複素平面を利用して，複素数の極座標による表示として極形式を示す．直交座標の点 P (a,b) は，大きさを $|\boldsymbol{Z}|$，実軸からの角度を θ とすると，極座標の点 $(|\boldsymbol{Z}|,\theta)$ として表される．ここで角度 θ は**偏角**（argument phase）といい，実軸から反時計まわりを正方向とする．図 4.1 から分かるように，

ポイント

$$a=|\boldsymbol{Z}|\cos\theta,\qquad b=|\boldsymbol{Z}|\sin\theta \tag{4.2}$$

$$|\boldsymbol{Z}|=\sqrt{a^2+b^2},\qquad \theta=\tan^{-1}\frac{b}{a} \tag{4.3}$$

$$\boldsymbol{Z}=a+jb=|\boldsymbol{Z}|(\cos\theta+j\sin\theta) \tag{4.4}$$

の関係になる．

また，極座標は複素数 $\boldsymbol{Z}$ を大きさ $|\boldsymbol{Z}|$ と偏角 θ で示していることから，ベクトル $\boldsymbol{Z}$ を表しているともいえる．そのため，図 4.1 は**ベクトル図**（vector diagram）とも呼ばれる．

4.1.3 複素数の指数関数表示

自然対数の底を e とすると，$e^{\pm x}$ はマクローリン展開から，

$$e^{\pm x}=1\pm\frac{x}{1!}+\frac{x^2}{2!}\pm\frac{x^3}{3!}+\frac{x^4}{4!}\pm\frac{x^5}{5!}+\cdots \tag{4.5}$$

となる．ここで，$x=j\theta$ とおくと，

$$e^{\pm j\theta}=1\pm\frac{j\theta}{1!}+\frac{(j\theta)^2}{2!}\pm\frac{(j\theta)^3}{3!}+\frac{(j\theta)^4}{4!}\pm\frac{(j\theta)^5}{5!}+\cdots \tag{4.6}$$

となるので，$j^2=-1$ を利用して整理すると，

$$e^{\pm j\theta}=\left(1-\frac{\theta^2}{2!}+\frac{\theta^4}{4!}-\frac{\theta^6}{6!}+\cdots\right)$$
$$\pm j\left(\theta-\frac{\theta^3}{3!}+\frac{\theta^5}{5!}-\frac{\theta^7}{7!}+\cdots\right) \tag{4.7}$$

となる．ところで，$\sin x$，$\cos x$ は，

$$\sin x=x-\frac{x^3}{3!}+\frac{x^5}{5!}-\frac{x^7}{7!}+\cdots \tag{4.8}$$

$$\cos x=1-\frac{x^2}{2!}+\frac{x^4}{4!}-\frac{x^6}{6!}+\cdots \tag{4.9}$$

であるから，式(4.7)は，

ポイント

$$e^{\pm j\theta}=\cos\theta\pm j\sin\theta \tag{4.10}$$

となる．この式を**オイラーの公式**（Euler's formula）という．
したがって，式(4.4)は，

ポイント

$$\boldsymbol{Z}=a+jb=|\boldsymbol{Z}|e^{j\theta} \tag{4.11}$$

と表せる．式(4.11)の右辺のような複素数の表示を**指数関数形式**（exponential

from）という．また，式(4.11)を，

ポイント

$$\boldsymbol{Z} = |\boldsymbol{Z}|e^{j\theta} = |\boldsymbol{Z}|\angle\theta \tag{4.12}$$

とも表すことができ，右辺の表し方を**極座標形式**（polar form）と呼ぶ．すなわち，式(4.1)，式(4.4)，式(4.11)，および式(4.12)はいずれも同じ複素数を表している．

4.1.4　複素数の計算

複素数　$\boldsymbol{Z}_1 = a_1 + jb_1 = |\boldsymbol{Z}_1|e^{j\theta_1}$,

$\boldsymbol{Z}_2 = a_2 + jb_2 = |\boldsymbol{Z}_2|e^{j\theta_2}$

とするとき，これらの加減乗除は次のように表される．

$\boldsymbol{Z}_1$ と $\boldsymbol{Z}_2$ の加算は，

$$\boldsymbol{Z}_1 + \boldsymbol{Z}_2 = (a_1 + a_2) + j(b_1 + b_2) \tag{4.13}$$

$\boldsymbol{Z}_1$ と $\boldsymbol{Z}_2$ の減算は，

$$\boldsymbol{Z}_1 - \boldsymbol{Z}_2 = (a_1 - a_2) + j(b_1 - b_2) \tag{4.14}$$

$\boldsymbol{Z}_1$ と $\boldsymbol{Z}_2$ の乗算は，

$$\begin{aligned}\boldsymbol{Z}_1\boldsymbol{Z}_2 &= (a_1 + jb_1)(a_2 + jb_2) \\ &= (a_1a_2 - b_1b_2) + j(a_1b_2 + a_2b_1)\end{aligned} \tag{4.15}$$

極形式では，

$$\boldsymbol{Z}_1\boldsymbol{Z}_2 = |\boldsymbol{Z}_1|e^{j\theta_1}\cdot|\boldsymbol{Z}_2|e^{j\theta_2} = |\boldsymbol{Z}_1||\boldsymbol{Z}_2|e^{j(\theta_1+\theta_2)} \tag{4.16}$$

$\boldsymbol{Z}_1$ と $\boldsymbol{Z}_2$ の除算は，

$$\frac{\boldsymbol{Z}_1}{\boldsymbol{Z}_2} = \frac{a_1 + jb_1}{a_2 + jb_2} = \frac{a_1a_2 + b_1b_2}{a_2^2 + b_2^2} + j\frac{a_2b_1 - a_1b_2}{a_2^2 + b_2^2} \tag{4.17}$$

極形式では，

$$\frac{\boldsymbol{Z}_1}{\boldsymbol{Z}_2} = \frac{|\boldsymbol{Z}_1|e^{j\theta_1}}{|\boldsymbol{Z}_2|e^{j\theta_2}} = \frac{|\boldsymbol{Z}_1|}{|\boldsymbol{Z}_2|}e^{j(\theta_1-\theta_2)} \tag{4.18}$$

となる．

また，複素数 $\boldsymbol{Z} = a \pm jb$ に対して $a \mp jb$（複号同順）になる複素数を**共役複**

素数（conjugate complex number）といい，$\overline{\boldsymbol{Z}}$ の記号で表す．図 4.2 は共役複素数を表したもので，$\boldsymbol{Z}$ と $\overline{\boldsymbol{Z}}$ は互いに共役である．すなわち，$\boldsymbol{Z}$ が，

$$\boldsymbol{Z}=a\pm jb=|\boldsymbol{Z}|(\cos\theta\pm j\sin\theta)$$
$$=|\boldsymbol{Z}|e^{\pm j\theta} \tag{4.19}$$

であるとき，共役複素数 $\overline{\boldsymbol{Z}}$ は，

$$\overline{\boldsymbol{Z}}=a\mp jb=|\boldsymbol{Z}|(\cos\theta\mp j\sin\theta)$$
$$=|\boldsymbol{Z}|e^{\mp j\theta} \tag{4.20}$$

となり，両者の大きさは等しく，位相の符号が正負逆になる．

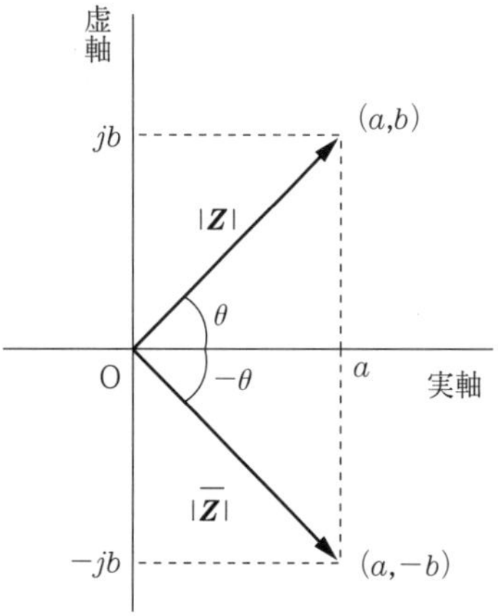

図 4.2

また，

$$\boldsymbol{Z}\overline{\boldsymbol{Z}}=|\boldsymbol{Z}|e^{\pm j\theta}\cdot|\boldsymbol{Z}|e^{\mp j\theta}=|\boldsymbol{Z}|^2 \tag{4.21}$$

になる．

4.1.5　ベクトル演算子（ベクトルオペレータ）

虚数単位 j はベクトル計算において，次に述べる意味も持ち合わせている．

（a）　複素数 $\boldsymbol{Z}$ に j を掛ける場合

複素数 $\boldsymbol{Z}=a+jb=|\boldsymbol{Z}|\angle\theta$ に j を掛けると，

$$j\boldsymbol{Z}=j(a+jb)=-b+ja \tag{4.22}$$

となる．これは，図 4.3 に示す $j\boldsymbol{Z}$ になる．$j\boldsymbol{Z}$ の大きさ $|j\boldsymbol{Z}|$，および偏角 θ_j は，

$$|j\boldsymbol{Z}|=\sqrt{(-b)^2+a^2}=|\boldsymbol{Z}| \tag{4.23}$$

$$\theta_j=\tan^{-1}\frac{a}{-b}=\theta+\frac{\pi}{2} \tag{4.24}$$

となる．これは $j\boldsymbol{Z}$ が $\boldsymbol{Z}$ と大きさが同じで，偏角を $\dfrac{\pi}{2}$〔rad〕進めたことを意味している．

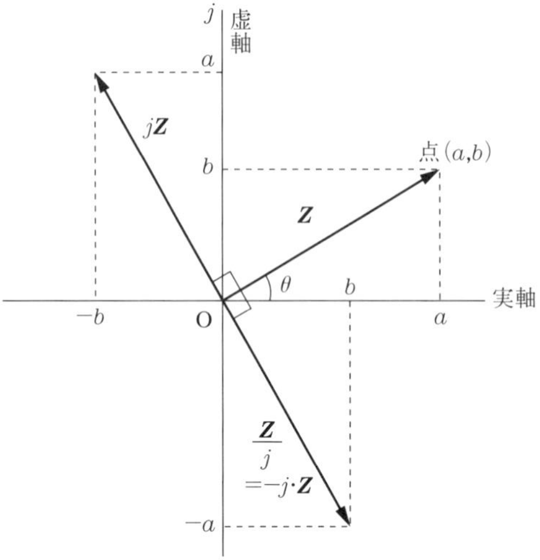

図 4.3

ポイント

あるベクトルにjを掛けることは，大きさはそのままで，偏角を$\dfrac{\pi}{2}$〔rad〕（=90°）だけ進めることである．

（b）　複素数$\boldsymbol{Z}$をjで割る場合

複素数$\boldsymbol{Z}=a+jb=|\boldsymbol{Z}|\angle\theta$を$j$で割ると，

$$\frac{\boldsymbol{Z}}{j}=\frac{a+jb}{j}=b-ja \tag{4.25}$$

となる．ここで，

$$\frac{1}{j}=\frac{j}{jj}=\frac{j}{-1}=-j \tag{4.26}$$

であるから，

「ある値をjで割ることは，ある値に$-j$を掛けることと同じ」

である．$\dfrac{\boldsymbol{Z}}{j}$を図4.3に示す．$\dfrac{\boldsymbol{Z}}{j}$の大きさ$\left|\dfrac{\boldsymbol{Z}}{j}\right|$，および偏角$\theta_{-j}$は，

$$\left|\frac{\boldsymbol{Z}}{j}\right|=\sqrt{b^2+(-a)^2}=|\boldsymbol{Z}| \tag{4.27}$$

$$\theta_{-j}=\tan^{-1}\frac{-a}{b}=\theta-\frac{\pi}{2} \tag{4.28}$$

となる．これは，$\dfrac{\boldsymbol{Z}}{j}$ が $\boldsymbol{Z}$ と大きさが同じで，偏角を $\dfrac{\pi}{2}$〔rad〕遅らせたことを意味している．

ポイント

あるベクトルを j で割ることは，大きさはそのままで，偏角を $\dfrac{\pi}{2}$〔rad〕（$=90^\circ$）だけ遅らせることである．

このように j にはあるベクトルの偏角を $\dfrac{\pi}{2}$〔rad〕だけ進める（j を掛けた場合），または遅らせる（j で割った場合）働きがある．

例題 4.1

複素数 $\boldsymbol{Z}_1=2\sqrt{3}+j\,2$，$\boldsymbol{Z}_2=3-j\,3\sqrt{3}$ とするとき，これらの複素数の加減乗除を求めよ．

［解］

加算は，

$$\boldsymbol{Z}_1+\boldsymbol{Z}_2=(2\sqrt{3}+j\,2)+(3-j\,3\sqrt{3})=(2\sqrt{3}+3)+j(2-3\sqrt{3})$$

減算は，

$$\boldsymbol{Z}_1-\boldsymbol{Z}_2=(2\sqrt{3}+j\,2)-(3-j\,3\sqrt{3})=(2\sqrt{3}-3)+j(2+3\sqrt{3})$$

乗算は，

$$\begin{aligned}\boldsymbol{Z}_1\boldsymbol{Z}_2&=(2\sqrt{3}+j\,2)\cdot(3-j\,3\sqrt{3})=4\,e^{j30^\circ}\cdot 6\,e^{-j60^\circ}\\&=24\,e^{-j30^\circ}=24(\cos 30^\circ-j\sin 30^\circ)=12\sqrt{3}-j\,12\end{aligned}$$

除算は，

$$\frac{\boldsymbol{Z}_1}{\boldsymbol{Z}_2}=\frac{2\sqrt{3}+j\,2}{3-j\,3\sqrt{3}}=\frac{4\,e^{j30°}}{6\,e^{-j60°}}=\frac{2}{3}\,e^{j90°}=j\,\frac{2}{3}$$

4.2　正弦波の複素数表示

電気回路の定常状態における電圧，電流を求める際に，瞬時電圧，瞬時電流によって求める方法は，簡単な回路では容易であるが，複雑な回路になると面倒になる．そこで，容易に求める方法として複素数表示による方法が用いられている．これは電圧，電流の瞬時値を複素数に変換して表示するもので便利な方法である．

瞬時電圧 $v=V_m\sin(\omega t+\varphi)$ において，V_m は電圧の最大値，ω は角周波数，t は時間，φ は初期位相である．これを図示すると，**図4.4** の右側になり，v は ωt に対して周期的に変化する．

一方，図4.4の左側に示すように，複素平面上で点Oを原点として，そのまわりに大きさが V_m で，時間と共に ωt で反時計方向に回転するベクトル $\overrightarrow{\mathrm{OP}}$ を考える．$\overrightarrow{\mathrm{OP}}$ が $t=0$ で実軸（横軸）となす角度を φ とすると，任意の時間 t における $\overrightarrow{\mathrm{OP}}$ の実軸への射影OQは $V_m\cos(\omega t+\varphi)$ ，虚軸（縦軸）への射影ORは $V_m\sin(\omega t+\varphi)$ になる．したがって，任意の時間における $\overrightarrow{\mathrm{OP}}$ は，

$$\overrightarrow{\mathrm{OP}}=V_m\{\cos(\omega t+\varphi)+j\sin(\omega t+\varphi)\} \tag{4.29}$$

となる．これは式(4.10)より，

$$\overrightarrow{\mathrm{OP}}=V_m e^{j(\omega t+\varphi)} \tag{4.30}$$

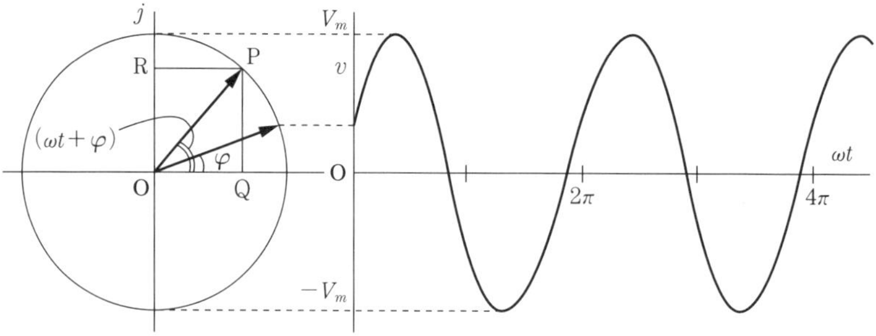

図4.4

と表せ，$\overrightarrow{\mathrm{OP}}$ を**複素電圧**（complex voltage）$\boldsymbol{V}_m$ とおくと，

$$\boldsymbol{V}_m = V_m e^{j(\omega t+\varphi)} \tag{4.31}$$

となる．式(4.31)は v の複素数表示である．$\boldsymbol{V}_m$ から瞬時電圧 v を求めるには，$\boldsymbol{V}_m$ の虚数部を取ればよい．

また，同様の理由によって，瞬時電流 $i = I_m \sin(\omega t+\varphi+\theta)$ は（θ は電圧と電流の位相差）**複素電流**（complex current）を $\boldsymbol{I}_m$ とおくと，

$$\boldsymbol{I}_m = I_m e^{j(\omega t+\varphi+\theta)} \tag{4.32}$$

と表せる．

しかし，複素電圧，複素電流によって電気回路の計算をより簡単に行うために，一般に次に示すような手法を用いている．

（ｉ）式(4.31)，式(4.32)に示した複素電圧 $\boldsymbol{V}_m$，複素電流 $\boldsymbol{I}_m$ は共通の時間因子 $e^{j\omega t}$ をもっている．ここで，$e^{j\omega t}$ を省略した場合を考えると，正弦波交流であるから，電圧・電流の実効値と位相差が分かれば，任意の時間において，瞬時値を示すことができる．そのため，複素電圧，複素電流として取り扱う時は，$e^{j\omega t}$ を省略して，

$$\boldsymbol{V}_m{}' = V_m e^{j\varphi}, \qquad \boldsymbol{I}_m{}' = I_m e^{j(\varphi+\theta)} \tag{4.33}$$

のように定めて，複素数計算を行うことにしている．実際の電圧・電流を求める時には，$e^{j\omega t}$ を掛けて虚部を取ればよい．

（ii）正弦波交流を扱う場合，電圧，電流の大きさは最大値 V_m，I_m ではなく，実用性を重視（3.3.1 参照）し，通常，電圧，電流の実効値 V，I で表す方が便利である．そのため複素電圧，複素電流を用いる時も最大値ではなく，実効値で表すことにしている．すなわち，複素電圧 $\boldsymbol{V}$，複素電流 $\boldsymbol{I}$ は，

$$\boldsymbol{V} = V e^{j\varphi}, \qquad \boldsymbol{I} = I e^{j(\varphi+\theta)} \tag{4.34}$$

と，実効値で表す．

（iii）初期位相 φ は時間 $t=0$ の選び方を変えれば，$\varphi=0$ にすることができる．交流回路では前述のように電圧・電流の実効値と位相差が重要な意味をもっているので，$\varphi=0$ として，電圧を基準にして位相を表すことが多い．

以上をまとめると，次のようになる．

ポイント

正弦波交流を複素電圧 $\boldsymbol{V}$，複素電流 $\boldsymbol{I}$ で表すには，

（i）　時間因子 $e^{j\omega t}$ を省略

（ii）　電圧，電流の大きさを実効値 $V\left(=\dfrac{V_m}{\sqrt{2}}\right)$，$I\left(=\dfrac{I_m}{\sqrt{2}}\right)$

（iii）　位相の基準（$\varphi=0$）は電圧とする場合が多く，

$$\boldsymbol{V}=Ve^{j0°}=V\angle 0°=V \tag{4.35}$$

$$\boldsymbol{I}=Ie^{j\theta}=I\angle\theta=I(\cos\theta+j\sin\theta) \tag{4.36}$$

とする．これは，電圧・電流の実効値を複素数の絶対値（大きさ）とし，位相を偏角として表すことである．また，瞬時電圧 v，瞬時電流 i を求めるには，$e^{j\omega t}$ を乗じ，大きさを $\sqrt{2}$ 倍として，その虚部を取ればよい．

例題 4.2

（a）　瞬時電圧 $v=100\sqrt{2}\sin(100\pi t)$〔V〕を複素電圧 $\boldsymbol{V}$ で表せ．

（b）　瞬時電流 $i=5\sqrt{2}\sin\left(200\pi t+\dfrac{\pi}{3}\right)$〔A〕を複素電流 $\boldsymbol{I}$ で表せ．

[解]

（a）　実効値が 100〔V〕，位相が 0° であるから，

$$\boldsymbol{V}=100\,e^{j0°}=100\angle 0°=100\quad〔\mathrm{V}〕$$

（b）　実効値が 5〔A〕，位相が $\dfrac{\pi}{3}$ であるから

$$\boldsymbol{I}=5\,e^{j\frac{\pi}{3}}=5\angle\frac{\pi}{3}=5\left(\cos\frac{\pi}{3}+j\sin\frac{\pi}{3}\right)$$

$$=2.5+j\,4.3\quad〔\mathrm{A}〕$$

4.3　回路素子の複素数表示

3.3 節では基本素子である抵抗 R，静電容量 C，および自己インダクタンス

L について，これらの素子と瞬時電圧，瞬時電流との関係について示した．本節では，複素電圧，複素電流とこれらの素子との関係について述べる．

複素電圧を $\boldsymbol{V}=Ve^{j\omega t}$，複素電流を $\boldsymbol{I}=Ie^{j(\omega t+\theta)}$ とする（時間 t で微分・積分を行うので，ここでは $e^{j\omega t}$ を省略せずにおく）．

4.3.1　抵抗 R の複素数表示

抵抗 R については，式(3.8)より，位相差 $\theta=0$ となるので，

ポイント

$\boldsymbol{V}$ と $\boldsymbol{I}$ の関係は，

$$\boldsymbol{V}=R\boldsymbol{I} \tag{4.37}$$

になる．

4.3.2　静電容量 C の複素数表示

静電容量 C については，式(3.16)より $\theta=90°$ となり，複素電流が $Ie^{j(\omega t+90°)}$ と表せる．ここで $e^{j90°}$ の部分は，位相が 90° 進んでいることを意味しており，

$$e^{j\theta}=e^{j90°}=\cos 90°+j\sin 90°=j \tag{4.38}$$

となるので，式(3.16)と対応させると，

ポイント

$\boldsymbol{V}$ と $\boldsymbol{I}$ の関係は，

$$\boldsymbol{I}=j\omega C\boldsymbol{V}\quad \text{または}\quad \boldsymbol{V}=\frac{1}{j\omega C}\boldsymbol{I} \tag{4.39}$$

になる．これは，複素数表示した値，たとえば $\boldsymbol{V}=Ve^{j\omega t}$ を時間 t で“微分する”ことは，

$$\frac{d\boldsymbol{V}}{dt}=\frac{d}{dt}Ve^{j\omega t}=j\omega Ve^{j\omega t}=j\omega\boldsymbol{V} \tag{4.40}$$

であるから，“$j\omega$ を掛ける”ことを意味している．

4.3.3　自己インダクタンス L の複素数表示

自己インダクタンスLについては，式(3.27)より$\theta=-90^\circ$となり，複素電流が$Ie^{j(\omega t-90^\circ)}$と表せる．ここで$e^{-j90^\circ}$の部分は，位相が$90^\circ$遅れていることを意味しており，

$$e^{j\theta}=e^{-j90^\circ}=\cos 90^\circ-j\sin 90^\circ=-j=\frac{1}{j} \tag{4.41}$$

となるので，式(3.27)と対応させると，

ポイント

$\boldsymbol{V}$と$\boldsymbol{I}$の関係は，

$$\boldsymbol{I}=\frac{1}{j\omega L}\boldsymbol{V}\quad \text{または}\quad \boldsymbol{V}=j\omega L\boldsymbol{I} \tag{4.42}$$

になる．これは，複素数表示した値，たとえば$\boldsymbol{V}=Ve^{j\omega t}$を時間$t$で“積分する”ことは，

$$\int\boldsymbol{V}dt=\int Ve^{j\omega t}dt=\frac{1}{j\omega}Ve^{j\omega t}=\frac{1}{j\omega}\boldsymbol{V} \tag{4.43}$$

であるから，“$j\omega$で割る”ことを意味している．

これらのことから，電圧，電流，回路素子を複素数表示することにより，回路解析が微分・積分を使用せずに行えるようになり，計算が楽になる．

4.4　交流回路における基本的な法則

直流回路において示した，抵抗の直並列接続の法則，分圧・分流の法則，キルヒホッフの法則などは正弦波交流回路においても，抵抗Rをインピーダンス$\boldsymbol{Z}$に置き換えることなどによって，なにも変わることなく同様の法則として使用できる．ここでは，これらの法則を交流回路用として記述する．

4.4.1　インピーダンス・アドミタンスの直列・並列接続

1.3 節において抵抗を直列・並列接続した場合の合成抵抗について述べた．インピーダンスの直列・並列接続も同様の考え方によって示すことができる．

ポイント

n 個のインピーダンス $\boldsymbol{Z}_1$，$\boldsymbol{Z}_2$，…，$\boldsymbol{Z}_n$ が直列に接続されている場合，合成インピーダンス $\boldsymbol{Z}$ は，

$$\boldsymbol{Z}=\boldsymbol{Z}_1+\boldsymbol{Z}_2+\cdots+\boldsymbol{Z}_n=\sum_{k=1}^{n}\boldsymbol{Z}_k \tag{4.44}$$

となり，各インピーダンスの和になる．

また，アドミタンス $\boldsymbol{Y}_1=\dfrac{1}{\boldsymbol{Z}_1}$，$\boldsymbol{Y}_2=\dfrac{1}{\boldsymbol{Z}_2}$，…，$\boldsymbol{Y}_n=\dfrac{1}{\boldsymbol{Z}_n}$ が直列に接続されている場合，合成アドミタンス $\boldsymbol{Y}$ は，

$$\frac{1}{\boldsymbol{Y}}=\frac{1}{\boldsymbol{Y}_1}+\frac{1}{\boldsymbol{Y}_2}+\cdots+\frac{1}{\boldsymbol{Y}_n}=\sum_{k=1}^{n}\frac{1}{\boldsymbol{Y}_k} \tag{4.45}$$

となり，アドミタンス $\boldsymbol{Y}$ の逆数は，各アドミタンスの逆数の和になる．

ポイント

n 個のインピーダンス $\boldsymbol{Z}_1$，$\boldsymbol{Z}_2$，…，$\boldsymbol{Z}_n$ が並列に接続されている場合，合成インピーダンス $\boldsymbol{Z}$ は，

$$\frac{1}{\boldsymbol{Z}}=\frac{1}{\boldsymbol{Z}_1}+\frac{1}{\boldsymbol{Z}_2}+\cdots+\frac{1}{\boldsymbol{Z}_n}=\sum_{k=1}^{n}\frac{1}{\boldsymbol{Z}_k} \tag{4.46}$$

となり，$\boldsymbol{Z}$ の逆数は各インピーダンスの逆数の和になる．

また，アドミタンス $\boldsymbol{Y}_1=\dfrac{1}{\boldsymbol{Z}_1}$，$\boldsymbol{Y}_2=\dfrac{1}{\boldsymbol{Z}_2}$，…，$\boldsymbol{Y}_n=\dfrac{1}{\boldsymbol{Z}_n}$ が並列に接続されている場合，合成アドミタンス $\boldsymbol{Y}$ は，

$$\boldsymbol{Y}=\boldsymbol{Y}_1+\boldsymbol{Y}_2+\cdots+\boldsymbol{Y}_n=\sum_{k=1}^{n}\boldsymbol{Y}_k \tag{4.47}$$

となり，各アドミタンスの和になる．

4.4.2　交流回路における分圧・分流の法則

2.1節では直流回路における分圧の法則，分流の法則について述べた．交流回路においても同様の考え方によって示すことができる．

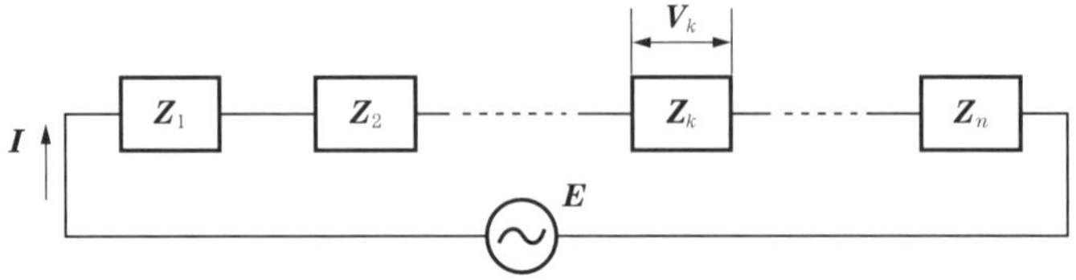

図4.5

図4.5に示すように，n個のインピーダンス$\boldsymbol{Z}_1$，$\boldsymbol{Z}_2, \cdots \boldsymbol{Z}_k, \cdots \boldsymbol{Z}_n$が直列に接続した回路に起電力$\boldsymbol{E}$が加わっている．この時，全インピーダンス$\boldsymbol{Z}$は式(4.44)から，$\boldsymbol{Z}=\boldsymbol{Z}_1+\boldsymbol{Z}_2+\cdots+\boldsymbol{Z}_k+\cdots+\boldsymbol{Z}_n$であるので回路を流れる電流$\boldsymbol{I}$は，

$$\boldsymbol{I}=\frac{\boldsymbol{E}}{\boldsymbol{Z}}=\frac{\boldsymbol{E}}{\boldsymbol{Z}_1+\boldsymbol{Z}_2+\cdots+\boldsymbol{Z}_k+\cdots+\boldsymbol{Z}_n} \tag{4.48}$$

となる．電流$\boldsymbol{I}$は各インピーダンスを共に流れているので，

ポイント

直列接続回路において，k番目のインピーダンス$\boldsymbol{Z}_k$の端子電圧$\boldsymbol{V}_k$は，

$$\boldsymbol{V}_k=\boldsymbol{Z}_k\boldsymbol{I}=\frac{\boldsymbol{Z}_k}{\boldsymbol{Z}_1+\boldsymbol{Z}_2+\cdots+\boldsymbol{Z}_k+\cdots+\boldsymbol{Z}_n}\boldsymbol{E} \tag{4.49}$$

となる．これはk番目のインピーダンス$\boldsymbol{Z}_k$の端子電圧$\boldsymbol{V}_k$は，起電力$\boldsymbol{E}$を直列合成インピーダンスで割ったもの（流れる電流$\boldsymbol{I}$）に$\boldsymbol{Z}_k$を掛けて求まることを示している．これを**分圧の法則**という．

図4.6に示すようにn個のインピーダンス$\boldsymbol{Z}_1$，$\boldsymbol{Z}_2$，$\cdots\boldsymbol{Z}_k$，$\cdots\boldsymbol{Z}_n$が並列に接続した回路に起電力$\boldsymbol{E}$が加わっている．この時，全インピーダンス$\boldsymbol{Z}$は式(4.46)から，$\dfrac{1}{\boldsymbol{Z}}=\dfrac{1}{\boldsymbol{Z}_1}+\dfrac{1}{\boldsymbol{Z}_2}+\cdots+\dfrac{1}{\boldsymbol{Z}_k}+\cdots+\dfrac{1}{\boldsymbol{Z}_n}$であるから，起電力$\boldsymbol{E}$は，全電流を$\boldsymbol{I}$とすると，

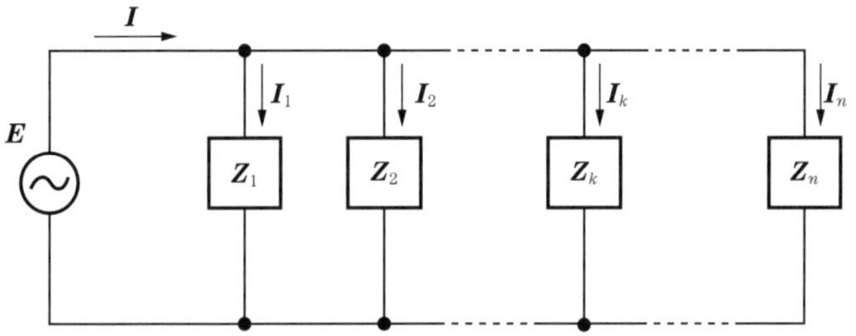

図 4.6

$$\boldsymbol{E}=\boldsymbol{ZI}=\frac{1}{\dfrac{1}{\boldsymbol{Z}}}\boldsymbol{I}=\frac{1}{\dfrac{1}{\boldsymbol{Z}_1}+\dfrac{1}{\boldsymbol{Z}_2}+\cdots+\dfrac{1}{\boldsymbol{Z}_k}+\cdots+\dfrac{1}{\boldsymbol{Z}_n}}\boldsymbol{I} \quad (4.50)$$

となる．起電力 $\boldsymbol{E}$ は各インピーダンスにかかっているので，

ポイント

並列接続回路において，k 番目のインピーダンス $\boldsymbol{Z}_k$ を流れる電流 $\boldsymbol{I}_k$ は，

$$\boldsymbol{I}_k=\frac{1}{\boldsymbol{Z}_k}\boldsymbol{E}=\frac{\dfrac{1}{\boldsymbol{Z}_k}}{\dfrac{1}{\boldsymbol{Z}_1}+\dfrac{1}{\boldsymbol{Z}_2}+\cdots+\dfrac{1}{\boldsymbol{Z}_k}+\cdots+\dfrac{1}{\boldsymbol{Z}_n}}\boldsymbol{I}$$

$$=\frac{\boldsymbol{Y}_k}{\boldsymbol{Y}_1+\boldsymbol{Y}_2+\cdots+\boldsymbol{Y}_k+\cdots+\boldsymbol{Y}_n}\boldsymbol{I} \quad (4.51)$$

となる．ただし，$\boldsymbol{Y}_k=\dfrac{1}{\boldsymbol{Z}_k}$ である．これは k 番目のインピーダンス $\boldsymbol{Z}_k$ の逆数（アドミタンス $\boldsymbol{Y}_k$）を流れる電流 $\boldsymbol{I}_k$ は全電流 $\boldsymbol{I}$ を並列合成インピーダンス $\boldsymbol{Z}$ の逆数（アドミタンス $\boldsymbol{Y}$）で割ったもの（起電力 $\boldsymbol{E}$）に $\dfrac{1}{\boldsymbol{Z}_k}=\boldsymbol{Y}_k$ を掛けて求まることを示している．これを**分流の法則**という．

4.4.3　交流回路におけるキルヒホッフの法則

2.2節において，直流回路におけるキルヒホッフの法則について述べた．キルヒホッフの法則は交流回路においても，複素電圧，複素電流を用いることによって，同様の関係が得られる．

ポイント

（a）　キルヒホッフの第1法則（電流連続の法則）

回路網中の任意の接続点に流れ込む複素電流 $\boldsymbol{I}_k$ の総和は零である．一般には，

$$\sum_{k=1}^{n} \boldsymbol{I}_k = 0 \quad (k=1,2,\cdots,n) \tag{4.52}$$

（b）　キルヒホッフの第2法則（電圧平衡の法則）

回路網中の任意の閉路において，一方向を正とすると，すべての起電力 $\boldsymbol{E}_k$ および電圧降下 $\boldsymbol{V}_l$ の代数和は零である．一般には，

$$\sum_{k=1}^{n} \boldsymbol{E}_k - \sum_{l=1}^{m} \boldsymbol{V}_l = 0 \quad \begin{pmatrix} k=1,2,\cdots,n \\ l=1,2,\cdots,m \end{pmatrix} \tag{4.53}$$

4.5　複素数表示による基本回路の計算

3.4節では瞬時電圧を基本回路に加えた時に流れる瞬時電流について示した．本節では同じ回路について，複素電圧として加えた時の複素電流を求める方法によって回路の性質を述べる．

4.5.1　*R*，*L* の直列回路

図4.7に示すような抵抗 R と自己インダクタンス L とを直列に接続した回路に，複素電圧 $\boldsymbol{V}$ を加えた時に流れる複素電流 $\boldsymbol{I}$ との関係を求める．この回路における電圧と電流の関係は，式(3.35)に示されているので，それを複素数表示にすると，

$$\boldsymbol{V}=R\boldsymbol{I}+L\frac{d\boldsymbol{I}}{dt} \tag{4.54}$$

となる．ここで $\frac{d\boldsymbol{I}}{dt}$ は，式(4.40)と同様に $\frac{d\boldsymbol{I}}{dt}=j\omega\boldsymbol{I}$ であるので，式(4.54)は，

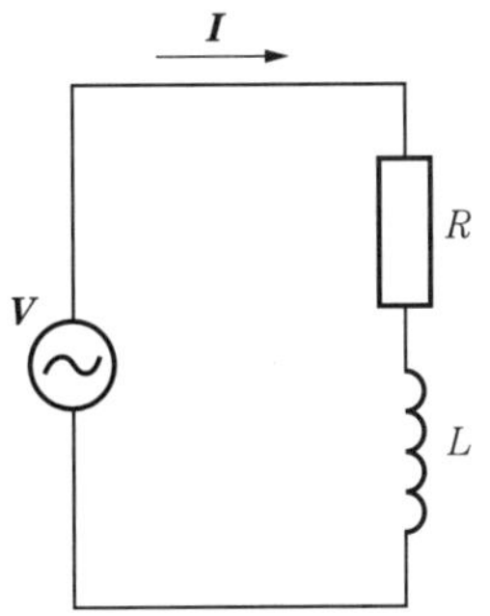

図 4.7

ポイント

$$\boldsymbol{V}=(R+j\omega L)\boldsymbol{I} \tag{4.55}$$

となる．ここで $\boldsymbol{V}$ と $\boldsymbol{I}$ との比を $\boldsymbol{Z}$ で示すと，

$$\boldsymbol{Z}=\frac{\boldsymbol{V}}{\boldsymbol{I}}=R+j\omega L \tag{4.56}$$

となる．$\boldsymbol{Z}$ はインピーダンスであり，単位は〔Ω〕である．

$\boldsymbol{Z}$ の実部は抵抗を虚部は誘導性リアクタンスを表す．したがって式(4.55)は，

$$\boldsymbol{V}=\boldsymbol{ZI} \tag{4.57}$$

と書くことができ，交流回路におけるオームの法則になる．

図 4.8 に $\boldsymbol{Z}$ のベクトル図を示す．$\boldsymbol{Z}$ の大きさを $|\boldsymbol{Z}|$ とし，偏角を θ とすると，$\boldsymbol{Z}$ は，

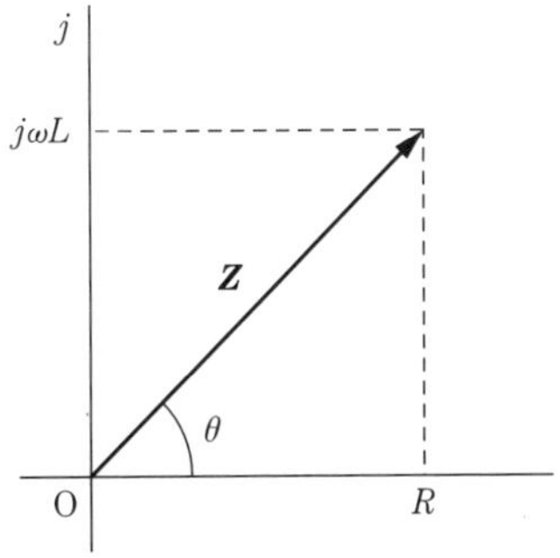

図 4.8

ポイント

$$\boldsymbol{Z} = |\boldsymbol{Z}|e^{j\theta} = |\boldsymbol{Z}|\angle\theta \qquad (4.58)$$

ただし，$|\boldsymbol{Z}| = \sqrt{R^2 + (\omega L)^2}$，$\theta = \tan^{-1}\dfrac{\omega L}{R}$

となる．これを式(4.57)に代入すると，$\boldsymbol{V}$ は $\boldsymbol{I}$ を“$|\boldsymbol{Z}|$ 倍して位相を θ だけ進めた”値になる．

例題 4.3

図4.7の RL 直列回路において，$R=3$〔Ω〕，$L=10$〔mH〕である．角周波数 $\omega=400$〔rad/s〕で実効値が1.41〔A〕（最大値2〔A〕）の電流が流れるとき，加えられた電圧を複素数表示によって求めよ．

［解］ インピーダンス $\boldsymbol{Z}$ は，式(4.56)，式(4.58)から，

$$\boldsymbol{Z} = R + j\omega L = 3 + j\,400\times 10\times 10^{-3}$$
$$= 3 + j\,4 = 5\,e^{j53.1^\circ} \quad 〔Ω〕$$

である．複素電流 $\boldsymbol{I}$ は $\boldsymbol{I}=1.41\,e^{j0^\circ}$〔A〕と置けるので，複素電圧 $\boldsymbol{V}$ は式(4.57)から，

$$\boldsymbol{V} = \boldsymbol{ZI} = 5\,e^{j53.1^\circ}\cdot 1.41\,e^{j0^\circ} = 7.05\,e^{j53.1^\circ}$$

となり，電圧の実効値7.05〔V〕（最大値は $7.05\times\sqrt{2}=10$〔V〕），位相は電流よりも $53.1^\circ = 0.93$〔rad〕進む．

なお，この問題は例題3.7と同一である．

4.5.2　*R*，*C* の直列回路

図4.9に示すような抵抗 R と静電容量 C のコンデンサを直列に接続した回路に，複素電圧 $\boldsymbol{V}$ を加えた時に流れる複素電流 $\boldsymbol{I}$ との関係を求める．この回路における電圧と電流の関係は式(3.45)に示されているので，それを複素数表示にすると，

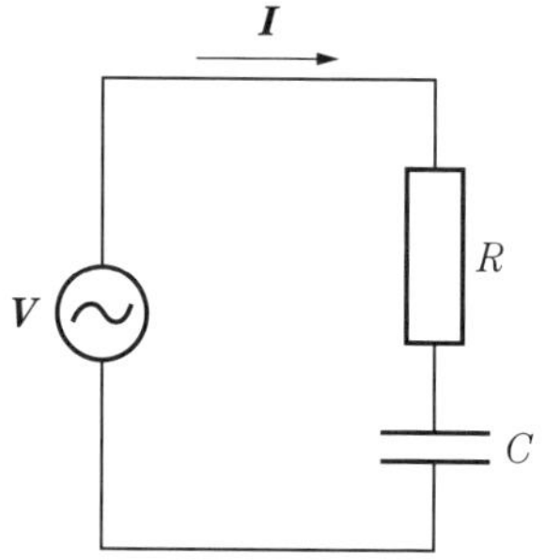

図4.9

$$\boldsymbol{V}=R\boldsymbol{I}+\frac{1}{C}\int\boldsymbol{I}\,dt \tag{4.59}$$

となる．ここで$\int\boldsymbol{I}\,dt$は，式(4.43)と同様に$\int\boldsymbol{I}\,dt=\dfrac{1}{j\omega}\boldsymbol{I}$であるので，式(4.59)は，

ポイント

$$\boldsymbol{V}=\left(R+\frac{1}{j\omega C}\right)\boldsymbol{I}=\left(R-j\frac{1}{\omega C}\right)\boldsymbol{I} \tag{4.60}$$

この場合のインピーダンス$\boldsymbol{Z}$は，

$$\boldsymbol{Z}=R+\frac{1}{j\omega C}=R-j\frac{1}{\omega C} \tag{4.61}$$

となる．$\boldsymbol{Z}$の実部は抵抗を，虚部は容量性リアクタンスを表す．図4.10に$\boldsymbol{Z}$のベクトル図を示す．$\boldsymbol{Z}$の大きさ$|\boldsymbol{Z}|$，偏角θは，

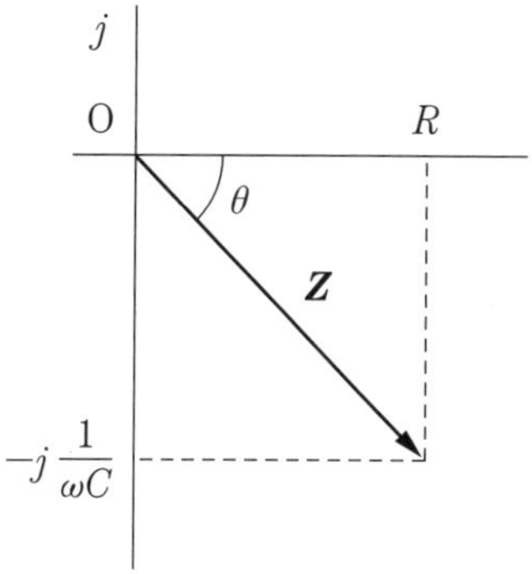

図4.10

ポイント

$$\boldsymbol{Z}=|\boldsymbol{Z}|e^{j\theta}=|\boldsymbol{Z}|\angle\theta \tag{4.62}$$

ただし，$|\boldsymbol{Z}|=\sqrt{R^2+\left(\dfrac{1}{\omega C}\right)^2}$，$\theta=\tan^{-1}\left(\dfrac{-1}{\omega CR}\right)$

となる．また，RおよびCの複素電圧を$\boldsymbol{V}_R$，$\boldsymbol{V}_C$とおくと，

$$\boldsymbol{V}_R = R\boldsymbol{I}, \qquad \boldsymbol{V}_C = -j\frac{1}{\omega C}\boldsymbol{I} \tag{4.63}$$

であるから，電流を基準（位相が0°で**基準ベクトル**（standard vector）という）として，ベクトル図を描くと，図4.11になる．

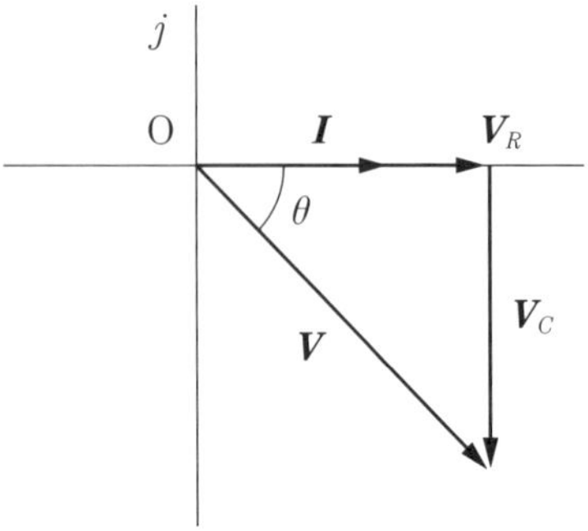

図4.11

4.5.3　R，Lの並列回路

図4.12に示すようなRとLの並列回路に複素電圧$\boldsymbol{V}$を加えた時に流れる複素電流$\boldsymbol{I}$を求める．RおよびLを流れる複素電流を$\boldsymbol{I}_R$，$\boldsymbol{I}_L$とすると，この回路における電圧と電流の関係は式(3.55)に示されているので，それを複素数表示にすると，

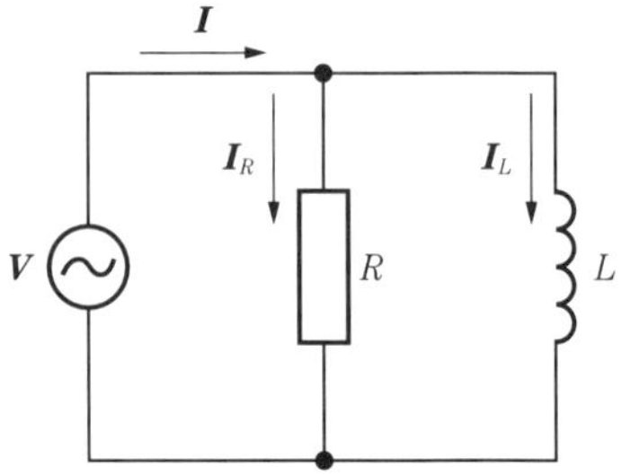

図4.12

$$\boldsymbol{I} = \boldsymbol{I}_R + \boldsymbol{I}_L = \frac{\boldsymbol{V}}{R} + \frac{1}{L}\int \boldsymbol{V}\,dt \tag{4.64}$$

となる．ここで，式(4.43)より$\int \boldsymbol{V}\,dt = \frac{1}{j\omega}\boldsymbol{V}$であるから，式(4.64)は，

ポイント

$$\boldsymbol{I} = \left(\frac{1}{R} + \frac{1}{j\omega L}\right)\boldsymbol{V} = \left(\frac{1}{R} - j\frac{1}{\omega L}\right)\boldsymbol{V} \tag{4.65}$$

となる．ここで$\boldsymbol{I}$と$\boldsymbol{V}$との比を$\boldsymbol{Y}$で示すと，

$$\boldsymbol{Y} = \frac{\boldsymbol{I}}{\boldsymbol{V}} = \frac{1}{R} + \frac{1}{j\omega L} = \frac{1}{R} - j\frac{1}{\omega L} \tag{4.66}$$

となる．$\boldsymbol{Y}$はアドミタンスであり，単位は〔S〕である．

$\boldsymbol{Y}$ の実部はコンダクタンスを，虚部はサセプタンスを表す．したがって，式(4.65)は，

$$\boldsymbol{I}=\boldsymbol{Y}\boldsymbol{V} \tag{4.67}$$

と表せる．図 4.13 に $\boldsymbol{Y}$ のベクトル図を示す．$\boldsymbol{Y}$ の大きさを $|\boldsymbol{Y}|$ とし，偏角を θ とすると，$\boldsymbol{Y}$ は，

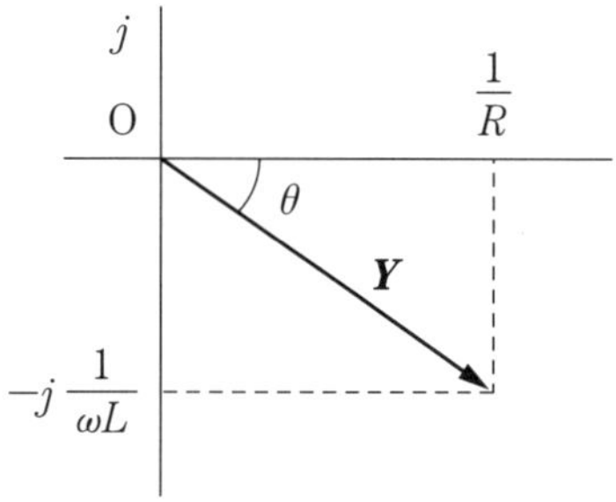

図 4.13

ポイント

$$\boldsymbol{Y}=|\boldsymbol{Y}|e^{j\theta}=|\boldsymbol{Y}|\angle\theta \tag{4.68}$$

ただし，$|\boldsymbol{Y}|=\sqrt{\left(\frac{1}{R}\right)^2+\left(\frac{1}{\omega L}\right)^2}$，$\theta=\tan^{-1}\frac{\frac{-1}{\omega L}}{\frac{1}{R}}=\tan^{-1}\frac{-R}{\omega L}$

となる．これを式(4.65)に代入すると，$\boldsymbol{I}$ は $\boldsymbol{V}$ を“$|\boldsymbol{Y}|$ 倍して位相を θ だけ遅らせた”値になる．

4.5.4　*R*，*C* の並列回路

図 4.14 に示すような R と C の並列回路に複素電圧 $\boldsymbol{V}$ を加えた時に流れる複素電流 $\boldsymbol{I}$ を求める．この回路における電圧と電流の関係は式(3.63)に示されているので，それを複素数表示にすると，

$$\boldsymbol{I}=\frac{\boldsymbol{V}}{R}+C\frac{d\boldsymbol{V}}{dt} \tag{4.69}$$

となる．ここで，式(4.40)より，

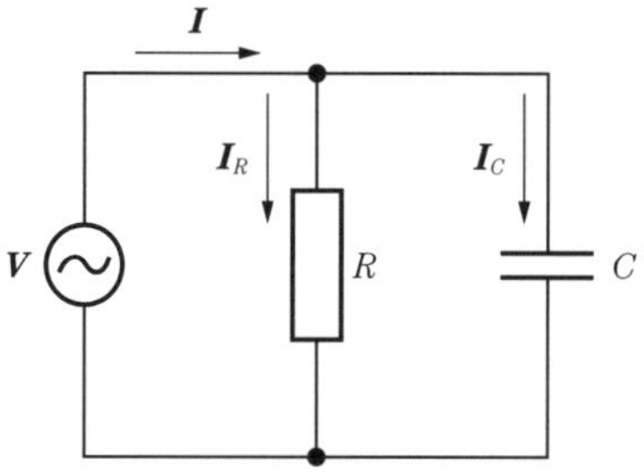

図 4.14

$\dfrac{d\boldsymbol{V}}{dt}=j\omega\boldsymbol{V}$ であるから，式(4.69)は，

ポイント

$$\boldsymbol{I}=\left(\frac{1}{R}+j\omega C\right)\boldsymbol{V} \tag{4.70}$$

この場合のアドミタンス $\boldsymbol{Y}$ は，

$$\boldsymbol{Y}=\frac{1}{R}+j\omega C \tag{4.71}$$

となる．$\boldsymbol{Y}$ の実部はコンダクタンスを，虚部はサセプタンスを表す．図 4.15 に $\boldsymbol{Y}$ のベクトル図を示す．$\boldsymbol{Y}$ の大きさ $|\boldsymbol{Y}|$，偏角 θ は，

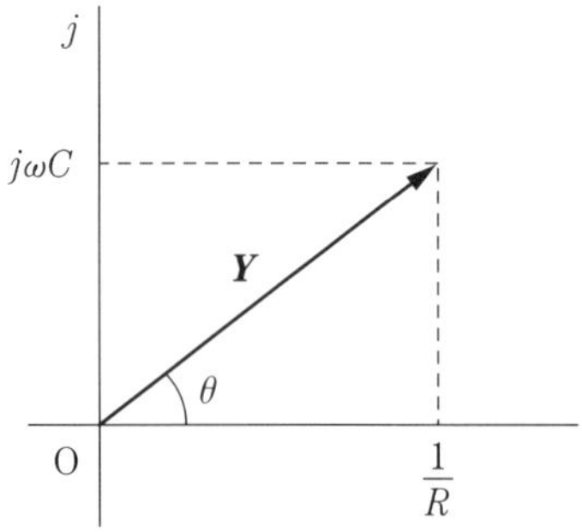

図 4.15

ポイント

$$\boldsymbol{Y}=|\boldsymbol{Y}|e^{j\theta}=|\boldsymbol{Y}|\angle\theta \tag{4.72}$$

ただし，$|\boldsymbol{Y}|=\sqrt{\left(\dfrac{1}{R}\right)^2+(\omega C)^2}$，$\theta=\tan^{-1}(\omega CR)$

となる．また，R および C を流れる複素電流を $\boldsymbol{I}_R$，$\boldsymbol{I}_C$ とすると，

$$\boldsymbol{I}_R = \frac{\boldsymbol{V}}{R}, \quad \boldsymbol{I}_C = j\omega C\boldsymbol{V} \tag{4.73}$$

であるから，電圧を基準（位相を0°）として，ベクトル図を描くと，**図4.16**になる．

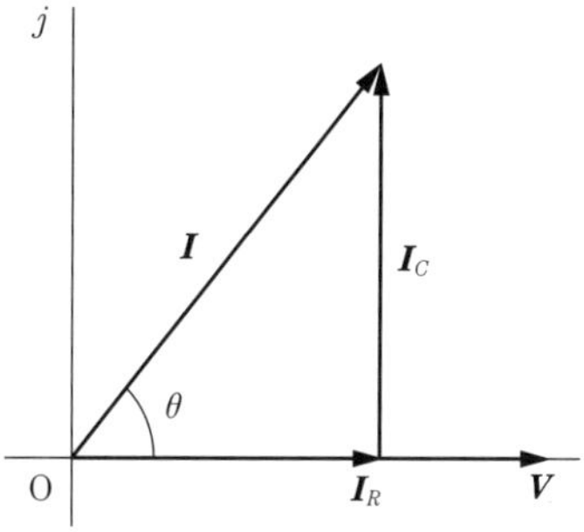

図4.16

例題 4.4

図4.14の RC 並列回路において，$R=4$〔Ω〕，$C=200$〔μF〕である．角周波数ω＝1000〔rad/s〕で実効値が7.07〔V〕（最大値10〔V〕）の電圧を加えたとき，回路を流れる電流を複素数表示によって求めよ．

［解］　アドミタンス $\boldsymbol{Y}$ は，式(4.71)，式(4.72)から，

$$\boldsymbol{Y} = \frac{1}{R} + j\omega C = \frac{1}{4} + j\,1000\times200\times10^{-6} = 0.25 + j\,0.2 = 0.32\,e^{j39^\circ}\ 〔\Omega〕$$

である．複素電圧 $\boldsymbol{V}$ は $\boldsymbol{V}=7.07\,e^{j0^\circ}$〔V〕と置けるので，複素電流 $\boldsymbol{I}$ は式(4.70)から，

$$\boldsymbol{I} = \boldsymbol{YV} = 0.32\,e^{j39^\circ}\times7.07\,e^{j0^\circ} = 2.26\,e^{j39^\circ}\ 〔\mathrm{A}〕$$

となり，電流の実効値2.26〔A〕（最大値は $2.26\times\sqrt{2}=3.2$〔A〕），位相は電圧より39°＝0.67〔rad〕進む．

なお，この問題は例題3.10と同一である．

4.6　R，L，C の直列・並列回路と共振

3.4.5では R，L，C の直列回路に正弦波交流を加えた場合について述べた．このように，R，L，C の素子が直列または並列に接続されたとき，ある条件のもとで**共振**と呼ばれる現象が起こる．ここではそれらについて述べる．

4.6.1　R, L, C 直列回路と直列共振

図 4.17 のように，抵抗 R，自己インダクタンス L，および静電容量 C を直列に接続した回路に複素電圧 $\boldsymbol{V}$ を加えた．R，L および C での電圧降下をそれぞれ $\boldsymbol{V}_R$，$\boldsymbol{V}_L$ および $\boldsymbol{V}_C$ とすると，$\boldsymbol{V}$ は式(3.70)より，

$$\boldsymbol{V}=\boldsymbol{V}_R+\boldsymbol{V}_L+\boldsymbol{V}_C \qquad (4.74)$$

となる．これは式(3.71)との対応から，複素電流を $\boldsymbol{I}$ とすると，

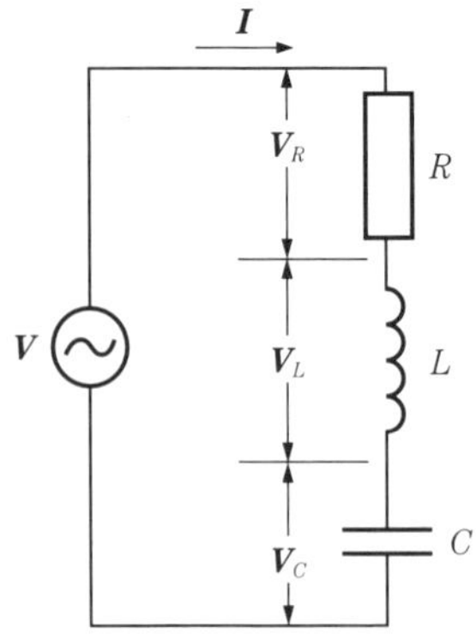

図 4.17

ポイント

$$\boldsymbol{V}=R\boldsymbol{I}+j\omega L\boldsymbol{I}-j\frac{1}{\omega C}\boldsymbol{I}=\left\{R+j\left(\omega L-\frac{1}{\omega C}\right)\right\}\boldsymbol{I} \qquad (4.75)$$

となる．インピーダンス $\boldsymbol{Z}$ は，

$$\boldsymbol{Z}=R+j\left(\omega L-\frac{1}{\omega C}\right) \qquad (4.76)$$

である．この時の電圧と電流の位相角 θ は，式(3.73)に示したように，

$$\theta=\tan^{-1}\left[\frac{\omega L-\dfrac{1}{\omega C}}{R}\right] \qquad (4.77)$$

となる．また，各電圧と電流（基準ベクトル）のベクトル図は各素子の大きさによって異なるが，一例を描くと図 4.18 のようになる．

図 4.19 は，角周波数 ω の変化に対する ωL，$\dfrac{1}{\omega C}$，$\omega L-\dfrac{1}{\omega C}$，$|\boldsymbol{Z}|$ および $|\boldsymbol{I}|$ の変化を示す．図において，リアクタンス X が，

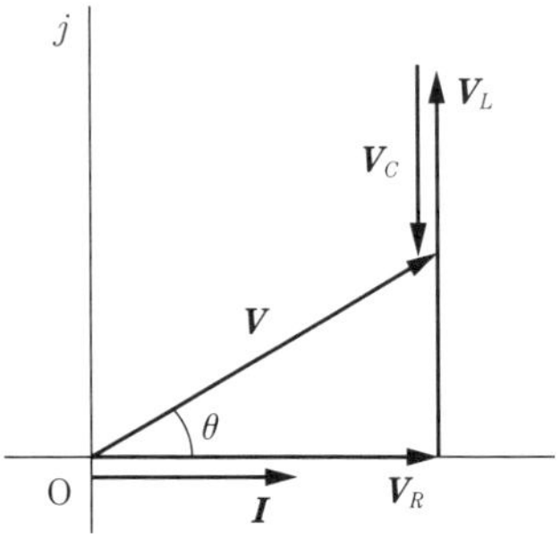

図 4.18

$$X = \omega L - \frac{1}{\omega C} = 0 \tag{4.78}$$

になる時の ω を ω_0，この時の周波数を f_0 とすると，式(4.78)から，

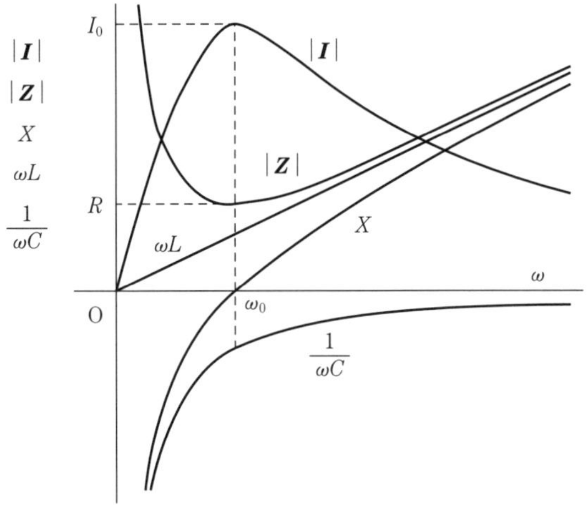

図 4.19

ポイント

$$\omega_0 = \frac{1}{\sqrt{LC}}, \quad f_0 = \frac{1}{2\pi\sqrt{LC}} \tag{4.79}$$

と表される．これを**直列共振**（series resonance）と呼び，ω_0 を**共振角周波数**（resonance angular frequency），f_0 を**共振周波数**（resonance frequency）という．この時，インピーダンス $\boldsymbol{Z}$ はリアクタンス分が零で見掛け上抵抗分だけになるので，$\boldsymbol{Z}=R$ で最小になり，電圧 $\boldsymbol{V}$ と電流 $\boldsymbol{I}$ の位相差が零（同相）になる．

また，電流の大きさ $|\boldsymbol{I}|$ は，

$$|\boldsymbol{I}| = \frac{|\boldsymbol{V}|}{|\boldsymbol{Z}|} = \frac{|\boldsymbol{V}|}{\sqrt{R^2 + \left(\omega L - \dfrac{1}{\omega C}\right)^2}} \tag{4.80}$$

となるので，共振時には最大値 $I_0=\dfrac{|\boldsymbol{V}|}{R}$ になり，I_0 を**共振電流**という．ここで $|\boldsymbol{I}|$ と I_0 の比をとると，

$$\frac{|\boldsymbol{I}|}{I_0}=\frac{\dfrac{|\boldsymbol{V}|}{|\boldsymbol{Z}|}}{\dfrac{|\boldsymbol{V}|}{R}}=\frac{R}{|\boldsymbol{Z}|}=\frac{R}{\sqrt{R^2+\left(\omega L-\dfrac{1}{\omega C}\right)^2}} \tag{4.81}$$

となり，式(4.79)の ω_0 を用いて変形すると，

$$\frac{|\boldsymbol{I}|}{I_0}=\frac{1}{\sqrt{1+\left(\dfrac{\omega_0 L}{R}\right)^2\left(\dfrac{\omega}{\omega_0}-\dfrac{\omega_0}{\omega}\right)^2}} \tag{4.82}$$

となる．ここで，直列共振の**尖鋭度**（quality factor, resonance sharpness）Q を次式によって定義する．

ポイント

$$Q=\frac{\omega_0 L}{R}=\frac{1}{\omega_0 CR} \tag{4.83}$$

Q は“共振の鋭さ”の度合いを表す重要な値である．Q は抵抗 R が小さいほど，また，共振時の $\omega_0 L\left(=\dfrac{1}{\omega_0 C}\right)$ が大きいほど大きな値になる．Q を用いると，式(4.82)は，

$$\frac{|\boldsymbol{I}|}{I_0}=\frac{1}{\sqrt{1+Q^2\left(\dfrac{\omega}{\omega_0}-\dfrac{\omega_0}{\omega}\right)^2}} \tag{4.84}$$

と表せる．**図 4.20** は角周波数 ω（$=2\pi f$ であるから周波数に比例）に対する電流比 $|\boldsymbol{I}|/I_0$ を描いたもので，**共振曲線**（resonance curve）と呼ばれる．

次に，共振の鋭さを表すもう 1 つの値を示す．共振時に抵抗 R で消費される電力は I_0^2R であり，消費電力が 1/2 になる電力 $|\boldsymbol{I}|^2R$ を考えると，

$$|\boldsymbol{I}|^2R=\frac{I_0{}^2R}{2}=\left(\frac{I_0}{\sqrt{2}}\right)^2R \tag{4.85}$$

になる．この時，$|\boldsymbol{I}|/I_0$ は，

$$\frac{|\boldsymbol{I}|}{I_0}=\frac{1}{\sqrt{2}} \tag{4.86}$$

になる．これは式(4.84)から，

$$Q^2\left(\frac{\omega}{\omega_0}-\frac{\omega_0}{\omega}\right)^2=1 \tag{4.87}$$

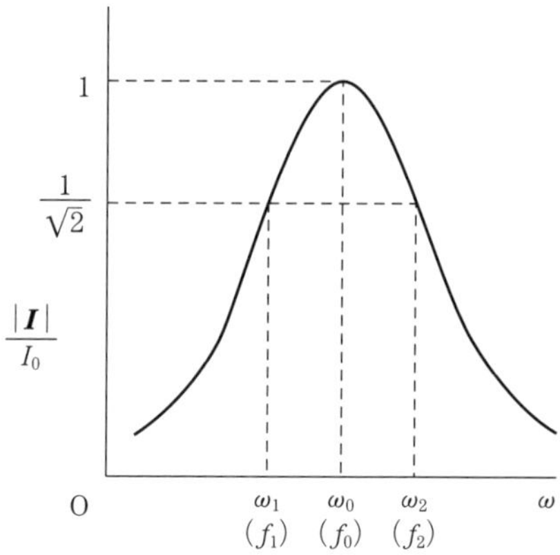

図 4.20

の時である．この時の角周波数 ω を図4.20に示すように，ω_1 および ω_2 とすると，式(4.87)を満足する式として，

$$\frac{\omega_1}{\omega_0}-\frac{\omega_0}{\omega_1}=-\frac{1}{Q}, \quad \frac{\omega_2}{\omega_0}-\frac{\omega_0}{\omega_2}=\frac{1}{Q} \tag{4.88}$$

（$\omega_1<\omega_0$ のとき）　　（$\omega_2>\omega_0$ のとき）

が得られる．ここで，式(4.88)の両式の辺々の和をとり，整理すると，

$$\omega_1\omega_2=\omega_0{}^2 \tag{4.89}$$

となり，式(4.88)の両式の辺々の差をとり，それに式(4.89)の関係を代入して整理すると，

ポイント

$$Q=\frac{\omega_0}{\omega_2-\omega_1}=\frac{f_0}{f_2-f_1}=\frac{f_0}{\Delta f} \tag{4.90}$$

が得られる．ここで Δf は $\Delta f=f_2-f_1$ であり，**半値幅**という．Q は Δf が小さいほど大きくなり，共振曲線は鋭くなる．Q の表現は式(4.90)と式(4.83)の形があるが，同意である．共振は色々な所に利用されている．たとえば，受信機などの同調回路に使用する場合は，Q が大きいほど目的の周波数（f_0）の選択性が良くなる．そのため，Q は**選択度**とも呼ばれる．

また，共振時における R，L，C の端子電圧を順に $\boldsymbol{V}_{R_0}$，$\boldsymbol{V}_{L_0}$，$\boldsymbol{V}_{C_0}$ とし，式

(4.74)，式(4.75)の関係に共振電流 $I_0=|\boldsymbol{V}|/R$ を代入すると，

$$\boldsymbol{V}_{R_0}=RI_0=R\,\frac{|\boldsymbol{V}|}{R}=|\boldsymbol{V}| \tag{4.91}$$

$$\boldsymbol{V}_{L_0}=j\omega_0 L I_0=j\,\frac{\omega_0 L}{R}\,|\boldsymbol{V}|=jQ\,|\boldsymbol{V}| \tag{4.92}$$

$$\boldsymbol{V}_{C_0}=-j\,\frac{1}{\omega_0 C}\,I_0=-j\,\frac{|\boldsymbol{V}|}{\omega_0 CR}=-jQ\,|\boldsymbol{V}| \tag{4.93}$$

となる．これらより，$\boldsymbol{V}_{R_0}$ は加えた電圧の大きさに等しく，$\boldsymbol{V}_{L_0}$ および $\boldsymbol{V}_{C_0}$ は加えた電圧の Q 倍になること，$\boldsymbol{V}_{L_0}$ と $\boldsymbol{V}_{C_0}$ は互いに逆位相の電圧になり，打ち消し合っていることが分かる．これらの関係から直列共振を**電圧共振**ともいう．

式(4.83)より，$Q=\dfrac{\omega_0 L}{R}$，$Q=\dfrac{1}{\omega_0 CR}$ の辺々の積は $Q^2=\dfrac{L}{CR^2}$ であるから，

$$Q=\frac{1}{R}\sqrt{\frac{L}{C}} \tag{4.94}$$

の関係がある．

例題 4.5

図 4.17 に示すような R, L, C 直列回路において，$R=10$〔Ω〕，$L=0.3$〔H〕，$C=0.5$〔μF〕であり，これに実効値 10〔V〕の電圧を加えた．回路に流れる電流が最大になる時の周波数（共振周波数）f_0，最大電流 I_0，尖鋭度 Q，この時の R, L，および C の端子電圧 $\boldsymbol{V}_{R_0}$，$\boldsymbol{V}_{L_0}$，および $\boldsymbol{V}_{C_0}$ を求めよ．

［解］　共振時であるから f_0 は式(4.79)より，

$$f_0=\frac{1}{2\pi\sqrt{LC}}=\frac{1}{2\pi\sqrt{0.3\times0.5\times10^{-6}}}=411 \text{〔Hz〕}$$

最大電流 I_0 は，

$$I_0=\frac{|\boldsymbol{V}|}{R}=\frac{10}{10}=1 \text{〔A〕}$$

尖鋭度 Q は式(4.83)から，

$$Q=\frac{\omega_0 L}{R}=\frac{2\pi\times411\times0.3}{10}=77.5$$

$\boldsymbol{V}_{R_0}$，$\boldsymbol{V}_{L_0}$，$\boldsymbol{V}_{C_0}$ は式(4.91)～式(4.93)より，

$$\boldsymbol{V}_{R_0}=|\boldsymbol{V}|=10 \ \text{〔V〕}$$

$$\boldsymbol{V}_{L_0}=jQ|\boldsymbol{V}|=j\,775 \ \text{〔V〕}$$

$$\boldsymbol{V}_{C_0}=-jQ|\boldsymbol{V}|=-j\,775 \ \text{〔V〕}$$

になる．

4.6.2　R，L，C 並列回路と並列共振

図 4.21 のように，抵抗 R，自己インダクタンス L，および静電容量 C が並列に接続された回路に複素電流 $\boldsymbol{I}$ が加えられた．回路全体のアドミタンス $\boldsymbol{Y}$ は，

$$\boldsymbol{Y}=\frac{1}{R}+j\left(\omega C-\frac{1}{\omega L}\right) \tag{4.95}$$

となる．各素子は並列であるから，それぞれの端子電圧は等しく，$\boldsymbol{V}$ とおくと，

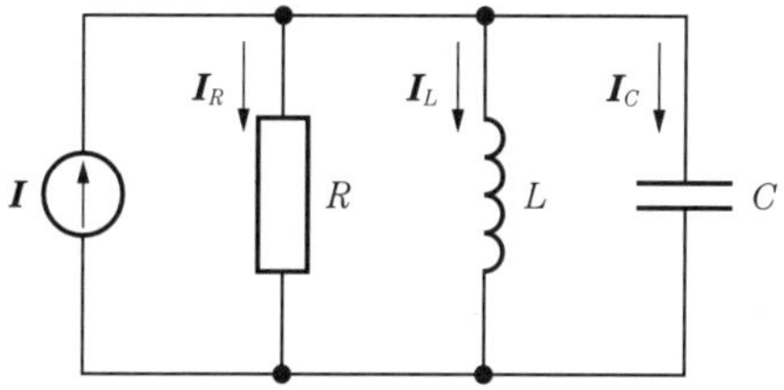

図 4.21

ポイント

$$\boldsymbol{V}=\frac{\boldsymbol{I}}{\boldsymbol{Y}}=\frac{\boldsymbol{I}}{\frac{1}{R}+j\left(\omega C-\frac{1}{\omega L}\right)} \tag{4.96}$$

となる．ここで角周波数 ω の変化に対して $\boldsymbol{V}$ が最大になるのは，式(4.96)の分母のサセプタンスが 0 になる時で，その時の ω を ω_0 とおくと，

$$\omega_0 C-\frac{1}{\omega_0 L}=0 \tag{4.97}$$

の関係が得られる．

ポイント

R，L，C 並列回路において，

$$\omega_0 = \frac{1}{\sqrt{LC}}, \quad f_0 = \frac{1}{2\pi\sqrt{LC}} \tag{4.98}$$

となる ω_0 を共振角周波数，f_0 を共振周波数という．

また，この時，$\boldsymbol{Y}$ は $\boldsymbol{Y} = \dfrac{1}{R}$ で最小になり，その時の端子電圧の値を V_0 とすると，

$$V_0 = R|\boldsymbol{I}| \tag{4.99}$$

となり，最大値になる．これを**並列共振**（parallel resonance）と呼び，電圧と電流の位相差が零（同相）になる．

式(4.96)と式(4.99)より $|\boldsymbol{V}|$ と V_0 の比をとると，

$$\frac{|\boldsymbol{V}|}{V_0} = \frac{\dfrac{1}{R}}{\sqrt{\left(\dfrac{1}{R}\right)^2 + \left(\omega C - \dfrac{1}{\omega L}\right)^2}} \tag{4.100}$$

となる．ここで，並列共振回路の尖鋭度 Q を，

ポイント

$$Q = \omega_0 CR = \frac{R}{\omega_0 L} \tag{4.101}$$

と定義する．式(4.100)は，式(4.101)の Q および式(4.98)の ω_0 を用いて，

$$\frac{|\boldsymbol{V}|}{V_0} = \frac{1}{\sqrt{1 + Q^2\left(\dfrac{\omega}{\omega_0} - \dfrac{\omega_0}{\omega}\right)^2}} \tag{4.102}$$

と表せる．**図 4.22** は角周波数 ω に対する電圧比 $|\boldsymbol{V}|/V_0$ を描いたもので，共振曲線である．

直列共振の場合と同様に抵抗 R で消費される電力が 1/2 になるのは，$|\boldsymbol{V}|/V_0$ が $1/\sqrt{2}$ の時であり，この時の周波数を f_1 および f_2 とする．

$\Delta f = f_2 - f_1$ を**半値幅**という．並列共振の Q は直列共振の場合と同様に求めると，

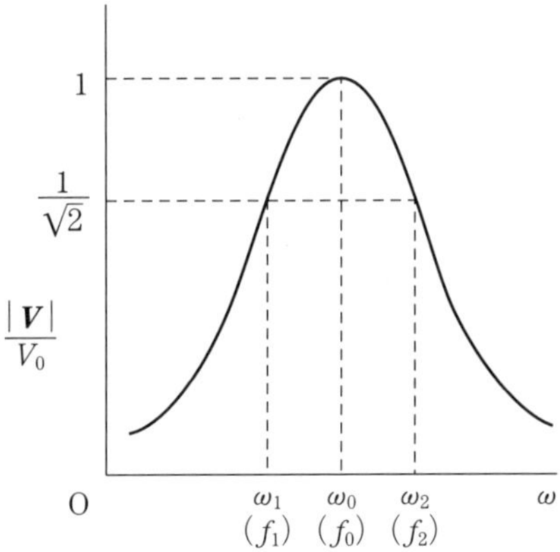

図 4.22

ポイント

$$Q = \frac{f_0}{f_2 - f_1} = \frac{f_0}{\Delta f} \tag{4.103}$$

となる．Q は Δf が小さいほど大きくなり，共振曲線は鋭くなる．また，式(4.101)に示した Q は式(4.103)に示した Q と表現は異なるが同じ意味であり，Q は抵抗 R が大きくなるほど大きくなる．

図 4.21 に示すように，並列共振時における R，L，C を流れる電流を $\boldsymbol{I}_{R_0}$，$\boldsymbol{I}_{L_0}$，$\boldsymbol{I}_{C_0}$ としてオームの法則より求め，それらに式(4.99)の V_0 を代入すると，

$$\boldsymbol{I}_{R_0} = \frac{V_0}{R} = |\boldsymbol{I}| \tag{4.104}$$

$$\boldsymbol{I}_{L_0} = \frac{V_0}{j\omega_0 L} = -j\frac{R}{\omega_0 L}|\boldsymbol{I}| = -jQ|\boldsymbol{I}| \tag{4.105}$$

$$\boldsymbol{I}_{C_0} = j\omega_0 C V_0 = j\omega_0 CR|\boldsymbol{I}| = jQ|\boldsymbol{I}| \tag{4.106}$$

となる．これらより，$\boldsymbol{I}_{R_0}$ は加えた電流の大きさに等しく，$\boldsymbol{I}_{L_0}$ および $\boldsymbol{I}_{C_0}$ は加えた電流の大きさの Q 倍になること，$\boldsymbol{I}_{L_0}$ と $\boldsymbol{I}_{C_0}$ は互いに逆位相の電流になり，打ち消し合っていることが分かる．これらの関係から共列共振を**電流共振**ともいう．

式(4.101) より，$Q=\omega_0 CR$，$Q=\dfrac{R}{\omega_0 L}$ の辺々の積は $Q^2=\dfrac{CR^2}{L}$ であるから，

$$Q=R\sqrt{\frac{C}{L}} \tag{4.107}$$

の関係がある．

例題 4.6

図4.21に示すような R, L, C 並列回路において，$R=10$〔kΩ〕，$L=0.3$〔H〕，$C=0.5$〔μF〕であり，これに実効値10〔mA〕の正弦波電流を流した．回路の端子電圧が最大になる時の周波数（並列共振周波数）f_0，最大電圧 V_0，尖鋭度 Q，この時の R, L および C に流れる電流 $\boldsymbol{I}_{R_0}$，$\boldsymbol{I}_{L_0}$，および $\boldsymbol{I}_{C_0}$ を求めよ．

〔解〕　並列共振であるから，f_0 は式(4.98)より，

$$f_0=\frac{1}{2\pi\sqrt{LC}}=\frac{1}{2\pi\sqrt{0.3\times0.5\times10^{-6}}}=411 \quad \text{〔Hz〕}$$

最大電圧 V_0 は，式(4.99)より，

$$V_0=R|\boldsymbol{I}|=10\times10^3\times10\times10^{-3}=100 \quad \text{〔V〕}$$

尖鋭度 Q は式(4.101) から，

$$Q=\omega_0 CR=2\pi\times411\times0.5\times10^{-6}\times10\times10^3=12.9$$

$\boldsymbol{I}_{R_0}$，$\boldsymbol{I}_{L_0}$，$\boldsymbol{I}_{C_0}$ は式(4.104)～式(4.106)より，

$$\boldsymbol{I}_{R_0}=|\boldsymbol{I}|=0.010 \quad \text{〔A〕}$$

$$\boldsymbol{I}_{L_0}=-jQ|\boldsymbol{I}|=-j\,0.129 \quad \text{〔A〕}$$

$$\boldsymbol{I}_{C_0}=jQ|\boldsymbol{I}|=j\,0.129 \quad \text{〔A〕}$$

となる．

4.7　電力の複素数表示

3.5節において，正弦波交流回路の電力について述べたが，本節では複素数による電力の表示について述べる．

複素電圧を $\boldsymbol{V}=Ve^{j\varphi}$（$V$ は電圧の実効値，φ は位相）と表すと，$\boldsymbol{V}$ の共役複素数 $\overline{\boldsymbol{V}}$ は $\overline{\boldsymbol{V}}=Ve^{-j\varphi}$ となる．$\overline{\boldsymbol{V}}$ と複素電流 $\boldsymbol{I}=Ie^{j(\varphi+\theta)}$（$I$ は電流の実効値，

θ は $\boldsymbol{V}$ と $\boldsymbol{I}$ との位相差）との積をとると，

$$\overline{\boldsymbol{V}}\boldsymbol{I}=Ve^{-j\varphi}\cdot Ie^{j(\varphi+\theta)}=VIe^{j\theta}$$
$$=VI\cos\theta+jVI\sin\theta \tag{4.108}$$

となる．式(4.108)において，実部の $VI\cos\theta$ は式(3.79)から有効電力 P であり，虚部の $VI\sin\theta$ は無効電力 P_Q を表している．したがって，

ポイント

$$\boldsymbol{P}=\overline{\boldsymbol{V}}\boldsymbol{I}=P+jP_Q \tag{4.109}$$

となり，$\boldsymbol{P}$ を**複素電力**（complex power）といい，有効電力 P と無効電力 P_Q を同時に表すことができる．

式(4.109)の様子を複素平面で表すと**図 4.23** のようになる．

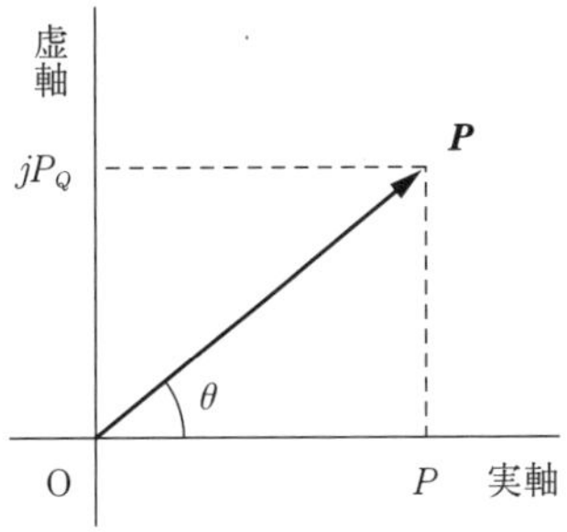

図 4.23

一方，$\boldsymbol{I}$ の共役複素数 $\overline{\boldsymbol{I}}=Ie^{-j(\varphi+\theta)}$ と $\boldsymbol{V}$ との積をとると，

$$\boldsymbol{V}\overline{\boldsymbol{I}}=Ve^{j\varphi}\cdot Ie^{-j(\varphi+\theta)}=VIe^{-j\theta}$$
$$=VI\cos\theta-jVI\sin\theta \tag{4.110}$$

となる．式(4.108)と比べると，実部の有効電力 P，および虚部の無効電力 P_Q も大きさは同じであるが，虚部の符号のみが異なる．いずれも複素電力の表記として用いられるが，本書では式(4.108)，式(4.109)に従うことにする．この時，誘導性の無効電力は $-jP_Q$ で表され，容量性の無効電力は $+jP_Q$ で表される．

また，有効電力 P は式(4.108)，式(4.110)から，

$$P=\frac{1}{2}(\overline{\boldsymbol{V}}\boldsymbol{I}+\boldsymbol{V}\overline{\boldsymbol{I}}) \tag{4.111}$$

と表せる．

また，回路のインピーダンスを $\boldsymbol{Z}$ とすると，$\boldsymbol{V}=\boldsymbol{Z}\boldsymbol{I}$ の関係から，$\overline{\boldsymbol{V}}=\overline{\boldsymbol{Z}}\,\overline{\boldsymbol{I}}$ となる．したがって，式(4.109)から，

$$\boldsymbol{P}=\overline{\boldsymbol{V}}\boldsymbol{I}=\overline{\boldsymbol{Z}}\,\overline{\boldsymbol{I}}\boldsymbol{I}=\overline{\boldsymbol{Z}}|\boldsymbol{I}|^2 \tag{4.112}$$

となる．ここで，$\boldsymbol{Z}=R\pm jX$ とおくと，式(4.112)は，

$$\boldsymbol{P}=(R\mp jX)|\boldsymbol{I}|^2=R|\boldsymbol{I}|^2\mp jX|\boldsymbol{I}|^2 \tag{4.113}$$

となるので，P，P_Q は，

$$P=R|\boldsymbol{I}|^2 \tag{4.114}$$

$$P_Q=X|\boldsymbol{I}|^2 \tag{4.115}$$

となる．式(4.114)は回路のインピーダンスの抵抗分と有効電力の関係を表し，式(4.115)は回路のリアクタンス分と無効電力の関係を表す．

例題 4.7

ある回路に複素電圧 $\boldsymbol{V}=100+j\,50$〔V〕を加えたところ，複素電流 $\boldsymbol{I}=3+j\,4$〔A〕が流れた．回路のインピーダンス $\boldsymbol{Z}$，アドミタンス $\boldsymbol{Y}$，および有効電力（消費電力）P，無効電力 P_Q，皮相電力 P_S を求めよ．

［解］ 回路のインピーダンス $\boldsymbol{Z}$，およびアドミタンス $\boldsymbol{Y}$ は，

$$\boldsymbol{Z}=\frac{\boldsymbol{V}}{\boldsymbol{I}}=\frac{100+j\,50}{3+j\,4}=20-j\,10\ 〔\Omega〕$$

$$\boldsymbol{Y}=\frac{1}{\boldsymbol{Z}}=\frac{1}{20-j\,10}=0.04+j\,0.02\ 〔\mathrm{S}〕$$

複素電力 $\boldsymbol{P}$ は，式(4.109)から，

$$\boldsymbol{P}=\overline{\boldsymbol{V}}\boldsymbol{I}=(100-j\,50)(3+j\,4)=500+j\,250\ 〔\mathrm{V\cdot A}〕$$

となるので，有効電力 P は $\boldsymbol{P}$ の実部をとり 500〔W〕，無効電力 P_Q は $\boldsymbol{P}$ の虚部をとり，250〔var〕（容量性）となる．また，皮相電力 P_S は，

$$P_S=\sqrt{P^2+P_Q{}^2}=|\boldsymbol{P}|=\sqrt{500^2+250^2}=559\ 〔\mathrm{V\cdot A}〕$$

となる．

演 習 問 題

〔問題 4.1〕 次に示す瞬時値を複素数表示，極座標形式，および指数関数形式で表せ．

（a）$v=50\sqrt{2}\sin(80\,t)$〔V〕

（b）$i=3\sqrt{2}\sin\left(100\,\pi t+\dfrac{\pi}{4}\right)$〔A〕

（c）　$v=100\sqrt{2}\sin\left(1000\pi t-\dfrac{\pi}{3}\right)$〔V〕

〔**問題 4.2**〕　次に示す複素数表示等を瞬時値で表せ．ただし，周波数は 60〔Hz〕とする．

（a）　$10+j10\sqrt{3}$〔V〕

（b）　$2e^{-j\frac{\pi}{4}}$〔A〕

（c）　$100\angle\dfrac{\pi}{6}$〔V〕

〔**問題 4.3**〕　抵抗 $R=600$〔Ω〕，自己インダクタンス $L=1$〔H〕の RL 直列回路に周波数 50〔Hz〕の複素電圧 $\boldsymbol{V}=100$〔V〕を加えた．回路を流れる複素電流 $\boldsymbol{I}$，抵抗の端子電圧 $\boldsymbol{V}_R$，自己インダクタンスの端子電圧 $\boldsymbol{V}_L$ を求め，これらのベクトル図を描け．

〔**問題 4.4**〕　RL 直列回路に周波数 50〔Hz〕で複素電圧 $\boldsymbol{V}=120\angle\dfrac{\pi}{4}$〔V〕を加えた時，複素電流 $\boldsymbol{I}=5\angle 0°$〔A〕が流れた．抵抗 R，自己インダクタンス L の値を求めよ．（問題 3.2 と同一問題）

〔**問題 4.5**〕　抵抗 R が 3〔Ω〕，静電容量 C が 796〔μF〕の RC 直列回路に実効値 100〔V〕，周波数 50〔Hz〕の電圧を加えた．この回路の電流，力率，皮相電力，有効電力，無効電力，および R，C の端子電圧を複素数表示によって求めよ．（問題 3.6 と同一問題）

〔**問題 4.6**〕　問図 4.1 の回路において，複素電圧 $\boldsymbol{V}=V\angle 0°$（角周波数 ω）である．コンデンサに流れる電流 $\boldsymbol{I}_C$ を求めよ．

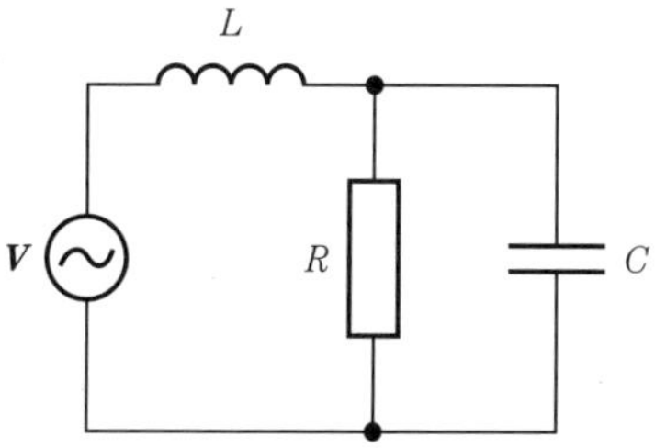

問図 4.1

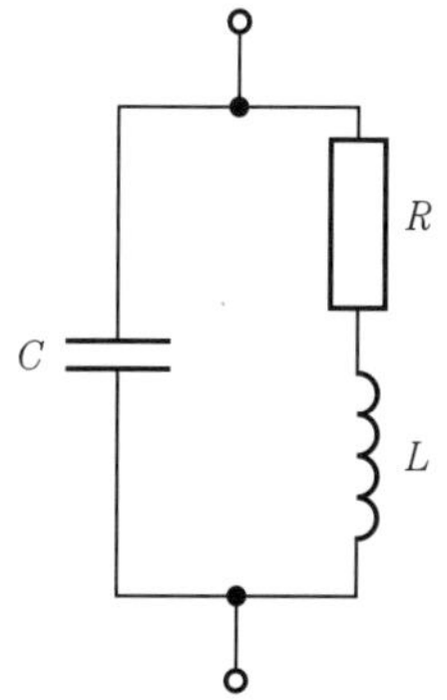

問図 4.2

〔**問題 4.7**〕　問図 4.2 に示す並列共振回路の共振周波数を求めよ．ただし，$R^2 \ll \dfrac{L}{C}$ とする．

〔**問題 4.8**〕　問図 4.3 に示す回路において，電圧 $\boldsymbol{V}$ と電流 $\boldsymbol{I}$ の位相が同相になる時の R の値を求めよ．ただし，角周波数を ω とする．

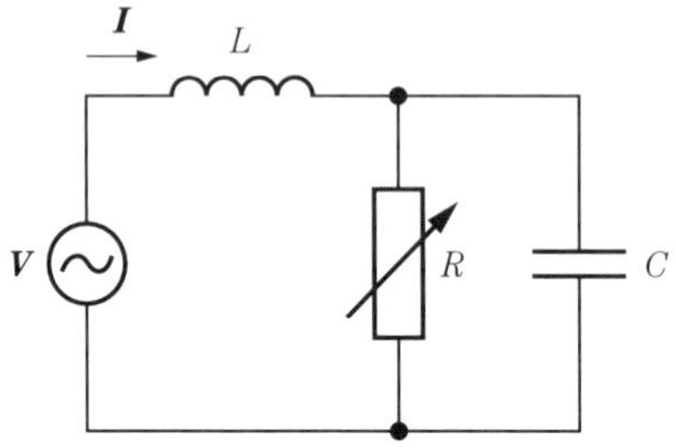

問図 4.3

5 回路解析の基礎

本章では，交流回路を解析する上で必要な基本的な事柄について述べる．

5.1 自己インダクタンスの直並列接続

5.1.1 直列接続

図5.1に示すように，3つのコイルの自己インダクタンス L_1，L_2，L_3 が接続され，複素電圧 $\boldsymbol{V}$（角周波数 ω）が加えられ，共通の電流 $\boldsymbol{I}$ が流れているとき，これを自己インダクタンスの直列接続という．ただし，ここでは相互インダクタンスはないとして考える．各自己インダクタンスにおける電圧降下を順に $\boldsymbol{V}_1$，$\boldsymbol{V}_2$，$\boldsymbol{V}_3$ とすると，同じ電流 $\boldsymbol{I}$ が流れているので，式(4.42)から，

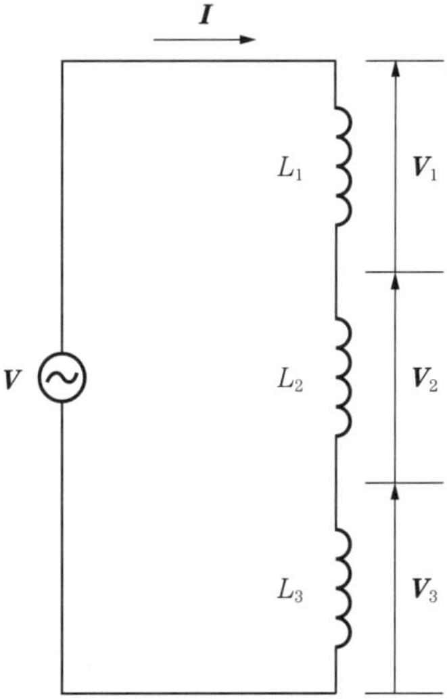

図5.1

$$\boldsymbol{V}_1=j\omega L_1\boldsymbol{I},$$
$$\boldsymbol{V}_2=j\omega L_2\boldsymbol{I},$$
$$\boldsymbol{V}_3=j\omega L_3\boldsymbol{I} \tag{5.1}$$

となる．全体の電圧 $\boldsymbol{V}$ はこれらの和になるので，

$$\boldsymbol{V}=\boldsymbol{V}_1+\boldsymbol{V}_2+\boldsymbol{V}_3=j\omega(L_1+L_2+L_3)\boldsymbol{I} \tag{5.2}$$

となる．L_1～L_3 を1つの自己インダクタンスと見なした合成自己インダクタ

ンスを L とおくと，$\boldsymbol{V}=j\omega L\boldsymbol{I}$ の関係があるので，式(5.2)と見比べると，

ポイント

3個の自己インダクタンス L_1，L_2，L_3 が直列に接続された時の合成自己インダクタンス L は，

$$L=L_1+L_2+L_3 \tag{5.3}$$

となり，各自己インダクタンスの和になる．一般に n 個の自己インダクタンスが直列接続である場合，合成自己インダクタンス L は，

$$L=L_1+L_2+\cdots+L_n=\sum_{k=1}^{n} L_k \tag{5.4}$$

となる．

5.1.2　並列接続

図5.2に示すように，自己インダクタンス L_1，L_2，L_3 が接続され，共通の複素電圧 $\boldsymbol{V}$ が加わっているとき，これを自己インダクタンスの並列接続という．ただし，ここでは相互インダクタンスはないとして考える．各自己インダクタンスを流れる電流を順に $\boldsymbol{I}_1$，$\boldsymbol{I}_2$，$\boldsymbol{I}_3$ とすると，各自己インダクタンスには同じ電圧 $\boldsymbol{V}$ が加わっているので，式(4.42)から，

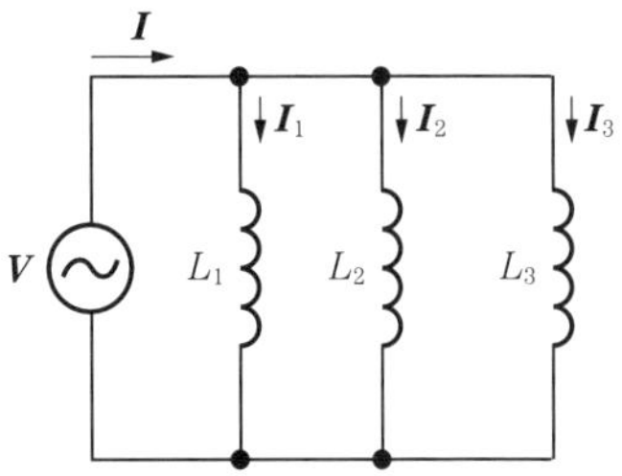

図5.2

$$\boldsymbol{I}_1=\frac{\boldsymbol{V}}{j\omega L_1},\quad \boldsymbol{I}_2=\frac{\boldsymbol{V}}{j\omega L_2},\quad \boldsymbol{I}_3=\frac{\boldsymbol{V}}{j\omega L_3} \tag{5.5}$$

となる．全体の電流 $\boldsymbol{I}$ はこれらの和になるので，

$$\boldsymbol{I}=\boldsymbol{I}_1+\boldsymbol{I}_2+\boldsymbol{I}_3=\frac{1}{j\omega}\left(\frac{1}{L_1}+\frac{1}{L_2}+\frac{1}{L_3}\right)\boldsymbol{V} \tag{5.6}$$

となる．L_1～L_3 を1つの自己インダクタンスと見なした合成自己インダクタンスを L とおくと，$\boldsymbol{I}=\dfrac{\boldsymbol{V}}{j\omega L}$ の関係があるので，式(5.6)と見比べて，

ポイント

3 個の自己インダクタンス L_1, L_2, L_3 が並列に接続された時の合成自己インダクタンス L は,

$$\frac{1}{L}=\frac{1}{L_1}+\frac{1}{L_2}+\frac{1}{L_3} \tag{5.7}$$

となり, L の逆数は, 各自己インダクタンスの逆数の和になる. 一般に n 個の自己インダクタンスが並列接続である場合, 合成自己インダクタンス L は,

$$\frac{1}{L}=\frac{1}{L_1}+\frac{1}{L_2}+\cdots+\frac{1}{L_n}=\sum_{k=1}^{n}\frac{1}{L_k} \tag{5.8}$$

となる.

例題 5.1

3 つの自己インダクタンス $L_1=10$〔mH〕, $L_2=20$〔mH〕, $L_3=30$〔mH〕が, 次のように接続された場合について, それぞれ合成自己インダクタンス L を求めよ.

(1)　図 5.1 のように直列接続の場合

(2)　図 5.2 のように並列接続の場合

[解]

(1)　**直列接続の場合**　式(5.3)より,

$L=L_1+L_2+L_3=10+20+30=60$〔mH〕

(2)　**並列接続の場合**　式(5.7)より,

$$\frac{1}{L}=\frac{1}{L_1}+\frac{1}{L_2}+\frac{1}{L_3}=\frac{1}{10}+\frac{1}{20}+\frac{1}{30}=\frac{11}{60}$$

$L=5.45$〔mH〕

5.2　相互インダクタンス

相互インダクタンスについては，すでに3.6節で説明しているが，本節では，複素数表示，および等価回路について述べる．

5.2.1　相互インダクタンスの複素数表示

図5.3のような自己インダクタンスL_1，L_2および相互インダクタンスMの相互誘導回路における瞬時電圧，電流の関係は式(3.85)，式(3.86)において示されている．また，図のように複素電圧$\boldsymbol{V}_1$，$\boldsymbol{V}_2$，複素電流$\boldsymbol{I}_1$，$\boldsymbol{I}_2$をとると，式(4.42)に示したように，

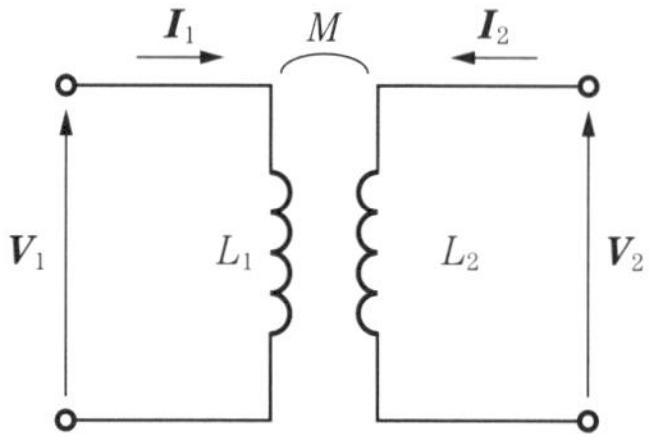

図5.3

$$\boldsymbol{V}_1{}' = j\omega L_1 \boldsymbol{I}_1,\quad \boldsymbol{V}_2{}' = j\omega L_2 \boldsymbol{I}_2$$

($\boldsymbol{V}_1{}'$，$\boldsymbol{V}_2{}'$はそれぞれ自己インダクタンスL_1，L_2による電圧降下)であり，Mについても同様に考えることができるので，

ポイント

$\boldsymbol{V}_1$，$\boldsymbol{V}_2$と$\boldsymbol{I}_1$，$\boldsymbol{I}_2$の関係は，

$$\left.\begin{aligned}\boldsymbol{V}_1 &= j\omega L_1 \boldsymbol{I}_1 \pm j\omega M \boldsymbol{I}_2\\ \boldsymbol{V}_2 &= j\omega L_2 \boldsymbol{I}_2 \pm j\omega M \boldsymbol{I}_1\end{aligned}\right\} \tag{5.9}$$

と表すことができる．

5.2.2　相互誘導回路の等価回路

相互インダクタンスで結合された回路を等価な自己インダクタンス回路に変換する方法について述べる．

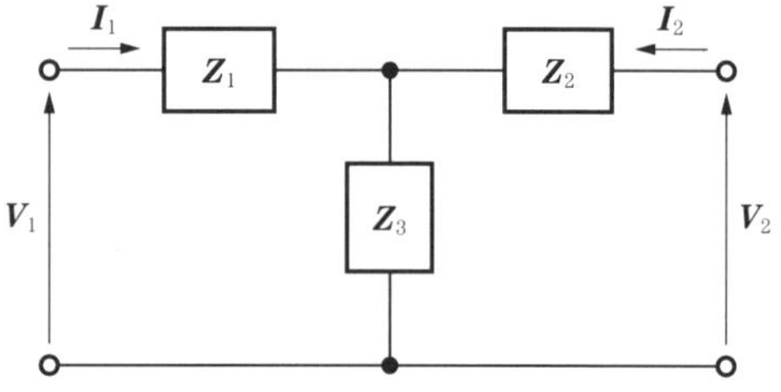

図5.4

図 5.3 に示した相互誘導回路の**等価回路**（equivalent circuit）として，**図 5.4** に示すような T 形等価回路を考える．この等価回路の形で表せるのは，図 5.3 の回路の L_1 と L_2 の下部どうしが接続してよい場合である．図 5.4 中の $\boldsymbol{Z}_1$～$\boldsymbol{Z}_3$ はインピーダンスである．$\boldsymbol{Z}_3$ には $\boldsymbol{I}_1$ と $\boldsymbol{I}_2$ の両方が流れるので，$\boldsymbol{V}_1$ および $\boldsymbol{V}_2$ は次式のように表せる．

$$\left.\begin{aligned}\boldsymbol{V}_1 &= (\boldsymbol{Z}_1+\boldsymbol{Z}_3)\boldsymbol{I}_1+\boldsymbol{Z}_3\boldsymbol{I}_2\\ \boldsymbol{V}_2 &= \boldsymbol{Z}_3\boldsymbol{I}_1+(\boldsymbol{Z}_2+\boldsymbol{Z}_3)\boldsymbol{I}_2\end{aligned}\right\} \tag{5.10}$$

式(5.10)と式(5.9)を見比べると，

$$\boldsymbol{Z}_1+\boldsymbol{Z}_3=j\omega L_1, \qquad \boldsymbol{Z}_3=\pm j\omega M, \qquad \boldsymbol{Z}_2+\boldsymbol{Z}_3=j\omega L_2 \tag{5.11}$$

であるから，

$$\boldsymbol{Z}_1=j\omega L_1-\boldsymbol{Z}_3=j\omega(L_1\mp M) \tag{5.12}$$

$$\boldsymbol{Z}_2=j\omega L_2-\boldsymbol{Z}_3=j\omega(L_2\mp M) \tag{5.13}$$

$$\boldsymbol{Z}_3=\pm j\omega M \tag{5.14}$$

となる．したがって，

ポイント

T 形等価回路は**図 5.5** のようになり，

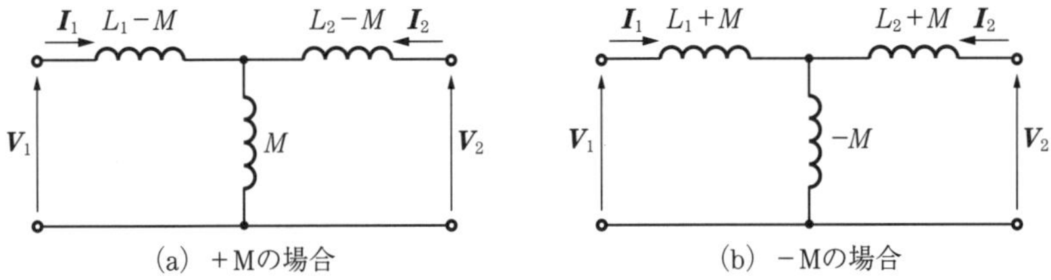

図 5.5

M の符号の正負によって，等価回路が異なる．

L_1-M，L_2-M あるいは M の値は負になることもあり得るので，この場合には実際のコイルで作ることはできないが，計算過程における等価回路として用いるには何も支障ない．

例題 5.2

図 5.3 において，$L_1=300$〔mH〕，$L_2=500$〔mH〕，結合係数 $k=0.7$ のとき，相互インダクタンス M の値を求めよ．また，図 5.5 に示すような T 形等価回路を描け．

［解］　M の値は式(3.87)より，

$$M=k\sqrt{L_1L_2}=0.7\times\sqrt{300\times500}$$
$$=271\ \text{〔mH〕}$$

となる．M の値は特にことわりがないので，正の値と考える．等価回路は $L_1-M=29$〔mH〕，$L_2-M=229$〔mH〕であるから，**例図 5.1** のようになる．

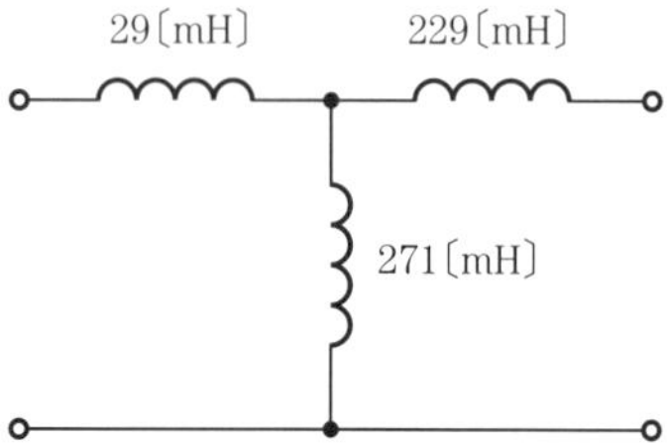

例図 5.1

5.3　交流ブリッジ回路

直流ブリッジ回路は，2.3 節で述べている．ここでは，インピーダンス等の測定に広く用いられている交流ブリッジ回路について述べる．交流ブリッジ回路は**図 5.6** に示すように，インピーダンス $\boldsymbol{Z}_1$，$\boldsymbol{Z}_2$，$\boldsymbol{Z}_3$，$\boldsymbol{Z}_4$ が接続され，図中の a, b 間に電圧 $\boldsymbol{V}$ を加えて，c, d 間に検流計Ⓓを接続した回路である．一般に $\boldsymbol{Z}_1$～$\boldsymbol{Z}_4$ のうち 3 つが既知のインピーダンスで，残りの 1 つが未知のインピーダンスである．既知のインピーダンスの大きさを調節して検流計Ⓓを流れる電流を零にする．この時の状態を平衡といい，平衡を得るための条件をブリッジ回路の平衡条件という．

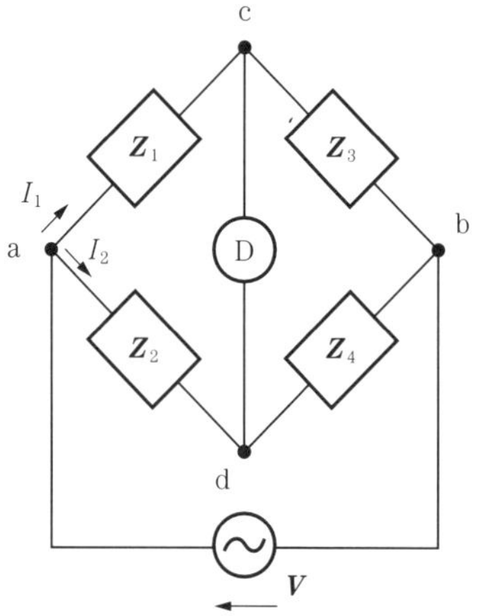

図 5.6

ところで，電流は図のa点で分流し，$\boldsymbol{Z}_1$を流れる電流を$\boldsymbol{I}_1$，$\boldsymbol{Z}_2$を流れる電流を$\boldsymbol{I}_2$とすると，平衡でⒹを流れる電流が零のとき，c点において，$\boldsymbol{I}_1$はすべて$\boldsymbol{Z}_3$に流れ，また，d点においては，$\boldsymbol{I}_2$はすべて$\boldsymbol{Z}_4$に流れる．Ⓓを流れる電流が零であるということは，c点の電圧とd点の電圧が等しいことを意味しているから，

$$\left.\begin{aligned}\boldsymbol{Z}_1\boldsymbol{I}_1&=\boldsymbol{Z}_2\boldsymbol{I}_2\\ \boldsymbol{Z}_3\boldsymbol{I}_1&=\boldsymbol{Z}_4\boldsymbol{I}_2\end{aligned}\right\} \tag{5.15}$$

となり，両式の辺々を除すと，

ポイント

$$\frac{\boldsymbol{Z}_1}{\boldsymbol{Z}_3}=\frac{\boldsymbol{Z}_2}{\boldsymbol{Z}_4} \quad \text{または} \quad \boldsymbol{Z}_1\boldsymbol{Z}_4=\boldsymbol{Z}_2\boldsymbol{Z}_3 \tag{5.16}$$

となり，これを**ブリッジ回路の平衡条件**という．

式(5.16)は「対向するインピーダンスの積は等しい」と覚えることができる．

例題 5.3

例図5.2に示したブリッジ回路において，コイルの自己インダクタンスL_1および抵抗R_1が未知であるとき，他の素子の大きさを調節して平衡を得た(Ⓓを流れる電流が零になった)．平衡条件から，L_1およびR_1を求めよ．

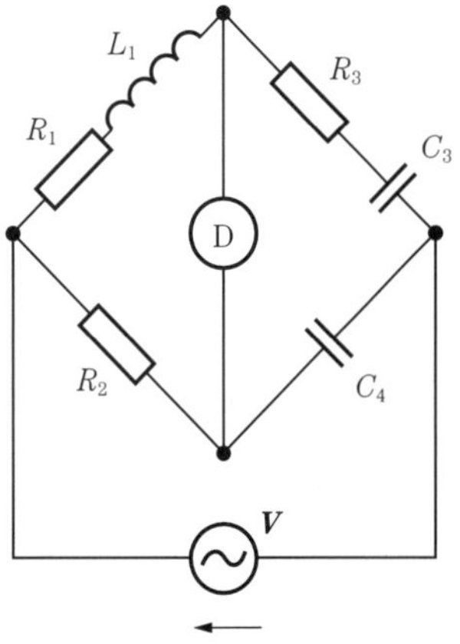

例図5.2

［解］ 式(5.16)の平衡条件から，

$$(R_1+j\omega L_1)\,\frac{1}{j\omega C_4}=R_2\left(R_3+\frac{1}{j\omega C_3}\right)$$

となり，両辺をそれぞれ整理して，

$$\frac{R_1}{j\omega C_4}+\frac{L_1}{C_4}=R_2R_3+\frac{R_2}{j\omega C_3}$$

となる．この式の両辺の実部，虚部がそれぞれ等しいとおくと，

実部は　$\dfrac{L_1}{C_4}=R_2R_3$　から，　$L_1=R_2R_3C_4$

虚部は　$\dfrac{R_1}{j\omega C_4}=\dfrac{R_2}{j\omega C_3}$　から，　$R_1=\dfrac{R_2C_4}{C_3}$

となる．

5.4　ベクトル軌跡

これまで述べてきたように，電圧，電流，インピーダンス，アドミタンス，および電力等は複素数で表示することにより，実部を横軸，虚部を縦軸とした複素平面上の点として表すことができた．また，大きさと偏角で表されるベクトルとしても表すことができた．**ベクトル軌跡**（vector locus）とは，複素数の実部または虚部が変化することによって，ベクトル先端が複素平面上に描く図形のことである．ここではインピーダンス $\boldsymbol{Z}$ とアドミタンス $\boldsymbol{Y}$ の軌跡について，いくつかの基本事項について述べる．

5.4.1　インピーダンス Z の軌跡

インピーダンス $\boldsymbol{Z}$ を $\boldsymbol{Z}=R+jX$，R は抵抗分，X はリアクタンス分とおいて軌跡を求める．jX は $j\omega L$ や $-j\dfrac{1}{\omega C}$ などである．

（a）　Z の抵抗分 R のみを変化した場合

$\boldsymbol{Z}$ の X が一定（正負あり）で，R のみを0から∞まで変化したとき，$\boldsymbol{Z}$ の軌跡は，図5.7に示したように，虚軸上の X から実軸の正方向に平行な半無限直線になる．$X>0$ の場合（誘導性リアクタンス）には第1象限に，$X<0$ の場合（容量性リアクタンス）

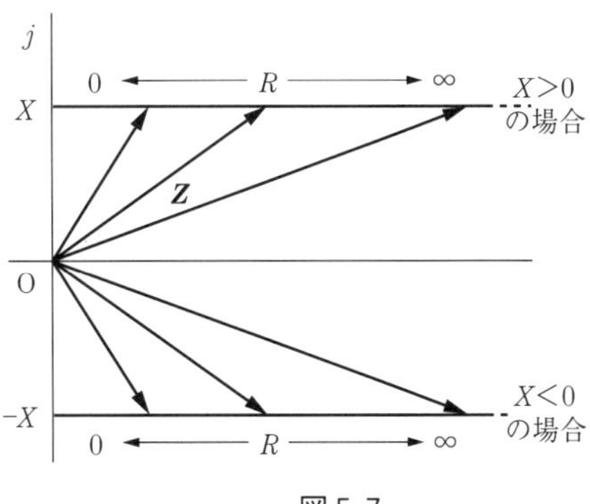

図5.7

には第4象限になる．また，$R\to 0$ の時の $\boldsymbol{Z}$ のベクトルは虚軸上になる．

（b） **$\boldsymbol{Z}$ のリアクタンス分 X のみを変化した場合**

$\boldsymbol{Z}$ の R が一定($R>0$)で，X のみが変化（周波数等の変化に相当）したとき，$\boldsymbol{Z}$ の軌跡は，図5.8に示したように実軸上の R から虚軸に平行な無限直線になる．$X>0$ の場合には第1象限に，$X<0$ の場合には第4象限になる．また，$X\to 0$ の時の $\boldsymbol{Z}$ のベクトルは実軸上の R になる．

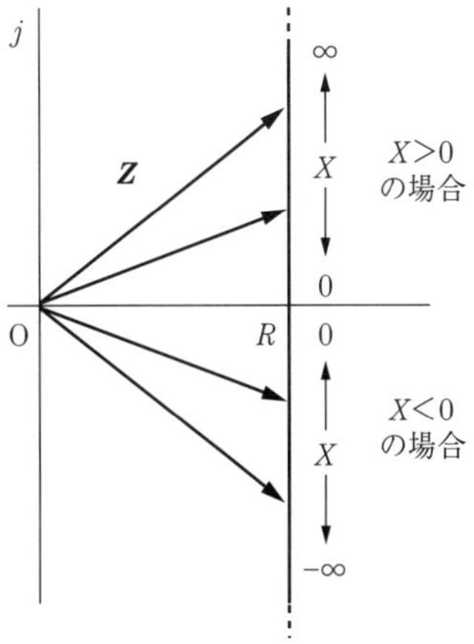

図5.8

5.4.2 $\boldsymbol{Z}$ の逆数であるアドミタンス $\boldsymbol{Y}$ の軌跡

インピーダンス $\boldsymbol{Z}=R+jX$ の逆数のアドミタンス $\boldsymbol{Y}$ は，

$$\boldsymbol{Y}=\frac{1}{R+jX}=\frac{R}{R^2+X^2}-j\frac{X}{R^2+X^2} \tag{5.17}$$

と表せる．式(5.17)の実部をコンダクタンス G とおき，虚部をサセプタンス B とおくと，

$$G=\frac{R}{R^2+X^2}, \quad B=\frac{-X}{R^2+X^2} \tag{5.18}$$

であるから，式(5.17)は，

$$\boldsymbol{Y}=G+jB \tag{5.19}$$

と表せる．

（a） **$\boldsymbol{Z}$ の逆数 $\boldsymbol{Y}$ の R のみを変化した場合**

$\boldsymbol{Y}$ の X が一定（正負あり）で，R のみを0から∞まで変化したときの $\boldsymbol{Y}$ の軌跡を求める．式(5.18)から，

$$G^2+B^2=\frac{1}{R^2+X^2} \tag{5.20}$$

となり，式(5.18)の B の式から，$\dfrac{1}{R^2+X^2}=\dfrac{-B}{X}$ となるので，これを式

(5.20)に代入して，

$$G^2+B^2=\frac{-B}{X} \qquad (5.21)$$

となる．式(5.21)を変形すると，

$$G^2+\left(B+\frac{1}{2X}\right)^2=\left(\frac{1}{2X}\right)^2 \qquad (5.22)$$

となり，円を表す式になる．式(5.22)から，X が一定で R が0から∞まで変化するときの $\boldsymbol{Y}$ の軌跡は，図5.9のように，半径が $\frac{1}{2X}$ の半円(実部は正の値のため)になり，円の中心は $X>0$ の場合は点 $\left(0, \frac{-1}{2X}\right)$ に，$X<0$ の場合は点 $\left(0, \frac{1}{2X}\right)$ になる．なお，$R\to0$ の時の $\boldsymbol{Y}$ のベクトルは $G\to0$，$B\to\frac{-1}{X}$ $(X>0)$ または $B\to\frac{1}{X}$ $(X<0)$ となり，直径と一致する．また，$R\to\infty$ の時の $\boldsymbol{Y}$ のベクトルは，$G\to0$，$B\to0$ となり原点にくる．

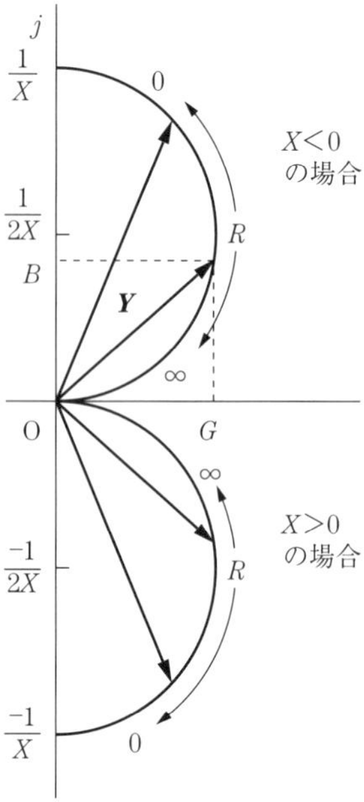

図5.9

（b）　$\boldsymbol{Z}$ の逆数 $\boldsymbol{Y}$ の X のみを変化した場合

$\boldsymbol{Y}$ の R が一定$(R>0)$で，X のみを0から∞まで変化したときの $\boldsymbol{Y}$ の軌跡を求める．式(5.18)の G の式から $\frac{1}{R^2+X^2}=\frac{G}{R}$ となるので，これを式(5.20)に代入すると，

$$G^2+B^2=\frac{G}{R} \qquad (5.23)$$

となる．式(5.23)を変形すると，

$$\left(G-\frac{1}{2R}\right)^2+B^2=\left(\frac{1}{2R}\right)^2 \qquad (5.24)$$

となり，円を表す式になる．式(5.24)から，R が一定で，X のみ変化したときの $\boldsymbol{Y}$ の軌跡は，図5.10のように，半径が $\frac{1}{2R}$ で，円の中心が点$\left(\frac{1}{2R},\ 0\right)$の円になる．$X>0$ の場合には第4象限に，$X<0$ の場合には第1象限になる．なお，$X\to 0$ の時の $\boldsymbol{Y}$ のベクトルは，点$\left(\frac{1}{R},\ 0\right)$になり，直径と一致する．また，$X\to\pm\infty$ の時の $\boldsymbol{Y}$ のベクトルは，$G\to 0$，$B\to 0$ となり，原点にくる．

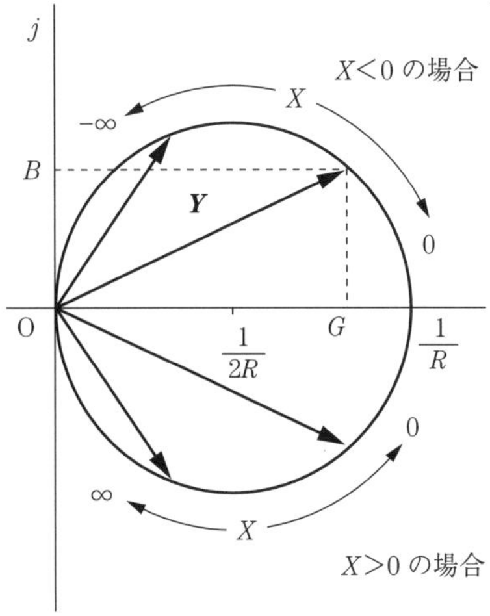

図5.10

例題 5.4

例図5.3に示すような RL 直列回路について，次の問いに答えよ．

(1)　R のみを変化したときの回路のインピーダンス $\boldsymbol{Z}$ のベクトル軌跡を描け．ただし，$X=\omega L=1$〔Ω〕一定とする．

(2)　次に X のみを変化した時の回路のアドミタンス $\boldsymbol{Y}$ のベクトル軌跡を描け．ただし，$R=0.5$〔Ω〕一定とする．

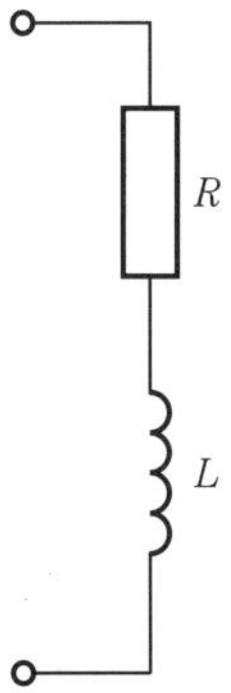

例図5.3

［解］　(1) 回路のインピーダンス $\boldsymbol{Z}$ は，$\boldsymbol{Z}=R+jX=R+j1$〔Ω〕である．R を0から∞まで変化させた時の $\boldsymbol{Z}$ の軌跡は，例図5.4に示すように，虚軸上の $j1$〔Ω〕(R が0の時）から実軸の正方向に平行な半無限直線になる．

(2)　回路のアドミタンス $\boldsymbol{Y}$ は，式(5.17)に示したように，

$$\boldsymbol{Y}=\frac{1}{\boldsymbol{Z}}=\frac{1}{R+jX}$$

$$=\frac{R}{R^2+X^2}-j\frac{X}{R^2+X^2}$$

となる．式(5.18)に示すように，

$$G=\frac{R}{R^2+X^2},\ B=\frac{-X}{R^2+X^2}$$

とおいて $\boldsymbol{Y}=G+jB$ と表すと，式 (5.24) に示すように，

$$\left(G-\frac{1}{2R}\right)^2+B^2=\left(\frac{1}{2R}\right)^2$$

となり，$R=0.5$〔Ω〕を代入すると，

$$(G-1)^2+B^2=1^2$$

となり，円を表す式になる．X のみを変化したときの $\boldsymbol{Y}$ の軌跡は，例図 5.4 に示したように，半径が 1 で円の中心が点 (1, 0) にあり，$X>0$ であるから $B<0$ になるので，第 4 象限のみの半円になる．$X\to 0$ の時の $\boldsymbol{Y}$ のベクトルは $B\to 0$ になるので，点 (2, 0) になり直径に一致する．また，$X\to\infty$ の時の $\boldsymbol{Y}$ のベクトルは $G\to 0$，$B\to 0$ となり原点にくる．

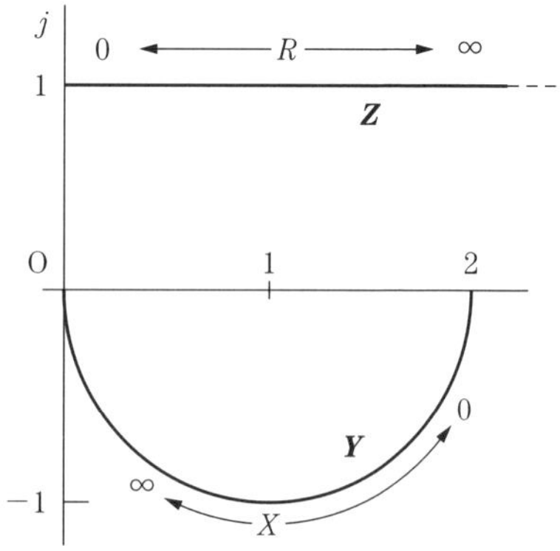

例図 5.4

演 習 問 題

〔**問題 5.1**〕 問図 5.1 に示す回路の端子 a, b から見た合成インピーダンス $\boldsymbol{Z}$ を求めよ．ただし，角周波数を ω とする．

〔**問題 5.2**〕 問図 5.2 において，端子 a, b から見たインピーダンス $\boldsymbol{Z}$ が実数になるような周波数 f を求めよ．

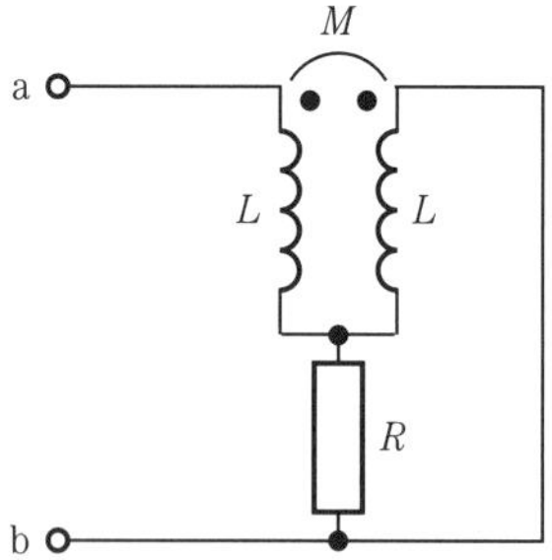

問図 5.1

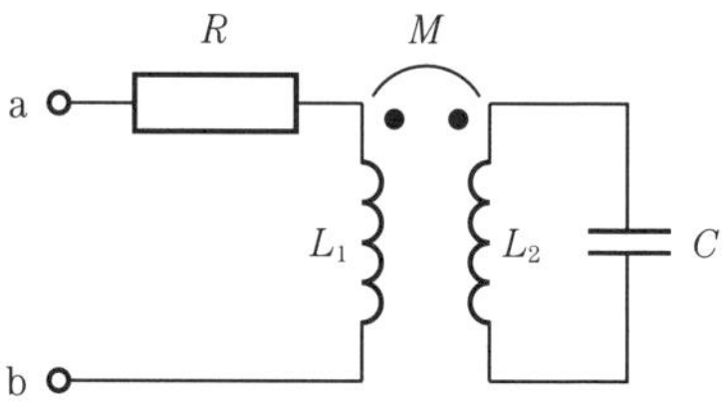

問図 5.2

〔**問題 5.3**〕 問図 5.3 において，相互インダクタンス M の大きさを変えることによ

って，検流計Ⓓに流れる電流を零にすることにより，電源 $\boldsymbol{V}$ の周波数を知ることができる．その周波数を求めよ．なお，このような回路を**キャンベルブリッジ**（Campbell bridge）回路という．

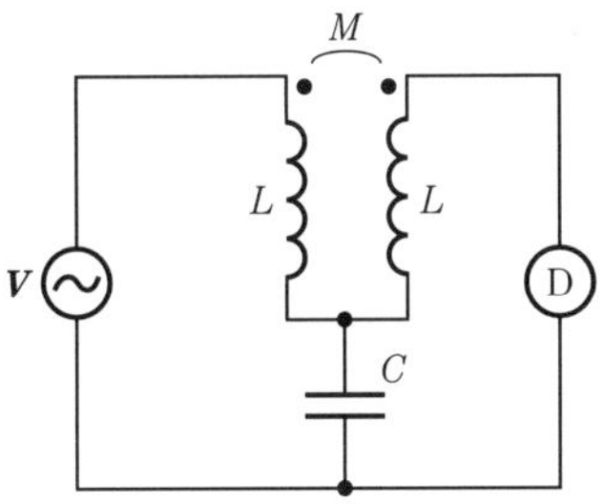

問図 5.3

〔**問題 5.4**〕 問図 5.4 に示すようなブリッジ回路において，R_3，L_3 を変化して平衡を得た．ブリッジの平衡条件から，未知の R_4，L_4 を求めよ．なお，このようなブリッジ回路を**インダクタンスブリッジ**（inductance bridge）という．

〔**問題 5.5**〕 問図 5.5 に示すようなブリッジ回路において，平衡条件から電源 E の周波数 f を求めよ．なお，このようなブリッジを**ウィーンブリッジ**（Wien bridge）という．

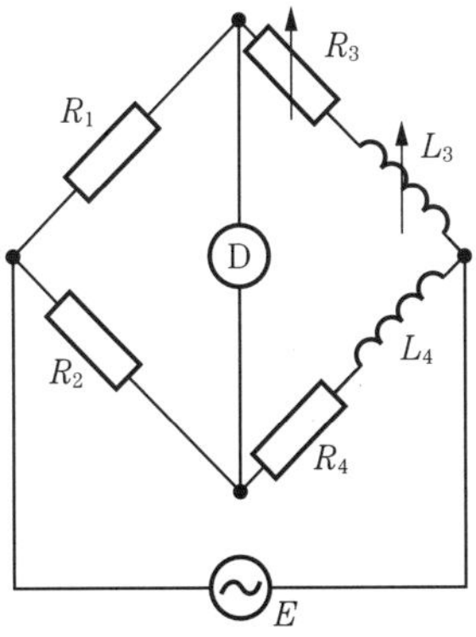

問図 5.4

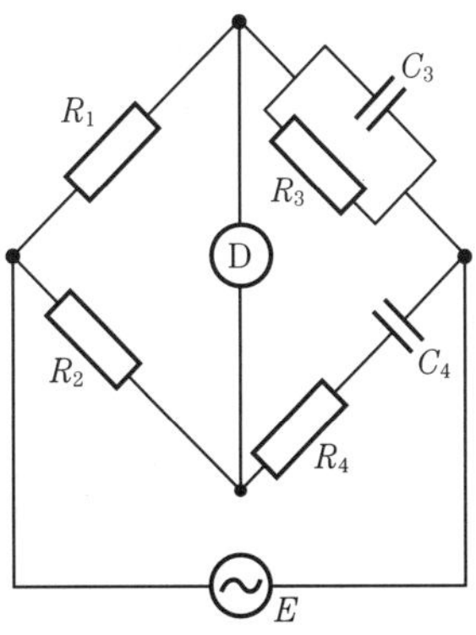

問図 5.5

〔**問題 5.6**〕 RC 直列回路について，次の問いに答えよ．

(1) R のみを変化した時の回路のインピーダンス $\boldsymbol{Z}$ のベクトル軌跡を描け．ただし，$X=\dfrac{1}{\omega C}=2$〔Ω〕一定とする．

(2)　次に，X のみを変化した時の回路のアドミタンス $\boldsymbol{Y}$ のベクトル軌跡を描け．ただし，$R=0.25$〔Ω〕一定とする．

〔**問題 5.7**〕 RLC 直列回路において，角周波数 ω が 0 から ∞ まで変化するときのアドミタンス $\boldsymbol{Y}$ のベクトル軌跡を描け．

6
回 路 解 析 法

電気回路の電圧・電流などを解析するには，キルヒホッフの法則を適用し，求める電圧や電流を未知数として方程式を作り，それを解けばよい．しかし，回路が複雑になると，方程式を作ることが大変になるだけでなく，作成した式が独立した式でないこともある．ここでは，回路解析に必要で十分な独立方程式を作る方法として，枝電流法，閉路電流法，および節点電圧法について述べる．

なお，本文中に出てくる「**節**」(node) とは，3 個以上の素子が線によって結合された点（**結合点**（junction））をいい，「**枝**」(branch) とは，節と節の間にある素子を結んでいる線の部分をいう．

6.1 枝電流法

枝電流法（branch current method）について，**図 6.1** に示す回路を例として，$\boldsymbol{V}_1$ および $\boldsymbol{V}_2$ を加えたときに，各インピーダンスを流れる電流を求める解

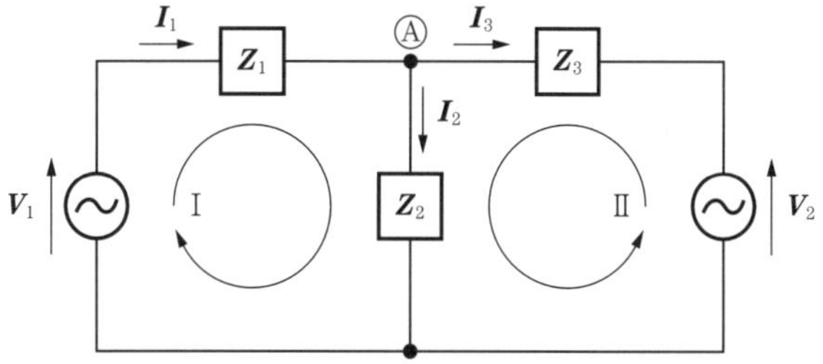

図 6.1

法を示す．

枝電流法は次の手順で解く．

① 各枝を流れる電流を考える．図では $\boldsymbol{I}_1$，$\boldsymbol{I}_2$，および $\boldsymbol{I}_3$ であり，電流が流れる方向はどちらかを仮定する．解いた後の電流値が負の値であるときは，仮定した流れる方向が実際とは逆であったことになる．

② 図中のⒶ点において，キルヒホッフの第1法則を適用すると，

$$\boldsymbol{I}_1-\boldsymbol{I}_2-\boldsymbol{I}_3=0 \tag{6.1}$$

が得られる．これが1つ目の方程式になる．

③ 図に示したように閉路Ⅰおよび閉路Ⅱを考える．閉路はどのような部分でもよい．この例では求めたい電流が3つ（$\boldsymbol{I}_1$，$\boldsymbol{I}_2$，$\boldsymbol{I}_3$）あるから，方程式が3つ必要になる．この例では閉路は3通り考えられるので，式(6.1)の他に2つの閉路を考えている．

④ これらの閉路に対してキルヒホッフの第2法則を適用すると，

$$\text{閉路Ⅰ}\quad \boldsymbol{Z}_1\boldsymbol{I}_1+\boldsymbol{Z}_2\boldsymbol{I}_2=\boldsymbol{V}_1 \tag{6.2}$$

$$\text{閉路Ⅱ}\quad \boldsymbol{Z}_2\boldsymbol{I}_2-\boldsymbol{Z}_3\boldsymbol{I}_3=\boldsymbol{V}_2 \tag{6.3}$$

となる．これらが2つ目，3つ目の方程式になる．

⑤ 式(6.1)，式(6.2)および式(6.3)より $\boldsymbol{I}_1$，$\boldsymbol{I}_2$，および $\boldsymbol{I}_3$ を求める．ここでは**クラメールの方法**（Cramer's method）（付録A参照）によって解く．

$$\boldsymbol{I}_1=\frac{\begin{vmatrix} 0 & -1 & -1 \\ \boldsymbol{V}_1 & \boldsymbol{Z}_2 & 0 \\ \boldsymbol{V}_2 & \boldsymbol{Z}_2 & -\boldsymbol{Z}_3 \end{vmatrix}}{\begin{vmatrix} 1 & -1 & -1 \\ \boldsymbol{Z}_1 & \boldsymbol{Z}_2 & 0 \\ 0 & \boldsymbol{Z}_2 & -\boldsymbol{Z}_3 \end{vmatrix}=\Delta}=\frac{(\boldsymbol{Z}_2+\boldsymbol{Z}_3)\boldsymbol{V}_1-\boldsymbol{Z}_2\boldsymbol{V}_2}{\boldsymbol{Z}_1\boldsymbol{Z}_2+\boldsymbol{Z}_2\boldsymbol{Z}_3+\boldsymbol{Z}_3\boldsymbol{Z}_1} \tag{6.4}$$

$$\boldsymbol{I}_2=\frac{\begin{vmatrix} 1 & 0 & -1 \\ \boldsymbol{Z}_1 & \boldsymbol{V}_1 & 0 \\ 0 & \boldsymbol{V}_2 & -\boldsymbol{Z}_3 \end{vmatrix}}{\Delta}=\frac{\boldsymbol{Z}_3\boldsymbol{V}_1+\boldsymbol{Z}_1\boldsymbol{V}_2}{\boldsymbol{Z}_1\boldsymbol{Z}_2+\boldsymbol{Z}_2\boldsymbol{Z}_3+\boldsymbol{Z}_3\boldsymbol{Z}_1} \tag{6.5}$$

$$\boldsymbol{I}_3=\frac{\begin{vmatrix} 1 & -1 & 0 \\ \boldsymbol{Z}_1 & \boldsymbol{Z}_2 & \boldsymbol{V}_1 \\ 0 & \boldsymbol{Z}_2 & \boldsymbol{V}_2 \end{vmatrix}}{\Delta}=\frac{\boldsymbol{Z}_1\boldsymbol{V}_1-(\boldsymbol{Z}_1+\boldsymbol{Z}_2)\boldsymbol{V}_2}{\boldsymbol{Z}_1\boldsymbol{Z}_2+\boldsymbol{Z}_2\boldsymbol{Z}_3+\boldsymbol{Z}_3\boldsymbol{Z}_1} \tag{6.6}$$

以上で求まる．

ポイント

枝電流法による解法

（i） 各枝を流れる電流を定め，結合点においてキルヒホッフの第1法則を適用する．【手順の①,②】

（ii） 必要な数の閉路について，キルヒホッフの第2法則を適用する．【手順の③,④】

（iii） 連立方程式を解く．【手順の⑤】

例題 6.1

例図 6.1 に示した回路について，各素子を流れる電流を $\boldsymbol{I}_1$，$\boldsymbol{I}_2$，および $\boldsymbol{I}_3$ を枝電流法で求めよ．ただし，$R=10$〔Ω〕，$\omega L=20$〔Ω〕，$\dfrac{1}{\omega C}=30$〔Ω〕，$\boldsymbol{V}_1=100\angle 0°$〔V〕，$\boldsymbol{V}_2=100\angle 90°$〔V〕である．

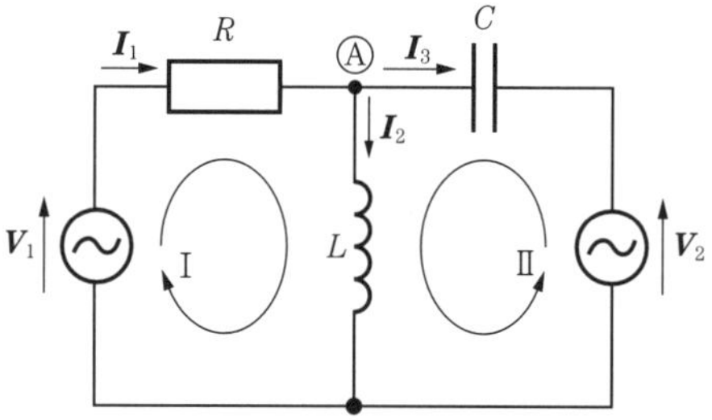

例図 6.1

［解］ 点Ⓐにキルヒホッフの第1法則を適用すると，

$$\boldsymbol{I}_1-\boldsymbol{I}_2-\boldsymbol{I}_3=0 \tag{1}$$

図示したように閉路 I，および閉路 II を考え，キルヒホッフの第2法則を適用すると

閉路 I については，$R\boldsymbol{I}_1+j\omega L\boldsymbol{I}_2=\boldsymbol{V}_1$ であるから，

$$10\,\boldsymbol{I}_1+j\,20\,\boldsymbol{I}_2=100\angle 0°=100 \tag{2}$$

閉路Ⅱについては，$j\omega L\boldsymbol{I}_2-\left(-j\dfrac{1}{\omega C}\right)\boldsymbol{I}_3=\boldsymbol{V}_2$ であるから，

$$j\,20\,\boldsymbol{I}_2+j\,30\,\boldsymbol{I}_3=100\angle 90^\circ=j\,100 \tag{3}$$

式(1)，式(2)，および式(3)より，クラメールの方法を用いて各素子を流れる電流を求めると，

$$\boldsymbol{I}_1=\frac{\begin{vmatrix}0 & -1 & -1\\ 100 & j\,20 & 0\\ j\,100 & j\,20 & j\,30\end{vmatrix}}{\begin{vmatrix}1 & -1 & -1\\ 10 & j\,20 & 0\\ 0 & j\,20 & j\,30\end{vmatrix}}=\frac{-2\,000+j\,1\,000}{-600+j\,100}=3.51-j\,1.08\ \text{〔A〕}$$

$$\boldsymbol{I}_2=\frac{\begin{vmatrix}1 & 0 & -1\\ 10 & 100 & 0\\ 0 & j\,100 & j\,30\end{vmatrix}}{-600+j\,100}=\frac{j\,2\,000}{-600+j\,100}=0.54-j\,3.24\ \text{〔A〕}$$

$$\boldsymbol{I}_3=\frac{\begin{vmatrix}1 & -1 & 0\\ 10 & j\,20 & 100\\ 0 & j\,20 & j\,100\end{vmatrix}}{-600+j\,100}=\frac{-2\,000-j\,1\,000}{-600+j\,100}=2.97+j\,2.16\ \text{〔A〕}$$

となる．

6.2　閉路電流法

閉路電流法（loop current method）（網目電流法，網電流法ともいう）について，図6.2に示す回路（図6.1と同じ）を例として，$\boldsymbol{V}_1$ および $\boldsymbol{V}_2$ を加えたときに，各インピーダンスを流れる電流を求める解法を示す．

閉路電流法では次の手順で解く．

① 図に示したように**閉路電流**（loop current）$\boldsymbol{I}_a$，$\boldsymbol{I}_b$ を仮定する．閉路電流とは，その閉路を流れている電流のことである．電流を求めるために必要な閉路の数 N は，枝路の総数を m，節点の総数を n とすると，

$$N=m-n+1 \tag{6.7}$$

になる．図6.2の回路の場合には $m=3$，$n=2$ であるので，電流を求めるた

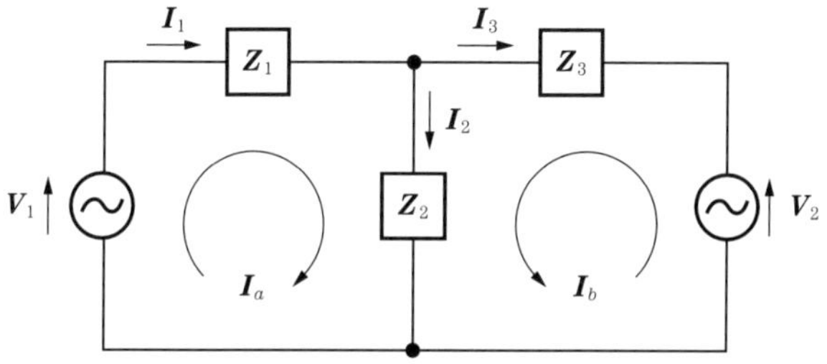

図6.2

めに必要な閉路の数Nは，式(6.7)より，$N=3-2+1=2$となる．閉路の選択は「いずれの素子も一度は通過する独立な閉路」とする．ここでは，$\boldsymbol{I}_a$と$\boldsymbol{I}_b$の2つの閉路電流を選択している．閉路電流の向きはどちらでもよいが，一般には電源の向きに合わせる．

② 2つの閉路それぞれにキルヒホッフの第2法則を適用して回路方程式をたてると，

$$(\boldsymbol{Z}_1+\boldsymbol{Z}_2)\boldsymbol{I}_a+\boldsymbol{Z}_2\boldsymbol{I}_b=\boldsymbol{V}_1 \tag{6.8}$$

$$\boldsymbol{Z}_2\boldsymbol{I}_a+(\boldsymbol{Z}_2+\boldsymbol{Z}_3)\boldsymbol{I}_b=\boldsymbol{V}_2 \tag{6.9}$$

となる．

③ 式(6.8)，式(6.9)より，$\boldsymbol{I}_a$，$\boldsymbol{I}_b$を求める．ここではクラメールの方法（付録A参照）を用いて解く．

$$\boldsymbol{I}_a=\frac{\begin{vmatrix}\boldsymbol{V}_1 & \boldsymbol{Z}_2\\ \boldsymbol{V}_2 & \boldsymbol{Z}_2+\boldsymbol{Z}_3\end{vmatrix}}{\begin{vmatrix}\boldsymbol{Z}_1+\boldsymbol{Z}_2 & \boldsymbol{Z}_2\\ \boldsymbol{Z}_2 & \boldsymbol{Z}_2+\boldsymbol{Z}_3\end{vmatrix}}=\frac{(\boldsymbol{Z}_2+\boldsymbol{Z}_3)\boldsymbol{V}_1-\boldsymbol{Z}_2\boldsymbol{V}_2}{\boldsymbol{Z}_1\boldsymbol{Z}_2+\boldsymbol{Z}_2\boldsymbol{Z}_3+\boldsymbol{Z}_3\boldsymbol{Z}_1} \tag{6.10}$$

$$\boldsymbol{I}_b=\frac{\begin{vmatrix}\boldsymbol{Z}_1+\boldsymbol{Z}_2 & \boldsymbol{V}_1\\ \boldsymbol{Z}_2 & \boldsymbol{V}_2\end{vmatrix}}{\begin{vmatrix}\boldsymbol{Z}_1+\boldsymbol{Z}_2 & \boldsymbol{Z}_2\\ \boldsymbol{Z}_2 & \boldsymbol{Z}_2+\boldsymbol{Z}_3\end{vmatrix}}=\frac{-\boldsymbol{Z}_2\boldsymbol{V}_1+(\boldsymbol{Z}_1+\boldsymbol{Z}_2)\boldsymbol{V}_2}{\boldsymbol{Z}_1\boldsymbol{Z}_2+\boldsymbol{Z}_2\boldsymbol{Z}_3+\boldsymbol{Z}_3\boldsymbol{Z}_1} \tag{6.11}$$

④ $\boldsymbol{I}_a$と$\boldsymbol{I}_b$より，各インピーダンスを流れる電流$\boldsymbol{I}_1$，$\boldsymbol{I}_2$および$\boldsymbol{I}_3$を求める．

$$\boldsymbol{I}_1=\boldsymbol{I}_a=\frac{(\boldsymbol{Z}_2+\boldsymbol{Z}_3)\boldsymbol{V}_1-\boldsymbol{Z}_2\boldsymbol{V}_2}{\boldsymbol{Z}_1\boldsymbol{Z}_2+\boldsymbol{Z}_2\boldsymbol{Z}_3+\boldsymbol{Z}_3\boldsymbol{Z}_1} \tag{6.12}$$

$$\boldsymbol{I}_2=\boldsymbol{I}_a+\boldsymbol{I}_b=\frac{\boldsymbol{Z}_3\boldsymbol{V}_1+\boldsymbol{Z}_1\boldsymbol{V}_2}{\boldsymbol{Z}_1\boldsymbol{Z}_2+\boldsymbol{Z}_2\boldsymbol{Z}_3+\boldsymbol{Z}_3\boldsymbol{Z}_1} \tag{6.13}$$

$$\boldsymbol{I}_3=-\boldsymbol{I}_b=\frac{\boldsymbol{Z}_2\boldsymbol{V}_1-(\boldsymbol{Z}_1+\boldsymbol{Z}_2)\boldsymbol{V}_2}{\boldsymbol{Z}_1\boldsymbol{Z}_2+\boldsymbol{Z}_2\boldsymbol{Z}_3+\boldsymbol{Z}_3\boldsymbol{Z}_1} \tag{6.14}$$

ここで $\boldsymbol{Z}_1$ を流れる電流 $\boldsymbol{I}_1$ は $\boldsymbol{I}_a$ だけが流れているので $\boldsymbol{I}_1=\boldsymbol{I}_a$ となる．$\boldsymbol{Z}_2$ を流れる電流 $\boldsymbol{I}_2$ は $\boldsymbol{I}_a$ と $\boldsymbol{I}_b$ の両方が流れているので，$\boldsymbol{I}_2=\boldsymbol{I}_a+\boldsymbol{I}_b$ となる．$\boldsymbol{Z}_3$ を流れる電流 $\boldsymbol{I}_3$ は，$\boldsymbol{I}_3$ と逆向きの電流 $\boldsymbol{I}_b$ が流れているので，$\boldsymbol{I}_3=-\boldsymbol{I}_b$ となる．

ポイント

閉路電流法による解法

（i）N 個の閉路電流を定め，それらの閉路にキルヒホッフの第2法則を適用して方程式をたてる．【手順の①,②】

（ii）方程式を解いて閉路電流を求める．【手順の③】

（iii）閉路電流より，個々の枝を流れる電流を求める．【手順の④】

例題 6.2

例題6.1を閉路電流法によって解け．

［解］ 例図6.2のように閉路電流 $\boldsymbol{I}_a$，$\boldsymbol{I}_b$ を仮定する．これらについて回路方程式をたてると $\boldsymbol{I}_a$ の閉路については，

$(R+j\omega L)\boldsymbol{I}_a+j\omega L\boldsymbol{I}_b=\boldsymbol{V}_1$　であるから，

$$(10+j\,20)\boldsymbol{I}_a+j\,20\,\boldsymbol{I}_b=100\angle 0^\circ=100 \tag{1}$$

となる．また $\boldsymbol{I}_b$ の閉路については，

$j\omega L\boldsymbol{I}_a+\left(j\omega L-j\dfrac{1}{\omega C}\right)\boldsymbol{I}_b=\boldsymbol{V}_2$　であるから，

$$j\,20\,\boldsymbol{I}_a-j\,10\,\boldsymbol{I}_b=100\angle 90^\circ=j\,100 \tag{2}$$

となる．式(1)，式(2)より $\boldsymbol{I}_a$，$\boldsymbol{I}_b$ を求めると，

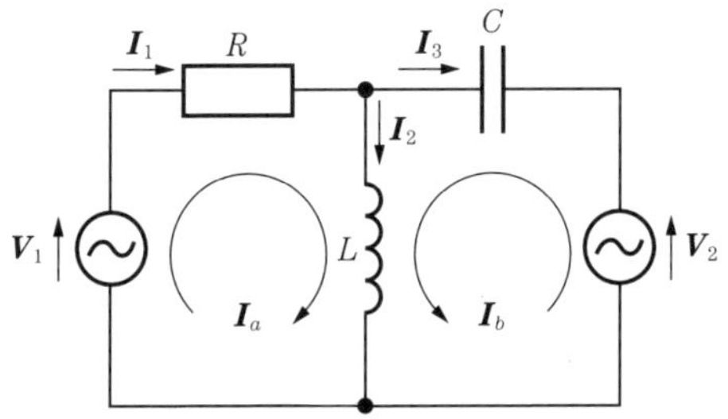

例図 6.2

$$
\boldsymbol{I}_a = \frac{\begin{vmatrix} 100 & j\,20 \\ j\,100 & -j\,10 \end{vmatrix}}{\begin{vmatrix} 10+j\,20 & j\,20 \\ j\,20 & -j\,10 \end{vmatrix}} = \frac{2\,000-j\,1\,000}{600-j\,100} = 3.51-j\,1.08 \quad \text{[A]}
$$

$$
\boldsymbol{I}_b = \frac{\begin{vmatrix} 10+j\,20 & 100 \\ j\,20 & j\,100 \end{vmatrix}}{600-j\,100} = \frac{-2\,000-j\,1\,000}{600-j\,100} = -2.97-j\,2.16 \quad \text{[A]}
$$

となる．したがって，$\boldsymbol{I}_1$，$\boldsymbol{I}_2$，および$\boldsymbol{I}_3$は，

$$\boldsymbol{I}_1=\boldsymbol{I}_a=3.51-j\,1.08 \quad \text{[A]}$$

$$\boldsymbol{I}_2=\boldsymbol{I}_a+\boldsymbol{I}_b=0.54-j\,3.24 \quad \text{[A]}$$

$$\boldsymbol{I}_3=-\boldsymbol{I}_b=2.97+j\,2.16 \quad \text{[A]}$$

となる．$\boldsymbol{I}_1$，$\boldsymbol{I}_2$，および$\boldsymbol{I}_3$の値は当然ではあるが，例題 6.1 の結果と同じである．

6.3 節点電圧法

節点電圧法（node voltage method）について，**図 6.3** に示す回路（図 6.1，図 6.2 と同じ）を例として，$\boldsymbol{V}_1$ および $\boldsymbol{V}_2$ を加えたときに，各インピーダンスを流れる電流を求める解法を示す．

節点電圧法では次の手順で解く．

① 回路にある節に着目し，1 つの節（図 6.3 のⒷ点）を接地（電圧零）とし，残りのすべての節(Ⓐ点)の電圧を仮定する．ここではⒶ点の電圧を $\boldsymbol{V}_A$ とする．

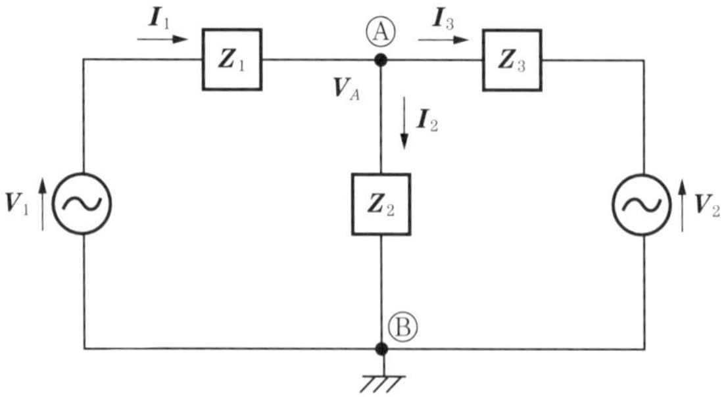

図 6.3

② 着目した1つの節に出入りする電流を表す．ここではⒶ点に出入りする電流 $\boldsymbol{I}_1$，$\boldsymbol{I}_2$，および $\boldsymbol{I}_3$ について，各インピーダンス両端の電位差と電流の流れる方向を考え，

$$\boldsymbol{I}_1=\frac{\boldsymbol{V}_1-\boldsymbol{V}_A}{\boldsymbol{Z}_1},\quad \boldsymbol{I}_2=\frac{\boldsymbol{V}_A}{\boldsymbol{Z}_2},\quad \boldsymbol{I}_3=\frac{\boldsymbol{V}_A-\boldsymbol{V}_2}{\boldsymbol{Z}_3} \tag{6.15}$$

と表す．

③ それぞれの節に対してキルヒホッフの第1法則を適用して方程式をたてる．ここではⒶ点について，

$$\boldsymbol{I}_1-\boldsymbol{I}_2-\boldsymbol{I}_3=0 \tag{6.16}$$

となる．これを電圧とインピーダンスで表す．ここでは式(6.16)に式(6.15)を代入すると，

$$\frac{\boldsymbol{V}_1-\boldsymbol{V}_A}{\boldsymbol{Z}_1}-\frac{\boldsymbol{V}_A}{\boldsymbol{Z}_2}-\frac{\boldsymbol{V}_A-\boldsymbol{V}_2}{\boldsymbol{Z}_3}=0 \tag{6.17}$$

となる．

④ 方程式を解いて各節の電圧を求める．ここでは式(6.17)を解いて $\boldsymbol{V}_A$ を求めると，

$$\boldsymbol{V}_A=\frac{\dfrac{\boldsymbol{V}_1}{\boldsymbol{Z}_1}+\dfrac{\boldsymbol{V}_2}{\boldsymbol{Z}_3}}{\dfrac{1}{\boldsymbol{Z}_1}+\dfrac{1}{\boldsymbol{Z}_2}+\dfrac{1}{\boldsymbol{Z}_3}}=\frac{\boldsymbol{Z}_2\boldsymbol{Z}_3\boldsymbol{V}_1+\boldsymbol{Z}_1\boldsymbol{Z}_2\boldsymbol{V}_2}{\boldsymbol{Z}_1\boldsymbol{Z}_2+\boldsymbol{Z}_2\boldsymbol{Z}_3+\boldsymbol{Z}_3\boldsymbol{Z}_1} \tag{6.18}$$

となる．

⑤ 求めた各節における電圧を②に示した電流を表した式に代入して電流を

求める．ここでは式(6.18)を式(6.15)に代入すると，$\boldsymbol{I}_1$，$\boldsymbol{I}_2$，および$\boldsymbol{I}_3$は，

$$\boldsymbol{I}_1=\frac{(\boldsymbol{Z}_2+\boldsymbol{Z}_3)\boldsymbol{V}_1-\boldsymbol{Z}_2\boldsymbol{V}_2}{\boldsymbol{Z}_1\boldsymbol{Z}_2+\boldsymbol{Z}_2\boldsymbol{Z}_3+\boldsymbol{Z}_3\boldsymbol{Z}_1} \tag{6.19}$$

$$\boldsymbol{I}_2=\frac{\boldsymbol{Z}_3\boldsymbol{V}_1+\boldsymbol{Z}_1\boldsymbol{V}_2}{\boldsymbol{Z}_1\boldsymbol{Z}_2+\boldsymbol{Z}_2\boldsymbol{Z}_3+\boldsymbol{Z}_3\boldsymbol{Z}_1} \tag{6.20}$$

$$\boldsymbol{I}_3=\frac{\boldsymbol{Z}_2\boldsymbol{V}_1-(\boldsymbol{Z}_1+\boldsymbol{Z}_2)\boldsymbol{V}_2}{\boldsymbol{Z}_1\boldsymbol{Z}_2+\boldsymbol{Z}_2\boldsymbol{Z}_3+\boldsymbol{Z}_3\boldsymbol{Z}_1} \tag{6.21}$$

と求まる．

ポイント

節点電圧法による解法

（i） 1つの節を接地（電圧零）とし，他のすべての節の電圧を仮定する．【手順の①】

（ii） 各節に対してキルヒホッフの第1法則を適用し，これを電圧とインピーダンスで表す．【手順の②,③】

（iii） 方程式を解いて各節の電圧を求め，各枝を流れる電流を求める．【手順の④,⑤】

例題 6.3

例題6.1を節点電圧法によって解け．

［解］ 例図6.3のようにⒶ点の電圧を$\boldsymbol{V}_A$とする．すると，$\boldsymbol{I}_1$，$\boldsymbol{I}_2$，および$\boldsymbol{I}_3$は，$\boldsymbol{V}_A$を用いて，

$$\boldsymbol{I}_1=\frac{\boldsymbol{V}_1-\boldsymbol{V}_A}{R},\quad \boldsymbol{I}_2=\frac{\boldsymbol{V}_A}{j\omega L},\quad \boldsymbol{I}_3=j\omega C(\boldsymbol{V}_A-\boldsymbol{V}_2) \tag{1}$$

となるので，キルヒホッフの第1法則から，$\boldsymbol{I}_1-\boldsymbol{I}_2-\boldsymbol{I}_3=0$ に式(1) を代入して，

$$\frac{\boldsymbol{V}_1-\boldsymbol{V}_A}{R}-\frac{\boldsymbol{V}_A}{j\omega L}-j\omega C(\boldsymbol{V}_A-\boldsymbol{V}_2)=0 \tag{2}$$

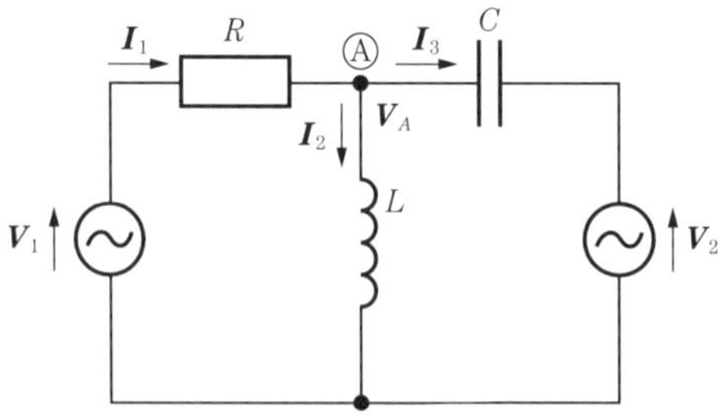

例図 6.3

各素子の値を代入して，

$$\frac{100-\boldsymbol{V}_A}{10}-\frac{\boldsymbol{V}_A}{j\,20}-j\,\frac{1}{30}\,(\boldsymbol{V}_A-j\,100)=0 \tag{3}$$

式(3)を解くと，

$$\boldsymbol{V}_A=64.9+j\,10.8\ \text{〔V〕} \tag{4}$$

となる．この $\boldsymbol{V}_{\mathrm{A}}$ を式(1)に代入して，

$$\boldsymbol{I}_1=3.51-j\,1.08\ \text{〔A〕}$$
$$\boldsymbol{I}_2=0.54-j\,3.24\ \text{〔A〕}$$
$$\boldsymbol{I}_3=2.97-j\,2.16\ \text{〔A〕}$$

となる．$\boldsymbol{I}_1$，$\boldsymbol{I}_2$，および $\boldsymbol{I}_3$ の値は当然ではあるが，例題 6.1 および例題 6.2 の結果と同じである．

演 習 問 題

〔問題 6.1〕 問図 6.1 の回路において，各素子を流れる電流 $\boldsymbol{I}_1$，$\boldsymbol{I}_2$，および $\boldsymbol{I}_3$ を枝電流法によって求めよ．

〔問題 6.2〕 問図 6.1 の回路において，各素子を流れる電流 $\boldsymbol{I}_1$，$\boldsymbol{I}_2$，および $\boldsymbol{I}_3$ を閉路電流法によって求めよ．

〔問題 6.3〕 問図 6.1 の回路において，各素子を流れる電流 $\boldsymbol{I}_1$，$\boldsymbol{I}_2$，および $\boldsymbol{I}_3$ を節点電圧法によって求めよ．

〔問題 6.4〕 問図 6.2 において，抵抗 R_2 を流れる電流 $\boldsymbol{I}_2$ を閉路電流法によって求めよ．ただし，$\boldsymbol{V}_1=20\angle 0^\circ$〔V〕，$\boldsymbol{V}_2=20\angle 90^\circ$〔V〕，$R_1=2$〔Ω〕，$R_2=4$〔Ω〕，$R_3=6$〔Ω〕，$jX_L=j\,3$〔Ω〕，$-jX_C=-j\,5$〔Ω〕とする．

〔問題 6.5〕 問題 6.4 を節点電圧法で求めよ．

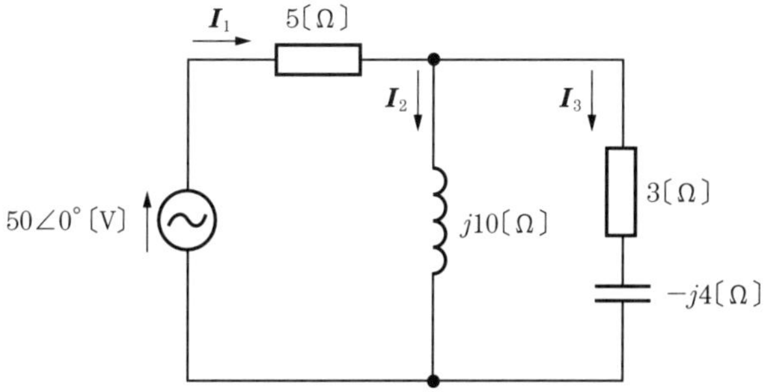

問図 6.1

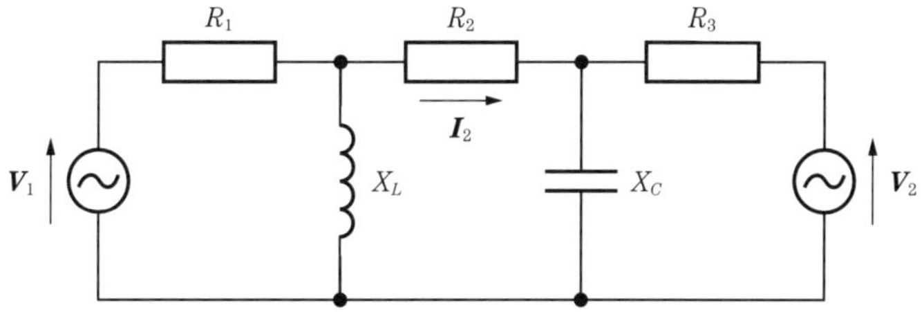

問図 6.2

〔**問題 6.6**〕 問図 6.3 における回路について，各枝路を流れる電流 $\boldsymbol{I}_1$，$\boldsymbol{I}_2$，および $\boldsymbol{I}_3$ を求めよ．また，各抵抗における消費電力を求め，回路全体への供給電力と比較せよ．

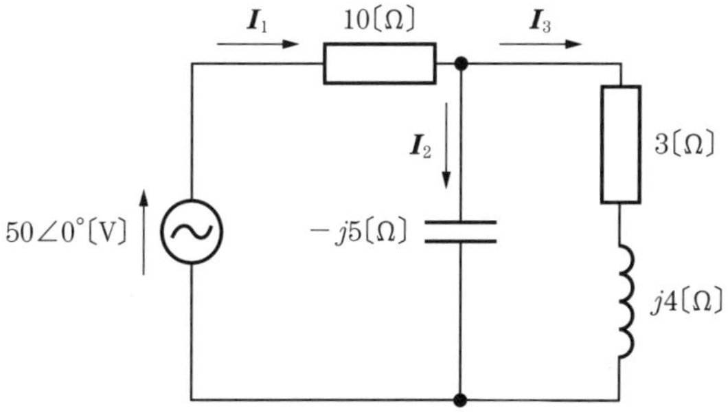

問図 6.3

〔**問題 6.7**〕 問図 6.4 の回路において，Ⓐ点の電圧 $\boldsymbol{V}_A$，Ⓑ点の電圧 $\boldsymbol{V}_B$ を求めよ．

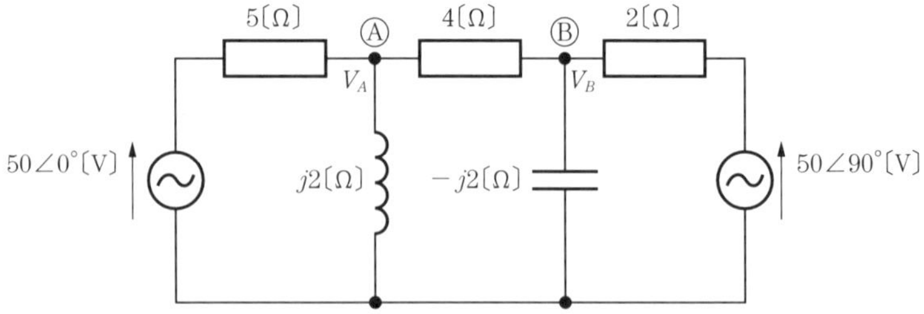

問図 6.4

〔**問題 6.8**〕 問図 6.5 の回路において，G 点が接地(0〔V〕)されている．Ⓐ点の電圧 $\boldsymbol{V}_A$，Ⓑ点の電圧 $\boldsymbol{V}_B$，およびⒸ点の電圧 $\boldsymbol{V}_C$ を求めるための節点電圧方程式を作れ．

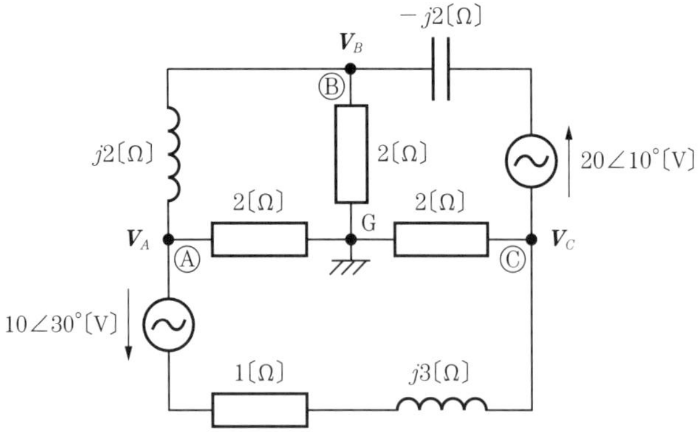

問図 6.5

7 回路解析の諸定理

ここでは，電気回路の解析に有用ないくつかの定理などについて示し，それらを証明する．多くの定理は直流・交流を問わずに利用できる．これらの定理を使うことによって，回路解析が容易に行えるようになる．

7.1 重ね合せの理

直流回路における重ね合せの理については，既に2.4節で説明している．この定理は交流回路においても同様に利用できる．

ポイント

回路に複数の交流電源（電圧源，および電流源）をもつ場合，任意の位置での電圧・電流は，電源が1つずつ個々に存在するとした時のその位置での電圧・電流を加え合せたものに等しい．これを**重ね合せの理**という．ただし，1つの電源について考えるとき，他の電圧源は短絡，電流源は開放する．

この定理はキルヒホッフの法則の線形性からいえることである．以下に重ね合せの理の証明を行う．

n 個の電圧源 $\boldsymbol{E}_1, \boldsymbol{E}_2, \cdots, \boldsymbol{E}_n$ が存在する任意の回路網において，各閉路を流れる電流を $\boldsymbol{I}_1, \boldsymbol{I}_2, \cdots, \boldsymbol{I}_n$ とすると，行列（matrix）を用いて，

$$\begin{bmatrix} \boldsymbol{I}_1 \\ \boldsymbol{I}_2 \\ \vdots \\ \boldsymbol{I}_n \end{bmatrix} = \begin{bmatrix} \boldsymbol{Y}_{11} & \boldsymbol{Y}_{12} & \cdots & \boldsymbol{Y}_{1n} \\ \boldsymbol{Y}_{21} & \boldsymbol{Y}_{22} & \cdots & \boldsymbol{Y}_{2n} \\ \vdots & \vdots & \vdots & \vdots \\ \boldsymbol{Y}_{n1} & \boldsymbol{Y}_{n2} & \cdots & \boldsymbol{Y}_{nn} \end{bmatrix} \begin{bmatrix} \boldsymbol{E}_1 \\ \boldsymbol{E}_2 \\ \vdots \\ \boldsymbol{E}_n \end{bmatrix} \tag{7.1}$$

と表せる．ここで $\boldsymbol{Y}_{11}$～$\boldsymbol{Y}_{nn}$ はアドミタンスであり，各電圧と各電流との関係で決まる値である．これを，

$$\begin{bmatrix} \boldsymbol{Y}_{11} & \boldsymbol{Y}_{12} & \cdots & \boldsymbol{Y}_{1n} \\ \boldsymbol{Y}_{21} & \boldsymbol{Y}_{22} & \cdots & \boldsymbol{Y}_{2n} \\ \vdots & \vdots & \vdots & \vdots \\ \boldsymbol{Y}_{n1} & \boldsymbol{Y}_{n2} & \cdots & \boldsymbol{Y}_{nn} \end{bmatrix} = [\boldsymbol{Y}] \tag{7.2}$$

と表す．次に $\boldsymbol{E}_1$ のみが存在する場合の各閉路の電流を $\boldsymbol{I}_{11}, \boldsymbol{I}_{12}, \cdots \boldsymbol{I}_{1n}$ とすると，式(7.1)は，

$$\begin{bmatrix} \boldsymbol{I}_{11} \\ \boldsymbol{I}_{12} \\ \vdots \\ \boldsymbol{I}_{1n} \end{bmatrix} = [\boldsymbol{Y}] \begin{bmatrix} \boldsymbol{E}_1 \\ 0 \\ \vdots \\ 0 \end{bmatrix} \tag{7.3}$$

となる．同様に $\boldsymbol{E}_2$ から $\boldsymbol{E}_n$ のそれぞれが単独で存在する場合の各閉路の電流を $\boldsymbol{I}_{21}, \boldsymbol{I}_{22}, \cdots, \boldsymbol{I}_{2n}$ から $\boldsymbol{I}_{n1}, \boldsymbol{I}_{n2}, \cdots, \boldsymbol{I}_{nn}$ とすると，

$$\begin{bmatrix} \boldsymbol{I}_{21} \\ \boldsymbol{I}_{22} \\ \vdots \\ \boldsymbol{I}_{2n} \end{bmatrix} = [\boldsymbol{Y}] \begin{bmatrix} 0 \\ \boldsymbol{E}_2 \\ \vdots \\ 0 \end{bmatrix} \quad \text{から} \quad \begin{bmatrix} \boldsymbol{I}_{n1} \\ \boldsymbol{I}_{n2} \\ \vdots \\ \boldsymbol{I}_{nn} \end{bmatrix} = [\boldsymbol{Y}] \begin{bmatrix} 0 \\ \vdots \\ 0 \\ \boldsymbol{E}_n \end{bmatrix} \tag{7.4}$$

と表せる，式(7.3)，式(7.4)の辺々を加え合わせると，

$$\begin{bmatrix} \boldsymbol{I}_{11} \\ \boldsymbol{I}_{12} \\ \vdots \\ \boldsymbol{I}_{1n} \end{bmatrix} + \begin{bmatrix} \boldsymbol{I}_{21} \\ \boldsymbol{I}_{22} \\ \vdots \\ \boldsymbol{I}_{2n} \end{bmatrix} + \cdots + \begin{bmatrix} \boldsymbol{I}_{n1} \\ \boldsymbol{I}_{n2} \\ \vdots \\ \boldsymbol{I}_{nn} \end{bmatrix} = [\boldsymbol{Y}] \left\{ \begin{bmatrix} \boldsymbol{E}_1 \\ 0 \\ \vdots \\ 0 \end{bmatrix} + \begin{bmatrix} 0 \\ \boldsymbol{E}_2 \\ \vdots \\ 0 \end{bmatrix} + \cdots + \begin{bmatrix} 0 \\ \vdots \\ 0 \\ \boldsymbol{E}_n \end{bmatrix} \right\} \tag{7.5}$$

となる．この式は行列の加法により，

$$\begin{bmatrix} \boldsymbol{I}_{11}+\boldsymbol{I}_{21}+\cdots+\boldsymbol{I}_{n1} \\ \boldsymbol{I}_{12}+\boldsymbol{I}_{22}+\cdots+\boldsymbol{I}_{n2} \\ \vdots \quad \vdots \quad \vdots \quad \vdots \\ \boldsymbol{I}_{1n}+\boldsymbol{I}_{2n}+\cdots+\boldsymbol{I}_{nn} \end{bmatrix} = [\boldsymbol{Y}] \begin{bmatrix} \boldsymbol{E}_1 \\ \boldsymbol{E}_2 \\ \vdots \\ \boldsymbol{E}_n \end{bmatrix} \tag{7.6}$$

となる．式(7.6)と式(7.1)を見比べると，

$$\begin{bmatrix} \boldsymbol{I}_1 \\ \boldsymbol{I}_2 \\ \vdots \\ \boldsymbol{I}_n \end{bmatrix} = \begin{bmatrix} \boldsymbol{I}_{11}+\boldsymbol{I}_{21}+\cdots+\boldsymbol{I}_{n1} \\ \boldsymbol{I}_{12}+\boldsymbol{I}_{22}+\cdots+\boldsymbol{I}_{n2} \\ \vdots \quad \vdots \quad \vdots \quad \vdots \\ \boldsymbol{I}_{1n}+\boldsymbol{I}_{2n}+\cdots+\boldsymbol{I}_{nn} \end{bmatrix} \tag{7.7}$$

となる．これは，任意の位置を流れる電流が個々の電圧源による電流の和に等しくなることを示しており，重ね合せの理が証明された．また，電圧に対しても同様のことがいえる．

例題 7.1

例図 7.1 に示した回路について，L を流れる電流 $\boldsymbol{I}_L$ を重ね合せの理を用いて求めよ．ただし，$R=10$〔Ω〕，$\omega L=20$〔Ω〕，$\dfrac{1}{\omega C}=30$〔Ω〕，$\boldsymbol{V}_1=100\angle 0°$〔V〕，$\boldsymbol{V}_2=100\angle 90°$〔V〕である．(例題 6.1～6.3 と同一回路)

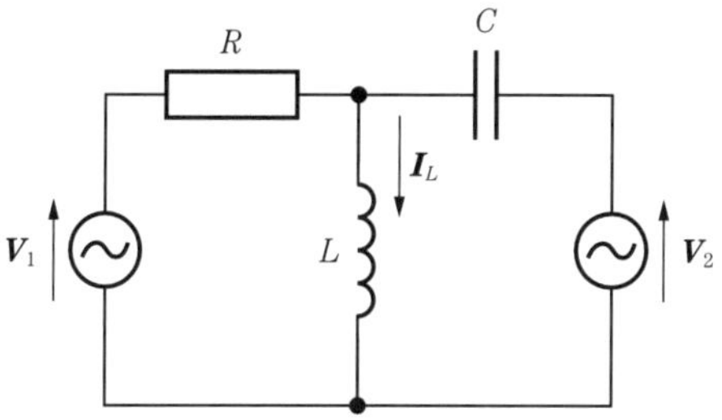

例図 7.1

[解] 重ね合せの理を用いるために，2 つの電圧源 $\boldsymbol{V}_1$，$\boldsymbol{V}_2$ が個々に存在する場合を考える．始めに電圧源 $\boldsymbol{V}_1$ のみが存在する場合の回路は，$\boldsymbol{V}_2$ を除去して短絡した回路であるから，**例図 7.2** になる．この回路の $\boldsymbol{I}'$ は，

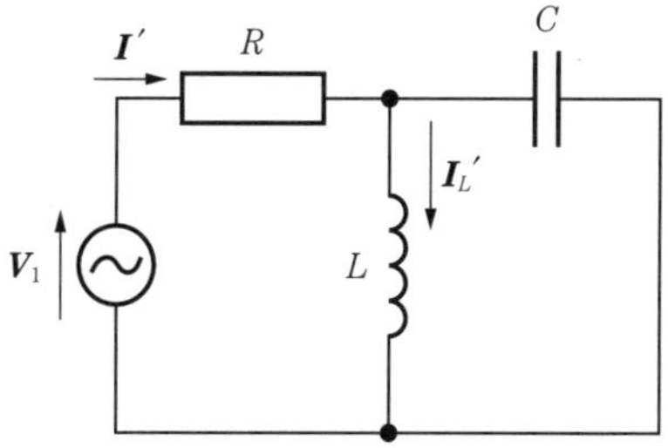

例図 7.2

$$\boldsymbol{I}' = \frac{1}{R + \dfrac{j\omega L \times \left(-j\dfrac{1}{\omega C}\right)}{j\omega L - j\dfrac{1}{\omega C}}}\boldsymbol{V}_1 = \frac{1}{R - j\dfrac{\dfrac{\omega L}{\omega C}}{\omega L - \dfrac{1}{\omega C}}}\boldsymbol{V}_1$$

$$= \frac{100}{10 + j\,60} = 0.27 - j\,1.62 \text{〔A〕}$$

である．したがって，$\boldsymbol{I}_L'$ は分流の法則より，

$$\boldsymbol{I}_L' = \frac{-j\dfrac{1}{\omega C}}{j\omega L - j\dfrac{1}{\omega C}}\boldsymbol{I}_1' = \frac{-j\,30}{-j\,10}\boldsymbol{I}_1' = 0.81 - j\,4.86 \text{〔A〕}$$

となる．次に電圧源として $\boldsymbol{V}_2$ のみが存在する場合の回路は，$\boldsymbol{V}_1$ を除去して短絡した回路であるから，例図 7.3 になる．この回路の $\boldsymbol{I}''$ は，

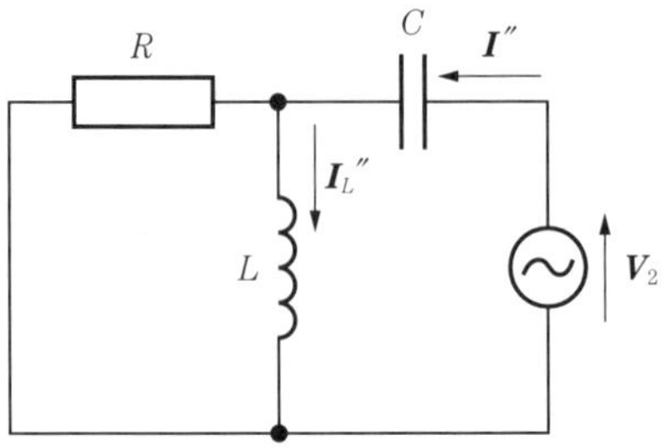

例図 7.3

$$\boldsymbol{I}'' = \frac{1}{-j\dfrac{1}{\omega C} + \dfrac{j\omega LR}{R + j\omega L}}\boldsymbol{V}_2$$

$$= \frac{j\,100}{-j\,30 + \dfrac{j\,200}{10 + j\,20}}$$

$$= -3.51 + j\,1.08 \text{〔A〕}$$

である．したがって，$\boldsymbol{I}_L''$ は分流の法則より，

$$\boldsymbol{I}_L'' = \frac{R}{R + j\omega L}\boldsymbol{I}'' = \frac{10}{10 + j\,20}\boldsymbol{I}'' = -0.27 + j\,1.62 \text{〔A〕}$$

となる．$\boldsymbol{I}_L$ は重ね合せの理を用いて，

$$\boldsymbol{I}_L = \boldsymbol{I}_L' + \boldsymbol{I}_L'' = 0.81 - j\,4.86 + (-0.27 + j\,1.62)$$
$$= 0.54 - j\,3.24 \text{〔A〕}$$

となる．この結果は，例題 6.1～6.3 の $\boldsymbol{I}_2$ と同じである．

7.2 テブナンの定理

直流回路におけるテブナンの定理については既に2.5節で説明している．この定理も交流回路において同様に利用できる．

図7.1に示すように，電圧源，電流源，インピーダンスを含む回路網の任意の二端子a,bに着目する．この時，端子a,b間の電圧を$\boldsymbol{V}_0$（開放電圧），また，回路網の電圧源を取り去って短絡し，かつ電流源を取り去って開放し，インピーダンスだけにした時の端子a,bから見たインピーダンスを$\boldsymbol{Z}_0$とする．

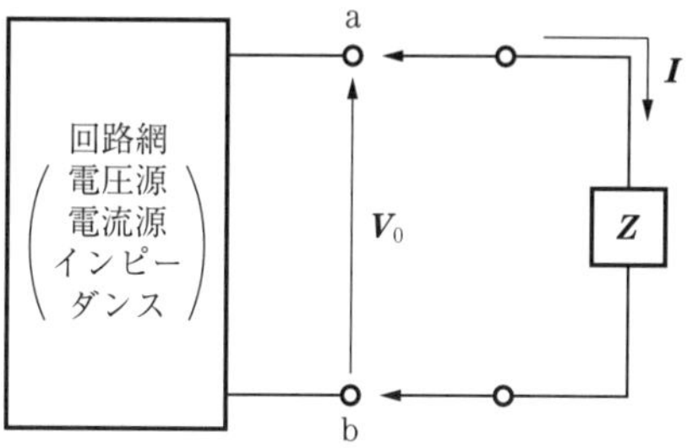

図7.1

ポイント

図7.1の端子a,b間にインピーダンス$\boldsymbol{Z}$を接続した時，$\boldsymbol{Z}$を流れる電流$\boldsymbol{I}$は，

$$\boldsymbol{I}=\frac{\boldsymbol{V}_0}{\boldsymbol{Z}_0+\boldsymbol{Z}} \tag{7.8}$$

となる．これを**テブナンの定理**（**等価電圧源の定理**）という．

この回路網の内部は図7.2に示すような電圧源$\boldsymbol{V}_0$と合成インピーダンス$\boldsymbol{Z}_0$の直列回路と等価であり，これを**等価電圧源**という．

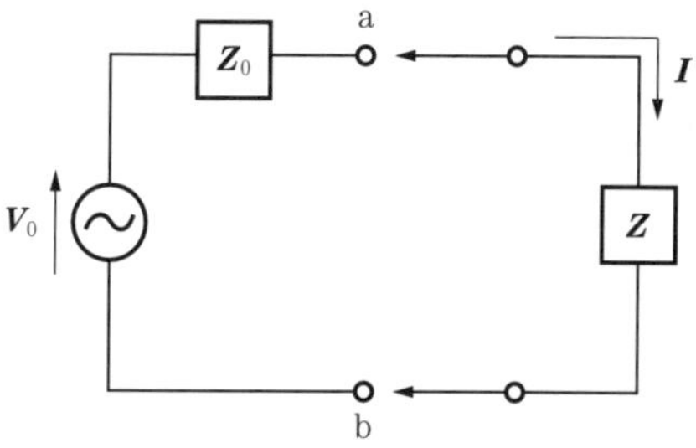

図7.2

テブナンの定理を証明する．

(1)　図7.3は2つの仮想電圧源$\boldsymbol{V}_0$および$-\boldsymbol{V}_0$を$\boldsymbol{Z}$と直列に接続した回路であるが，$\boldsymbol{V}_0+(-\boldsymbol{V}_0)=0$で

あるから，図 7.1 および図 7.2 と等価である．

(2)　図 7.3 において，回路網内の電源と $\boldsymbol{Z}$ と直列接続した $\boldsymbol{V}_0$ のみが働いた（$-\boldsymbol{V}_0$ は取り去り短絡）時を考えると，回路網から端子 a, b に現われる電圧 $\boldsymbol{V}_0$ と仮想電圧源 $\boldsymbol{V}_0$ は大きさが等しいので打ち消しあい，電流は 0 になる．

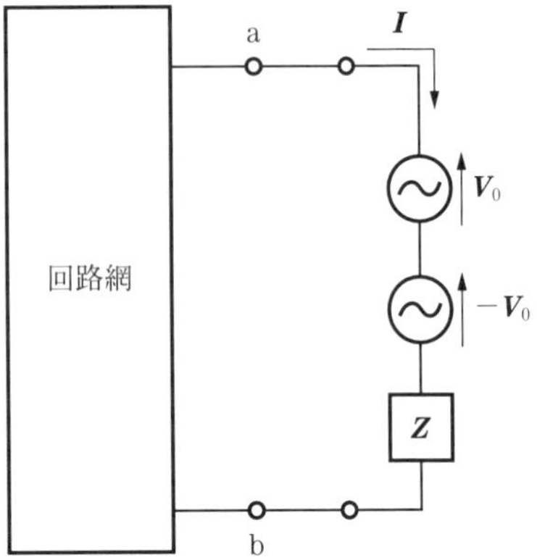

図 7.3

(3)　次に，回路網内の電源と $\boldsymbol{Z}$ と直列接続した $\boldsymbol{V}_0$ を取り去り，$-\boldsymbol{V}_0$ のみが働いた時を考えると，↑ $-\boldsymbol{V}_0$ は ↓ $\boldsymbol{V}_0$ と同じことであるから，図 7.2 と同じ回路になり流れる電流は $\dfrac{\boldsymbol{V}_0}{\boldsymbol{Z}_0+\boldsymbol{Z}}$ となる．

(4)　したがって，回路網内の電源および 2 つの仮想電圧源 $\boldsymbol{V}_0, -\boldsymbol{V}_0$ のすべてが働いた時に流れる電流 $\boldsymbol{I}$ は，重ね合せの理を用いて，

$$\boldsymbol{I}=0+\frac{\boldsymbol{V}_0}{\boldsymbol{Z}_0+\boldsymbol{Z}}=\frac{\boldsymbol{V}_0}{\boldsymbol{Z}_0+\boldsymbol{Z}} \tag{7.9}$$

となる．これは，テブナンの定理による電流である．

例題 7.2

例図 7.4 の回路の端子 a, b にインピーダンス $\boldsymbol{Z}=2+j2$〔Ω〕を接続した時，$\boldsymbol{Z}$ に流れる電流 $\boldsymbol{I}$ を求めよ．ただし，電圧源 $\boldsymbol{E}=30\angle 0°$〔V〕である．

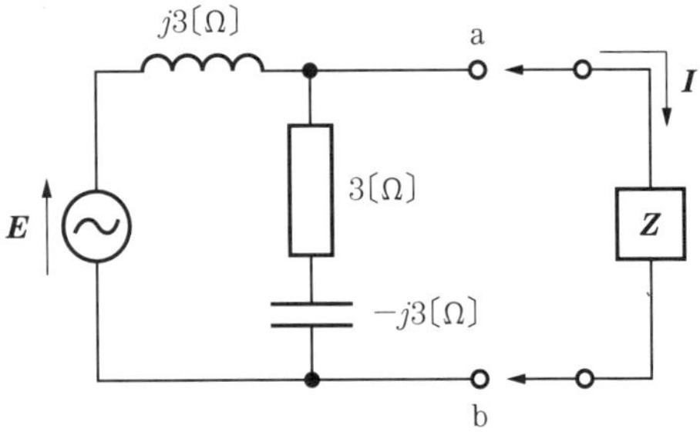

例図 7.4

［解］　まず，$\boldsymbol{Z}$ を接続する前の状態を考える．この時 $3-j3$〔Ω〕を流れる電流 $\boldsymbol{I}'$ は，

$$\boldsymbol{I}' = \frac{30\angle 0^\circ}{j3+(3-j3)} = 10\angle 0^\circ \quad \text{〔A〕}$$

である．したがって，端子 a, b 間の電圧（$3-j3$〔Ω〕間の電圧）$\boldsymbol{V}_0$ は，

$$\boldsymbol{V}_0 = I' \times (3-j3) = 30-j30 = 30\sqrt{2}\angle -45^\circ \quad \text{〔V〕}$$

となる（開放電圧という）．また，端子 a, b から見たインピーダンス $\boldsymbol{Z}_0$ は，電圧源 $\boldsymbol{E}$ を取り去って短絡すると，$(3-j3)$〔Ω〕と $j3$〔Ω〕が並列に接続されているので，

$$\boldsymbol{Z}_0 = \frac{j3(3-j3)}{j3+(3-j3)} = 3+j3 \quad \text{〔Ω〕}$$

となる．これらの結果より，等価電圧源は**例図 7.5** のように描ける．次に，端子 a, b に $\boldsymbol{Z}=2+j2$〔Ω〕を接続した時，$\boldsymbol{Z}$ を流れる電流 $\boldsymbol{I}$ は，テブナンの定理より，

$$\boldsymbol{I} = \frac{\boldsymbol{V}_0}{\boldsymbol{Z}_0+\boldsymbol{Z}} = \frac{30\sqrt{2}\angle -45^\circ}{(3+j3)+(2+j2)}$$

$$= \frac{30\sqrt{2}\angle -45^\circ}{5\sqrt{2}\angle 45^\circ} = 6\angle -90^\circ \quad \text{〔A〕}$$

となる．

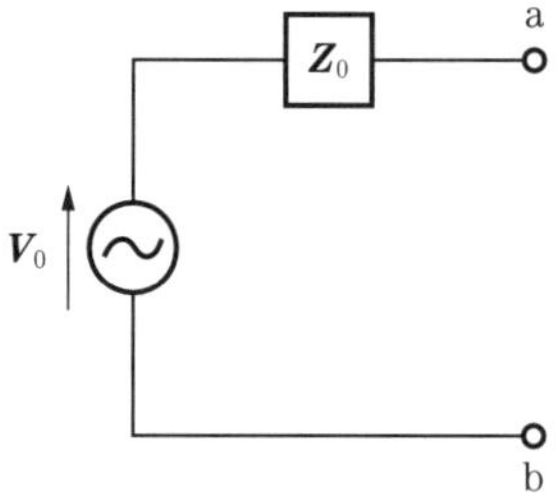

例図 7.5

7.3 ノートンの定理

直流回路におけるノートンの定理については既に 2.6 節で説明している．この定理も交流回路において同様に利用できる．

図 7.4 に示すように，電圧源，電流源，インピーダンスを含む回路網の任意の二端子 a, b に着目する．この時，端子 a, b 間を短絡したときに流れる電流を $\boldsymbol{I}_S$（短絡電流），また，回路網の電圧源を取り去って短絡し，かつ電流源を取り去って開放し，インピーダンスだけにしたときの端子 a, b から見たインピーダンスを $\boldsymbol{Z}_0$ とする．

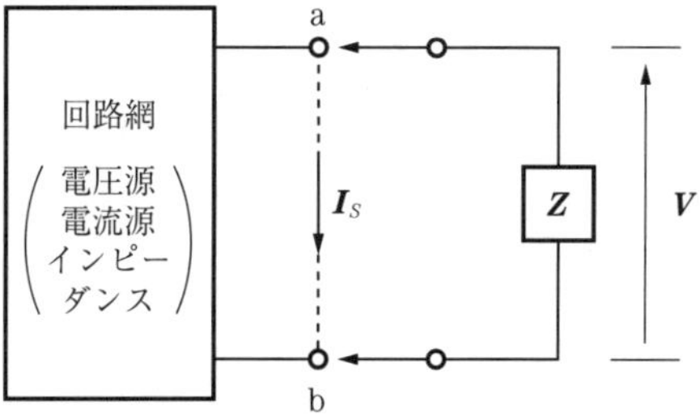

図 7.4

ポイント

図 7.4 の端子 a, b 間にインピーダンス $\boldsymbol{Z}$ を接続したとき，$\boldsymbol{Z}$ の端子間電圧 $\boldsymbol{V}$ は，

$$\boldsymbol{V}=\frac{\boldsymbol{I}_S}{\dfrac{1}{\boldsymbol{Z}_0}+\dfrac{1}{\boldsymbol{Z}}}=\frac{\boldsymbol{I}_S}{\boldsymbol{Y}_0+\boldsymbol{Y}} \tag{7.10}$$

となる．これを**ノートンの定理**（**等価電流源の定理**）という．

ただし，$\boldsymbol{Y}_0$ および $\boldsymbol{Y}$ はアドミタンスで，$\boldsymbol{Y}_0=\dfrac{1}{\boldsymbol{Z}_0}$，$\boldsymbol{Y}=\dfrac{1}{\boldsymbol{Z}}$ である．

この回路網の内部は図 7.5 に示すような電流源 $\boldsymbol{I}_S$ と合成インピーダンス $\boldsymbol{Z}_0$ の並列回路と等価であり，これを**等価電流源**という．

なお，ノートンの定理はテブナンの定理と双対な関係にある．

ノートンの定理を証明する．

(1)　図 7.6 は 2 つの仮想電流源 $\boldsymbol{I}_S$ および，$-\boldsymbol{I}_S$ を $\boldsymbol{Z}$ と並列に接続した回路であるが，$\boldsymbol{I}_S+(-\boldsymbol{I}_S)=0$ であるから，図 7.4 および図 7.5 と等価である．

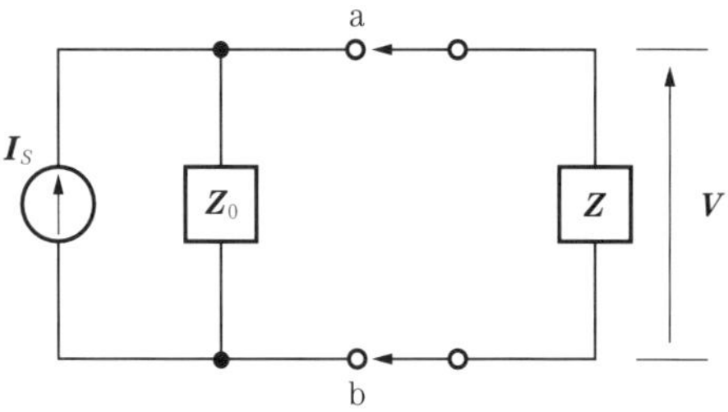

図 7.5

(2)　図 7.6 において，回路網内の電源と $\boldsymbol{Z}$ と並列に接続した $\boldsymbol{I}_S$ のみが働いた（$-\boldsymbol{I}_S$ は取り去り開放）時を考えると，$\boldsymbol{I}_S$ は端子 a, b の短絡電流であるから，$\boldsymbol{Z}$ への電流は 0 になる．この時 $\boldsymbol{Z}$ の端子電圧も 0 になる．

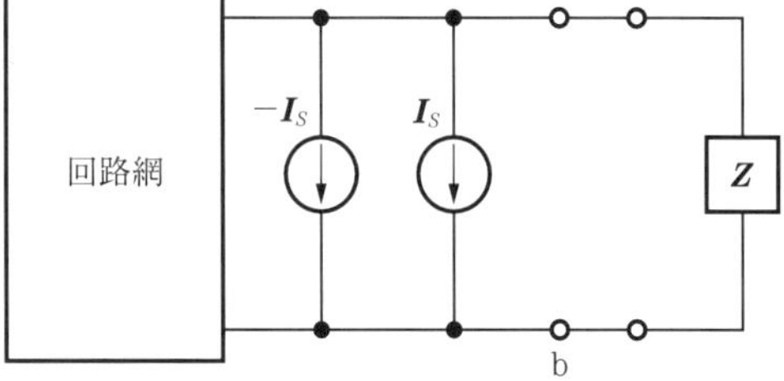

図 7.6

(3)　次に，回路網内の電

源と $\boldsymbol{Z}$ と並列接続した $\boldsymbol{I}_S$ を取り去り，$-\boldsymbol{I}_S$ のみが働いた時を考えると，$-\boldsymbol{I}_S$ ⓓはⓘ $\boldsymbol{I}_S$ ⓤと同じことであるから，図 7.5 と同じ回路になり，$\boldsymbol{Z}$ の端子間電圧は $\dfrac{\boldsymbol{I}_S}{1/\boldsymbol{Z}_0+1/\boldsymbol{Z}}$ となる．

(4) したがって，回路網内の電源および 2 つの仮想電流源 $\boldsymbol{I}_S$, $-\boldsymbol{I}_S$ のすべてが働いた時の $\boldsymbol{Z}$ の端子間電圧 $\boldsymbol{V}$ は，重ね合せの理を用いて，

$$\boldsymbol{V}=0+\frac{\boldsymbol{I}_S}{\dfrac{1}{\boldsymbol{Z}_0}+\dfrac{1}{\boldsymbol{Z}}}=\frac{\boldsymbol{I}_S}{\dfrac{1}{\boldsymbol{Z}_0}+\dfrac{1}{\boldsymbol{Z}}} \tag{7.11}$$

となる．これはノートンの定理による $\boldsymbol{Z}$ の端子間電圧である．

次に，図 7.2 に示したテブナンの等価回路と，図 7.5 に示したノートンの等価回路との関係を求める．まず，端子 a, b 間のインピーダンスはどちらも $\boldsymbol{Z}_0$ である．また，テブナンの等価回路において，端子 a, b を短絡すると，その電流 $\boldsymbol{I}_S$ は，

$$\boldsymbol{I}_S=\frac{\boldsymbol{V}_0}{\boldsymbol{Z}_0} \tag{7.12}$$

であることが分かる．この関係はノートンの等価回路において，端子 a, b に何も接続していないときの端子 a, b 間の電圧 $\boldsymbol{V}_0$ が，

$$\boldsymbol{V}_0=\boldsymbol{Z}_0\boldsymbol{I}_S \tag{7.13}$$

であることからも求まる．

例題 7.3

例題 7.2 の $\boldsymbol{Z}$ の端子間電圧 $\boldsymbol{V}$ をノートンの定理を用いて求め，$\boldsymbol{Z}$ を流れる電流 $\boldsymbol{I}$ を求めよ．

［解］ まず，$\boldsymbol{Z}$ を接続する前の状態を考える．例図 7.4 の端子 a, b を短絡したとき，そこを流れる短絡電流 $\boldsymbol{I}_S$ は，

$$\boldsymbol{I}_S=\frac{\boldsymbol{E}}{j3}=\frac{30\angle 0^\circ}{j3}=10\angle -90^\circ \quad \text{〔A〕}$$

である．これは端子 a, b を短絡しているため $(3-j3)$〔Ω〕には電圧がかからず，素

子がないものと見なせるためである．

次に，端子 a, b から見たインピーダンス $\boldsymbol{Z}_0$ は，電圧源 $\boldsymbol{E}$ を取り去って短絡すると，$(3-j3)$〔Ω〕と $j3$〔Ω〕が並列に接続されているので，

$$\boldsymbol{Z}_0=\frac{j3(3-j3)}{j3+(3-j3)}=3+j3 \quad [\Omega]$$

となる．これらの結果より等価電流源は例図 7.6 のように描ける．したがって，端子 a, b に $\boldsymbol{Z}=2+j2$〔Ω〕を接続した時の $\boldsymbol{Z}$ の端子間電圧 $\boldsymbol{V}$ は，ノートンの定理より，

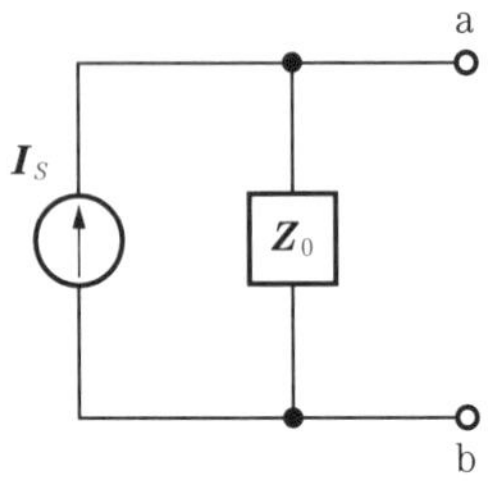

例図 7.6

$$\boldsymbol{V}=\frac{\boldsymbol{I}_S}{\dfrac{1}{\boldsymbol{Z}_0}+\dfrac{1}{\boldsymbol{Z}}}$$

$$=\frac{10\angle-90^\circ}{\dfrac{1}{3+j3}+\dfrac{1}{2+j2}}=\frac{-j10}{0.42-j0.42}=12-j12$$

$$=17\angle-45^\circ \quad [\mathrm{V}]$$

となる．また $\boldsymbol{Z}$ を流れる電流 $\boldsymbol{I}$ は，

$$\boldsymbol{I}=\frac{\boldsymbol{V}}{\boldsymbol{Z}}=\frac{17\angle-45^\circ}{2+j2}=-j6=6\angle-90^\circ \quad [\mathrm{A}]$$

となる．当然ではあるが，例題 7.2 の結果と同じである．

7.4　ミルマンの定理

図 7.7 のように，アドミタンス $\boldsymbol{Y}_i$ $(i=1,2,3,\cdots,n)$ と電圧源 $\boldsymbol{E}_i$ との直列

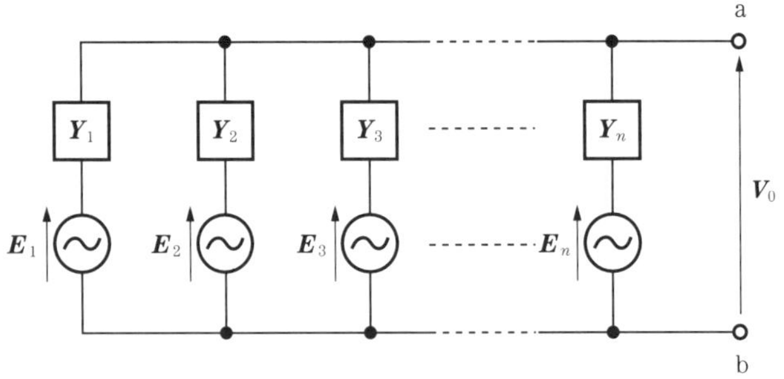

図 7.7

回路が，n 個並列に接続された回路を考える．

ポイント

図 7.7 の出力端子 a, b 間の開放電圧 $\boldsymbol{V}_0$ は，

$$\boldsymbol{V}_0=\frac{\sum_{i=1}^{n}\boldsymbol{Y}_i\boldsymbol{E}_i}{\sum_{i=1}^{n}\boldsymbol{Y}_i} \tag{7.14}$$

である．これを**ミルマンの定理**（Millman's theorem）という．

ミルマンの定理は**帆足-ミルマンの定理**とも呼ばれる．

ミルマンの定理を証明する．

図 7.7 において端子 a, b を短絡したとき，ここを流れる電流 $\boldsymbol{I}_S$ は，

$$\boldsymbol{I}_S=\boldsymbol{Y}_1\boldsymbol{E}_1+\boldsymbol{Y}_2\boldsymbol{E}_2+\cdots+\boldsymbol{Y}_n\boldsymbol{E}_n=\sum_{i=1}^{n}\boldsymbol{Y}_i\boldsymbol{E}_i \tag{7.15}$$

となる．また，電圧源をすべて取り去って短絡したときの端子 a, b から見た合成アドミタンス $\boldsymbol{Y}_0$ は，

$$\boldsymbol{Y}_0=\boldsymbol{Y}_1+\boldsymbol{Y}_2+\cdots+\boldsymbol{Y}_n=\sum_{i=1}^{n}\boldsymbol{Y}_i \tag{7.16}$$

となる．したがって，図 7.7 は**図 7.8** のように等価変換できる．

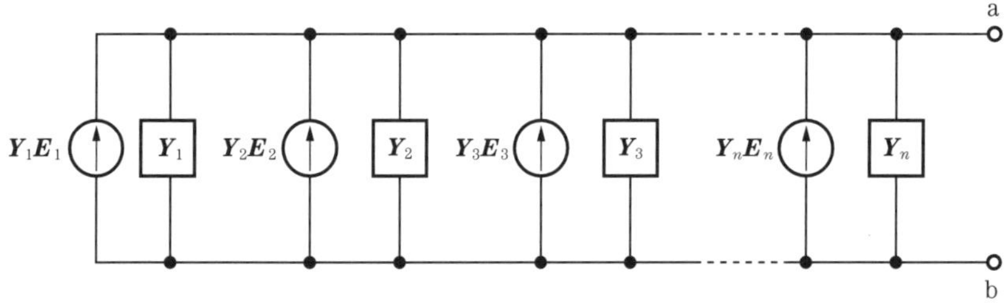

図 7.8

したがって，式(7.12)，式(7.13)の関係から，端子 a, b 間の開放電圧 $\boldsymbol{V}_0$ は，

$$\boldsymbol{V}_0 = \frac{\boldsymbol{I}_S}{\boldsymbol{Y}_0} = \frac{\sum_{i=1}^{n} \boldsymbol{Y}_i \boldsymbol{E}_i}{\sum_{i=1}^{n} \boldsymbol{Y}_i} \qquad (7.17)$$

となり，ミルマンの定理が証明された．

例題 7.4

例図 7.7 に示す回路において，インピーダンス $\boldsymbol{Z}_3$ を流れる電流 $\boldsymbol{I}$ をミルマンの定理を用いて求めよ．

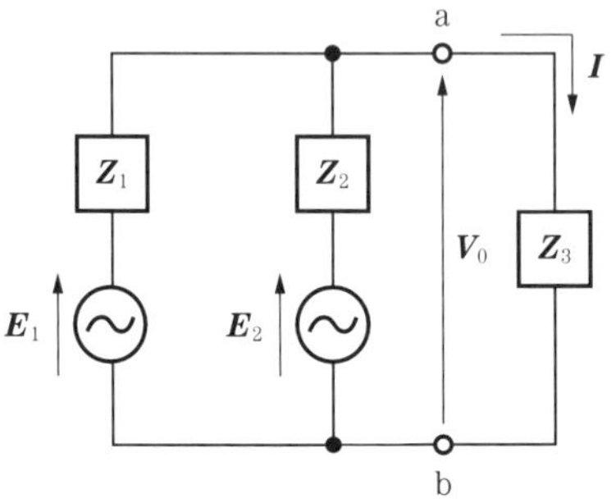

例図 7.7

［解］　端子 a, b 間の電圧 $\boldsymbol{V}_0$ を求めれば，$\boldsymbol{Z}_3$ を流れる電流 $\boldsymbol{I}$ が求まる．$\boldsymbol{V}_0$ を求めるために，ミルマンの定理を利用する．ただし，$\boldsymbol{Z}_3$ の部分には電圧源がないが，電圧 0 の電圧源があると考える．$\boldsymbol{V}_0$ は式(7.14)を用いて，

$$\boldsymbol{V}_0 = \frac{\dfrac{\boldsymbol{E}_1}{\boldsymbol{Z}_1} + \dfrac{\boldsymbol{E}_2}{\boldsymbol{Z}_2}}{\dfrac{1}{\boldsymbol{Z}_1} + \dfrac{1}{\boldsymbol{Z}_2} + \dfrac{1}{\boldsymbol{Z}_3}} = \frac{(\boldsymbol{Z}_2\boldsymbol{E}_1 + \boldsymbol{Z}_1\boldsymbol{E}_2)\boldsymbol{Z}_3}{\boldsymbol{Z}_1\boldsymbol{Z}_2 + \boldsymbol{Z}_2\boldsymbol{Z}_3 + \boldsymbol{Z}_3\boldsymbol{Z}_1}$$

となる．したがって $\boldsymbol{Z}_3$ を流れる電流 $\boldsymbol{I}$ は，

$$\boldsymbol{I} = \frac{\boldsymbol{V}_0}{\boldsymbol{Z}_3} = \frac{\boldsymbol{Z}_2\boldsymbol{E}_1 + \boldsymbol{Z}_1\boldsymbol{E}_2}{\boldsymbol{Z}_1\boldsymbol{Z}_2 + \boldsymbol{Z}_2\boldsymbol{Z}_3 + \boldsymbol{Z}_3\boldsymbol{Z}_1}$$

となる．

［別解］　テブナンの定理を用いて解く．始めに $\boldsymbol{Z}_3$ を取り去ったときを考える．この時，$\boldsymbol{E}_1$，$\boldsymbol{Z}_1$，$\boldsymbol{Z}_2$，$\boldsymbol{E}_2$ を時計まわりに流れる電流を $\boldsymbol{I}_1$ とすると，

$$\boldsymbol{E}_1 - \boldsymbol{Z}_1\boldsymbol{I}_1 = \boldsymbol{E}_2 + \boldsymbol{Z}_2\boldsymbol{I}_1$$

から，$\boldsymbol{I}_1$ は，

$$\boldsymbol{I}_1 = \frac{\boldsymbol{E}_1 - \boldsymbol{E}_2}{\boldsymbol{Z}_1 + \boldsymbol{Z}_2}$$

となるので，端子 a, b 間の開放電圧 $\boldsymbol{V}_0$ は，

$$\boldsymbol{V}_0=\boldsymbol{E}_1-\boldsymbol{Z}_1\boldsymbol{I}_1=\frac{\boldsymbol{Z}_2\boldsymbol{E}_1+\boldsymbol{Z}_1\boldsymbol{E}_2}{\boldsymbol{Z}_1+\boldsymbol{Z}_2}$$

となる．また，端子 a, b から見たインピーダンス $\boldsymbol{Z}_0$ は，

$$\boldsymbol{Z}_0=\frac{\boldsymbol{Z}_1\boldsymbol{Z}_2}{\boldsymbol{Z}_1+\boldsymbol{Z}_2}$$

となる．したがって，$\boldsymbol{Z}_3$ を接続したときに流れる電流 $\boldsymbol{I}$ はテブナンの定理を使って，

$$\boldsymbol{I}=\frac{\boldsymbol{V}_0}{\boldsymbol{Z}_0+\boldsymbol{Z}_3}=\frac{\dfrac{\boldsymbol{Z}_2\boldsymbol{E}_1+\boldsymbol{Z}_1\boldsymbol{E}_2}{\boldsymbol{Z}_1+\boldsymbol{Z}_2}}{\dfrac{\boldsymbol{Z}_1\boldsymbol{Z}_2}{\boldsymbol{Z}_1+\boldsymbol{Z}_2}+\boldsymbol{Z}_3}=\frac{\boldsymbol{Z}_2\boldsymbol{E}_1+\boldsymbol{Z}_1\boldsymbol{E}_2}{\boldsymbol{Z}_1\boldsymbol{Z}_2+\boldsymbol{Z}_2\boldsymbol{Z}_3+\boldsymbol{Z}_3\boldsymbol{Z}_1}$$

となる．

7.5 補償の定理

図 7.9(a)は電圧源や電流源，インピーダンス $\boldsymbol{Z}_n$ 等を含んでいる回路網について，そこに入っている任意の枝路にあるインピーダンス $\boldsymbol{Z}$ の部分のみを取り出して描いた回路である．

ポイント

回路網において，電流 $\boldsymbol{I}$ が流れている任意の枝路のインピーダンス $\boldsymbol{Z}$ が，図 7.9(b)に示すように $\boldsymbol{Z}+\Delta\boldsymbol{Z}$ に変化したとき，これによって生じる回路網の各枝路の電圧，電流の変化分は，回路網中のすべての電圧源を短絡，電流源を開放して除去し，$\boldsymbol{Z}+\Delta\boldsymbol{Z}$ と直列に新たな電圧源 $\boldsymbol{I}\Delta\boldsymbol{Z}$ を電流 $\boldsymbol{I}$ と逆向きに挿入したときの各枝路の電圧，電流に等しい．これを**補償の定理**（compensation theorem）という．

なお，$\Delta\boldsymbol{Z}$ は変化分であるが，必ずしも微小を意味するものではない．

補償の定理を証明する．

(1) 図 7.9(b)はインピーダンス $\boldsymbol{Z}$ が $\Delta\boldsymbol{Z}$ だけ変化し $\boldsymbol{Z}+\Delta\boldsymbol{Z}$ になったときを示しており，この時電流 $\boldsymbol{I}$ は $\boldsymbol{I}+\Delta\boldsymbol{I}$ に変化したとする．

(2) 同図(c)は定理を証明するために，新たな電圧源 $\boldsymbol{I}\Delta\boldsymbol{Z}$ を 2 個，電流 $\boldsymbol{I}$

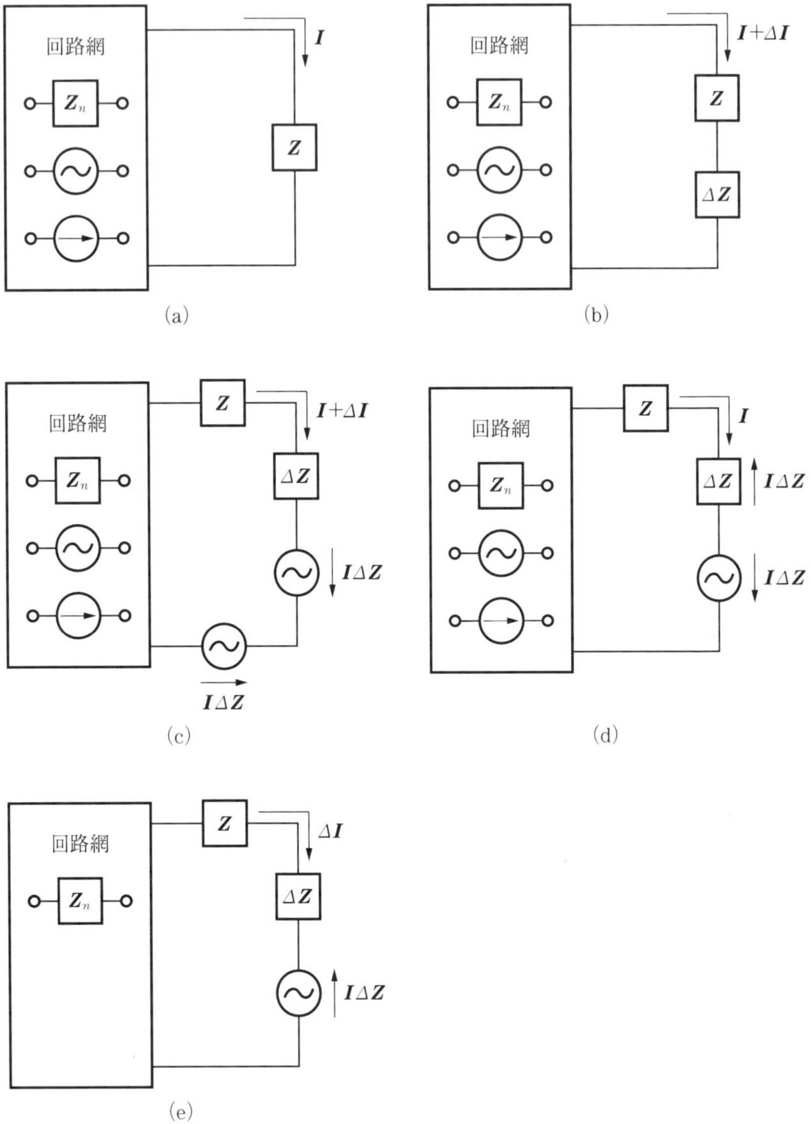

回路網
Z_n
Z
I
(a)
回路網
Z_n
Z
ΔZ
$I+\Delta I$
(b)
回路網
Z_n
Z
ΔZ
$I+\Delta I$
$I\Delta Z$
$I\Delta Z$
(c)
回路網
Z_n
Z
ΔZ
I
$I\Delta Z$
$I\Delta Z$
(d)
回路網
Z_n
Z
ΔZ
ΔI
$I\Delta Z$
(e)

図 7.9

と同じ向きと逆向きに挿入した回路である．この回路は新たに挿入した2個の電圧源が打ち消し合うので，結局，図(b)の回路に等しい．【図(c)＝図(b)】

(3)　同図(d)は同図(c)の内，電流$\boldsymbol{I}$と逆向きの電圧源$\boldsymbol{I\Delta Z}$のみを取り去った回路である．この時，電流$\boldsymbol{I}$と同じ向きに入れた電圧源$\boldsymbol{I\Delta Z}$は$\boldsymbol{\Delta Z}$における電圧降下（$\boldsymbol{I\Delta Z}$）と打ち消し合うので，$\boldsymbol{Z}+\boldsymbol{\Delta Z}$を流れる電流は同図(a)に示す元の回路を流れる電流$\boldsymbol{I}$と同じになる．【図(d)＝図(a)】

(4)　同図(e)は回路網の電源を取り去り（電圧源は短絡除去，電流源は開放除去），電流$\boldsymbol{I}$と逆向きの電圧源$\boldsymbol{I\Delta Z}$のみを加えた回路である．ここで同図(c)は，重ね合わせの理より，同図(d)と図(e)を加え合わせたものに等しいから，$\boldsymbol{\Delta Z}$だけ変化したことによる電流の変化分は同図(e)に示した$\boldsymbol{\Delta I}$になる．【図(c)＝図(d)＋図(e)から，図(e)＝図(c)－図(d)＝図(b)－図(a)】

以上より，補償の定理が証明された．

なお，挿入した電圧を**補償電圧**（compensating voltage）という．

例題 7.5

例図7.8(a)において，7〔Ω〕の抵抗を流れる電流$\boldsymbol{I}$を測定するために，内

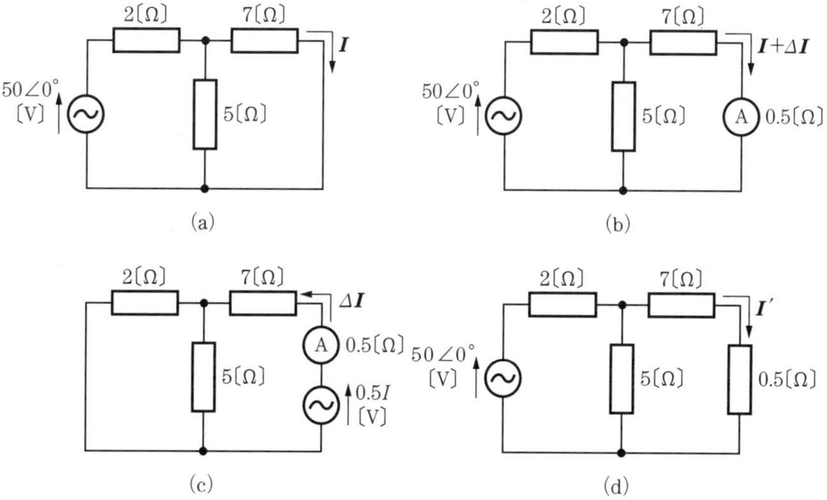

例図7.8

部抵抗0.5〔Ω〕の電流計を同図(b)に示すように7〔Ω〕の抵抗と直列に挿入した．電流計の指示を求めよ．

［解］　電流計を挿入する前に7〔Ω〕の抵抗を流れる電流$\boldsymbol{I}$は，

$$\boldsymbol{I}=\frac{50\angle 0^\circ}{2+\dfrac{5\times 7}{5+7}}\times\frac{5}{5+7}=4.24\ \text{〔A〕}$$

である．次に図(b)のように電流計を挿入した場合の電流の変化分$\Delta\boldsymbol{I}$を，補償の定理を用いて考える．そのために，図(c)に示すように元の回路の電圧源$50\angle 0^\circ$を取り去って短絡し，電流計と直列に$\boldsymbol{I}\Delta\boldsymbol{Z}$に相当する電圧源$0.5\boldsymbol{I}=2.12$〔V〕を，電流$\boldsymbol{I}$と逆向きに挿入する．このとき，電流計を流れる電流$\Delta\boldsymbol{I}$は，

$$\Delta\boldsymbol{I}=\frac{2.12}{7+0.5+\dfrac{2\times 5}{2+5}}=0.24\ \text{〔A〕}$$

となる．したがって，電流計の指示は，$\Delta\boldsymbol{I}$が$\boldsymbol{I}$と流れる方向が逆であるので，

$$\boldsymbol{I}+\Delta\boldsymbol{I}=4.24-0.24=4.0\ \text{〔A〕}$$

となる．

［別解］　図(d)に示したように，電流計を抵抗0.5〔Ω〕として，そこを流れる電流$\boldsymbol{I}'$を分流の法則から求めると，

$$\boldsymbol{I}'=\frac{50\angle 0^\circ}{2+\dfrac{5\times 7.5}{5+7.5}}\times\frac{5}{5+7.5}=4.0\ \text{〔A〕}$$

となり，補償の定理から求めた値と一致する．

7.6 相反定理

ポイント

図 7.10(a)に示すように，電源を含まない回路網の枝路 i に電圧源 $\boldsymbol{E}_i$ を加えたとき，枝路 j を流れる電流を $\boldsymbol{I}_j$ とする．また，同図(b)に示すように，枝路 j に電圧源 $\boldsymbol{E}_j$ を加えたとき，枝路 i を流れる電流を $\boldsymbol{I}_i$ とする．この時，

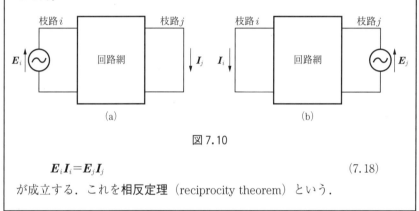

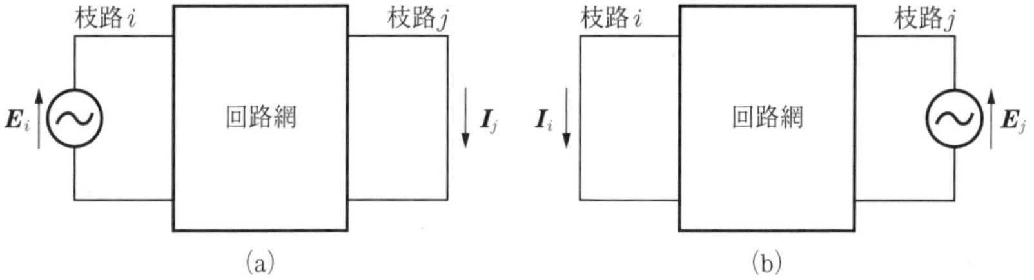

図 7.10

$$\boldsymbol{E}_i\boldsymbol{I}_i=\boldsymbol{E}_j\boldsymbol{I}_j \tag{7.18}$$

が成立する．これを**相反定理**（reciprocity theorem）という．

相反定理を証明する．

図 7.10(a)における回路網の回路方程式は，枝路 i の電圧源を $\boldsymbol{E}_i$，各枝路を流れる電流を $\boldsymbol{I}_i$（$i=1,2,\cdots,n$）を用いると，一般的に行列によって，

$$\begin{bmatrix} \boldsymbol{Z}_{11} & \boldsymbol{Z}_{12} & \cdots\cdots & \boldsymbol{Z}_{1n} \\ \boldsymbol{Z}_{21} & \boldsymbol{Z}_{22} & \cdots\cdots & \boldsymbol{Z}_{2n} \\ \vdots & \vdots & & \vdots \\ \boldsymbol{Z}_{i1} & \boldsymbol{Z}_{i2} & \cdots\cdots & \boldsymbol{Z}_{in} \\ \vdots & \vdots & & \vdots \\ \boldsymbol{Z}_{n1} & \boldsymbol{Z}_{n2} & \cdots\cdots & \boldsymbol{Z}_{nn} \end{bmatrix} \begin{bmatrix} \boldsymbol{I}_1 \\ \boldsymbol{I}_2 \\ \vdots \\ \boldsymbol{I}_i \\ \vdots \\ \boldsymbol{I}_n \end{bmatrix} = \begin{bmatrix} 0 \\ 0 \\ \vdots \\ \boldsymbol{E}_i \\ \vdots \\ 0 \end{bmatrix} \tag{7.19}$$

と表せる．これをまとめて，

$$[\boldsymbol{Z}][\boldsymbol{I}]=[\boldsymbol{E}] \tag{7.20}$$

とおく．ここで $[\boldsymbol{Z}]$ を**インピーダンス行列**という．式(7.20)の両辺に $[\boldsymbol{Z}]$

の逆行列 $[\boldsymbol{Z}]^{-1}$ を掛けると，$[\boldsymbol{Z}]^{-1}[\boldsymbol{Z}]$ は対角要素1の行列であるから，

$$[\boldsymbol{I}]=[\boldsymbol{Z}]^{-1}[\boldsymbol{E}]=[\boldsymbol{Y}][\boldsymbol{E}] \tag{7.21}$$

となる．ここで，$[\boldsymbol{Y}]$ は**アドミタンス行列**である．枝路 j を流れる電流 $\boldsymbol{I}_j$ は，$\boldsymbol{Y}_{ji}$ を $[\boldsymbol{Y}]$ の ji 要素とすると，

$$\boldsymbol{I}_j=\boldsymbol{Y}_{ji}\boldsymbol{E}_i=\frac{\Delta_{ij}}{\Delta}\boldsymbol{E}_i \tag{7.22}$$

となる．ここで，Δ は $[\boldsymbol{Z}]$ の行列式を表し，Δ_{ij} は Δ から i 行 j 列を除いてできる小行列に $(-1)^{i+j}$ を掛けたものである．

また，図7.10(b)における $\boldsymbol{I}_i$ は，同様に，

$$\boldsymbol{I}_i=\boldsymbol{Y}_{ij}\boldsymbol{E}_j=\frac{\Delta_{ij}}{\Delta}\boldsymbol{E}_j \tag{7.23}$$

と表せる．ここで，インピーダンス行列およびアドミタンス行列は対称行列であるから，$\boldsymbol{Y}_{ij}=\boldsymbol{Y}_{ji}$ である．したがって，式(7.22)，式(7.23)から，

$$\boldsymbol{E}_i\boldsymbol{I}_i=\boldsymbol{E}_j\boldsymbol{I}_j \tag{7.24}$$

となり，相反定理が証明された．

相反定理が成立する回路を**相反回路**（reciprocal circuit）という．

例題 7.6

例図7.9(a)，(b)において，相反定理が成立することを示せ．

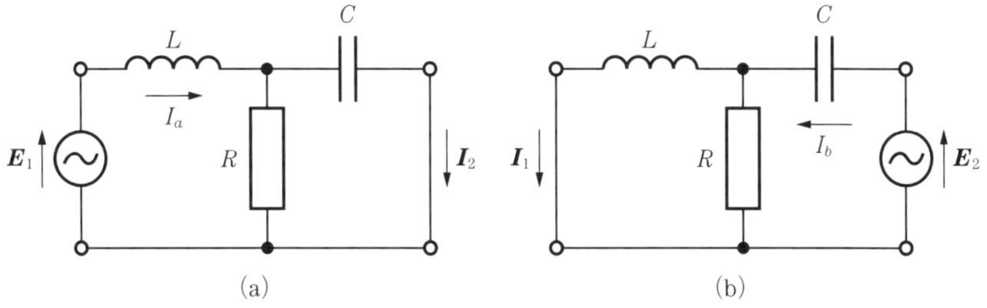

例図7.9

［解］　始めに，図(a)において，$\boldsymbol{E}_1$ に対する全インピーダンス $\boldsymbol{Z}_a$ は，

$$\boldsymbol{Z}_a = j\omega L + \frac{\dfrac{R}{j\omega C}}{R + \dfrac{1}{j\omega C}} = j\omega L + \frac{R}{1 + j\omega CR}$$

となるので，この時の全電流 $\boldsymbol{I}_a$ は $\boldsymbol{I}_a = \dfrac{\boldsymbol{E}_1}{\boldsymbol{Z}_a}$ となる．したがって，$\boldsymbol{I}_2$ は分流の法則を用いると，

$$\boldsymbol{I}_2 = \boldsymbol{I}_a \times \frac{R}{R + \dfrac{1}{j\omega C}} = \frac{\boldsymbol{E}_1}{\boldsymbol{Z}_a} \cdot \frac{j\omega CR}{1 + j\omega CR} = \frac{j\omega CR}{R(1 - \omega^2 LC) + j\omega L} \boldsymbol{E}_1 \qquad (1)$$

となる．一方，図(b)において，$\boldsymbol{E}_2$ に対する全インピーダンス $\boldsymbol{Z}_b$ は，

$$\boldsymbol{Z}_b = \frac{1}{j\omega C} + \frac{j\omega LR}{R + j\omega L}$$

となるので，この時の全電流 $\boldsymbol{I}_b$ は $\boldsymbol{I}_b = \dfrac{\boldsymbol{E}_2}{\boldsymbol{Z}_b}$ となる．したがって，$\boldsymbol{I}_1$ は分流の法則を用いると，

$$\boldsymbol{I}_1 = \boldsymbol{I}_b \times \frac{R}{R + j\omega L} = \frac{\boldsymbol{E}_2}{\boldsymbol{Z}_b} \cdot \frac{R}{R + j\omega L} = \frac{j\omega CR}{R(1 - \omega^2 LC) + j\omega L} \boldsymbol{E}_2 \qquad (2)$$

となる．したがって，式(1)，式(2)のアドミタンス部分が等しいので，$\boldsymbol{E}_1 \boldsymbol{I}_1 = \boldsymbol{E}_2 \boldsymbol{I}_2$ となり，相反定理が成立している．

7.7　回路の双対性と双対回路

ポイント

ある電気回路について成立する方程式に対して，**表 7.1** に示す関係の入れ替えを行った方程式を満足するもう 1 つの回路が存在する．この関係を電気回路の**双対性**（そうついせい）(duality) といい，これを満たす 2 つの電気回路を互いに**双対回路**という．

表 7.1

電圧源	電流源
電圧	電流
抵抗	コンダクタンス
インダクタンス	静電容量
インピーダンス	アドミタンス
節点	閉路
短絡	開放
直列接続	並列接続

もとの回路から双対回路を求める方法は次の通りである．図7.11は一例を示す．

(1)　もとの回路において，素子が並列および直列になっている部分は一括して1つの素子として回路の閉路を考え，各閉路の内部にそれぞれ1つ節点を置き，さらに回路の外部に1つの節点を置き，これらが交差する節点を線で結ぶ．図7.11(a)参照．

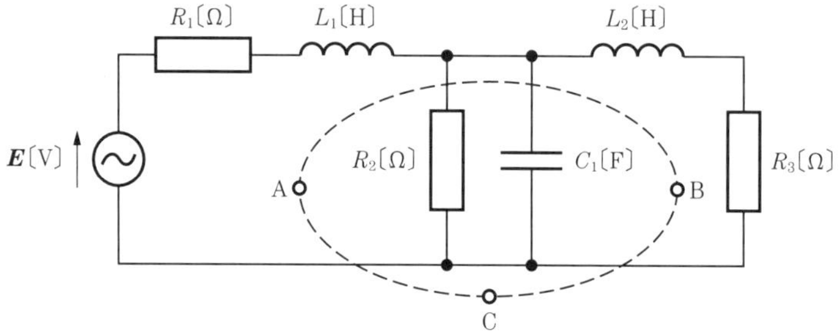

(a)

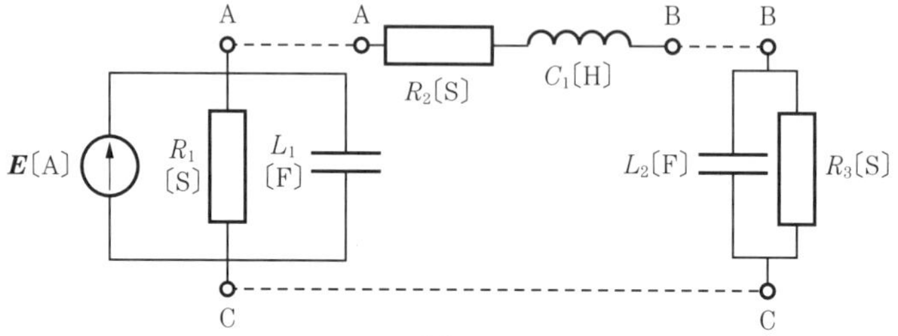

(b)

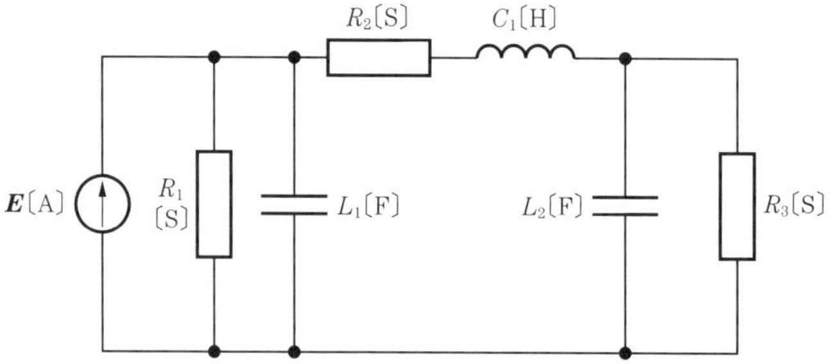

(c)

図7.11

(2)　この節点間を結ぶ枝路の素子は，表 7.1 の関係に従って素子を入れ替える．この時，素子の大きさはもとのままで，単位のみを替える．

また，節点間の接続方法も表 7.1 に従って行い，直列接続は並列接続にし，並列接続は直列接続にする．図 7.11(b)参照．

(3)　各節点を結べば，もとの回路と双対な回路ができあがる．図 7.11(c)参照．

また，双対回路の例を図 7.12 に示す．同図(a)はもとの回路を，同図(b)は双対回路である．

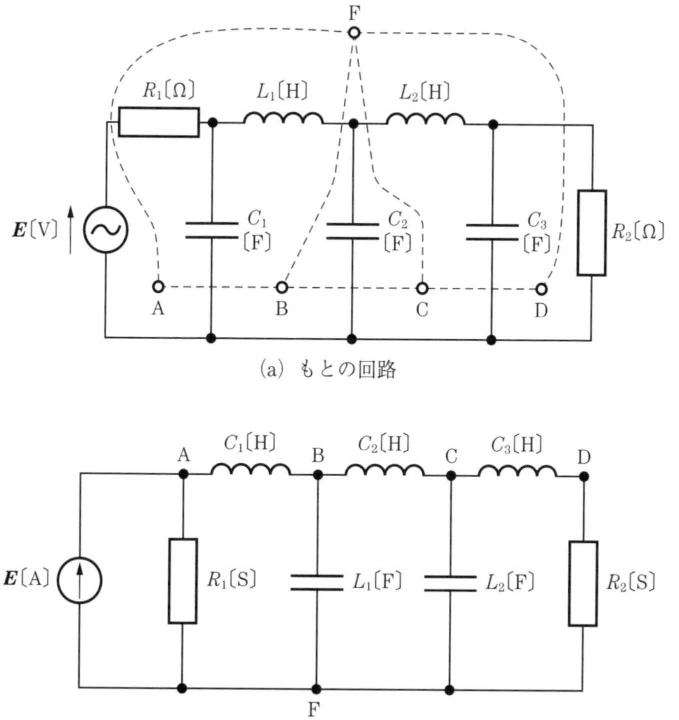

(a) もとの回路

(b) 双対回路

図 7.12

例題 7.7

例図 7.10 に示す回路と双対な回路を描け．

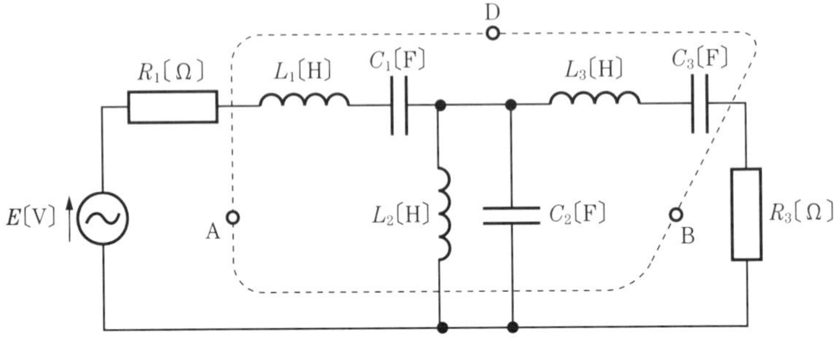

例図 7.10

［解］　同図中に示したように，回路の各閉路と外部に1つ，双対回路の節となる点（A，B，D 点）をとり，その節点間を線（ここでは破線）で結ぶ．次に，この線と交差する各素子を表 7.1 に従って入れ替える．この時，各素子の大きさはもとのままで，単位のみを替える．すなわち，電圧源は電流源に，抵抗はコンダクタンスに，インダクタンスは静電容量に，静電容量はインダクタンスに，直列接続は並列接続に，並列接続は直列接続にする．これらの入れ替えによって，双対回路は**例図 7.11** になる．

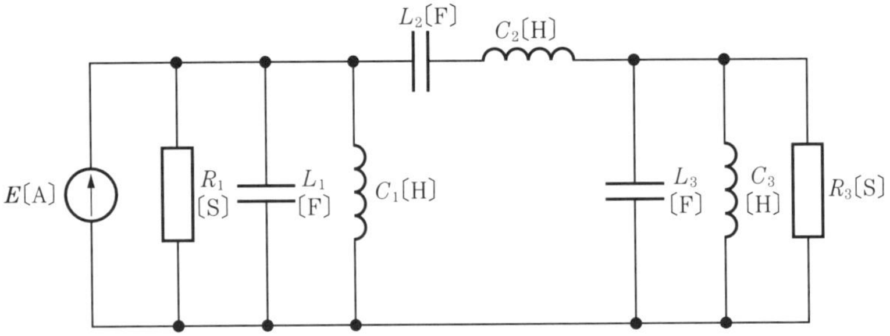

例図 7.11

7.8 逆　回　路

ポイント

2つの二端子回路について，端子間インピーダンスがそれぞれ $\boldsymbol{Z}_1$，$\boldsymbol{Z}_2$ であるとする．R_0 を正の定数として，

$$\boldsymbol{Z}_1\boldsymbol{Z}_2=R_0^2 \tag{7.25}$$

の関係が成立するとき，2つの回路は R_0 に関して互いに**逆回路**（inverse network）であるという．

ここで，R_0 は正の定数であるから，$\boldsymbol{Z}_1$ と $\boldsymbol{Z}_2$ の積は周波数に無関係になる．**表 7.2** に R，L，C 素子のみの回路の逆回路を示す．同表において，抵抗 R

表 7.2

$\boldsymbol{Z}_1$	$\boldsymbol{Z}_2$（$\boldsymbol{Z}_1$の逆回路）
インピーダンス 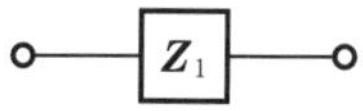	インピーダンス 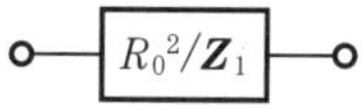
抵抗　R〔Ω〕 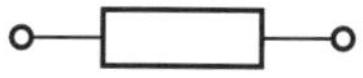	抵抗　R_0^2/R〔Ω〕 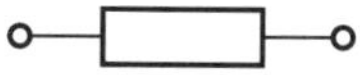
$j\omega L$ 自己インダクタンス　L〔H〕 	$\dfrac{R_0^2}{j\omega L}=\dfrac{1}{j\omega\left(\dfrac{L}{R_0^2}\right)}$ 静電容量　L/R_0^2〔F〕 
$\dfrac{1}{j\omega C}$ 静電容量　C〔F〕 	$j\omega\,(CR_0^2)$ 自己インダクタンス　CR_0^2〔H〕 

〔Ω〕の逆回路は抵抗 R_0^2/R〔Ω〕になり，自己インダクタンス L〔H〕の逆回路は静電容量 L/R_0^2〔F〕，静電容量 C〔F〕の逆回路は自己インダクタンス CR_0^2〔H〕になる．また，**表 7.3** に素子の直列接続回路および並列接続回路の逆回路を示す．

図 7.13 は逆回路の例であり，2つの回路が互いに逆回路になるための条件を求める．同図(a)のインピーダンス $\boldsymbol{Z}_1$ は，

$$\boldsymbol{Z}_1 = R + j\omega L \tag{7.26}$$

表 7.3

$\boldsymbol{Z}_1$	$\boldsymbol{Z}_2$（$\boldsymbol{Z}_1$ の逆回路）
直列接続　$\boldsymbol{Z}_1 = \boldsymbol{Z}_a + \boldsymbol{Z}_b + \boldsymbol{Z}_c$ 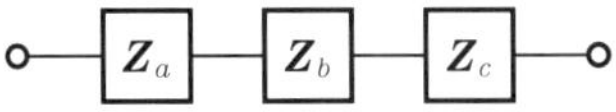	並列接続　$\boldsymbol{Z}_2 = \dfrac{R_0^2}{\boldsymbol{Z}_1} = \dfrac{1}{\dfrac{\boldsymbol{Z}_a}{R_0^2} + \dfrac{\boldsymbol{Z}_b}{R_0^2} + \dfrac{\boldsymbol{Z}_c}{R_0^2}}$ 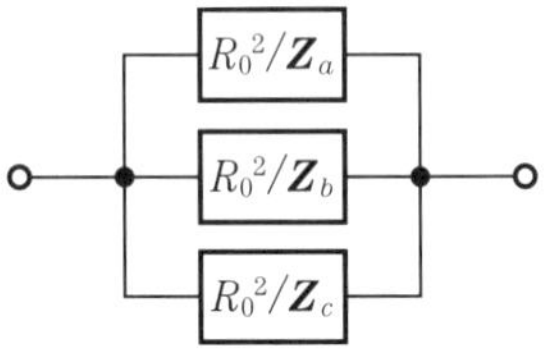
並列接続 $\boldsymbol{Z}_1 = \dfrac{1}{\dfrac{1}{\boldsymbol{Z}_a} + \dfrac{1}{\boldsymbol{Z}_a} + \dfrac{1}{\boldsymbol{Z}_a}}$ 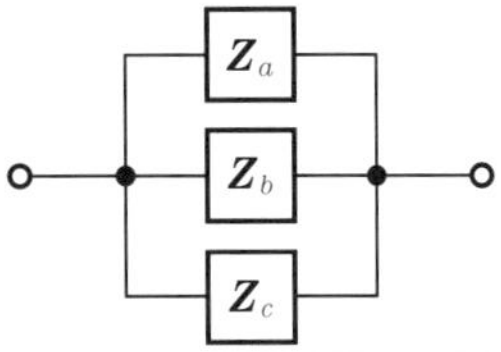	直列接続　$\boldsymbol{Z}_2 = \dfrac{R_0^2}{\boldsymbol{Z}_1} = \dfrac{R_0^2}{\boldsymbol{Z}_a} + \dfrac{R_0^2}{\boldsymbol{Z}_b} + \dfrac{R_0^2}{\boldsymbol{Z}_c}$ 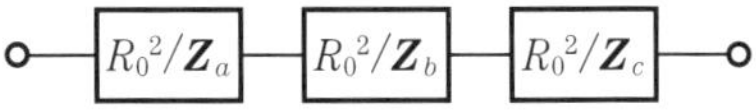

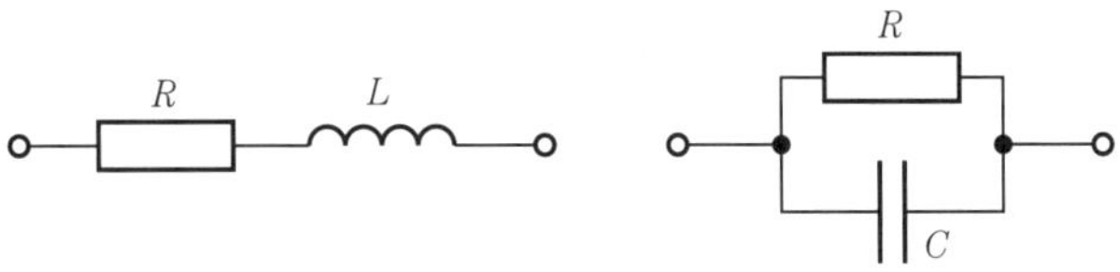

(a)　直列回路　　(b)　並列回路

図 7.13

であり，同図(b)のインピーダンス $\boldsymbol{Z}_2$ は，

$$\boldsymbol{Z}_2=\frac{\dfrac{R}{j\omega C}}{R+\dfrac{1}{j\omega C}}=\frac{R}{1+j\omega CR} \tag{7.27}$$

となる．したがって $\boldsymbol{Z}_1$ と $\boldsymbol{Z}_2$ の積は，

$$\boldsymbol{Z}_1\boldsymbol{Z}_2=(R+j\omega L)\times\frac{R}{1+j\omega CR}=R^2\frac{1+j\omega\dfrac{L}{R}}{1+j\omega CR} \tag{7.28}$$

となる．ここで，

$$\frac{L}{R}=CR \quad \text{すなわち} \quad \frac{L}{C}=R^2 \tag{7.29}$$

の関係になるように素子を決めれば，

$$\boldsymbol{Z}_1\boldsymbol{Z}_2=\frac{L}{C}=R^2=R_0^2 \tag{7.30}$$

となり，両回路は $R_0=\sqrt{\dfrac{L}{C}}$ に関して，互いに逆回路になる．

例題 7.8

例図 7.12 に示す回路の逆回路を求めよ．

[解]　逆回路を求めるには，表 7.3 に示したように，直列接続は並列接続にし，並列接続は直列接続にする．次に，表 7.2 に示したように，抵抗 R〔Ω〕は抵抗 R_0^2/R〔Ω〕に，自己インダクタンス L〔H〕は静電容量 L/R_0^2〔F〕に，静電容量 C〔F〕は

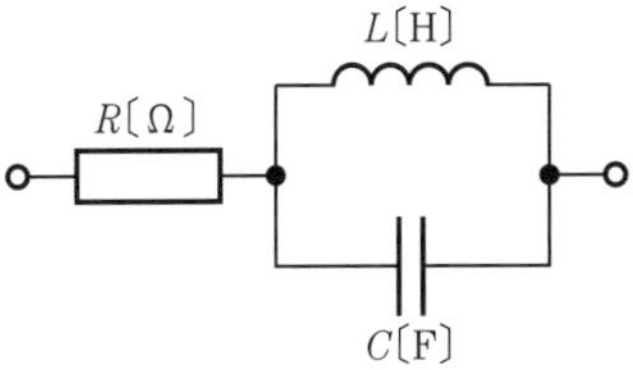

例図 7.12

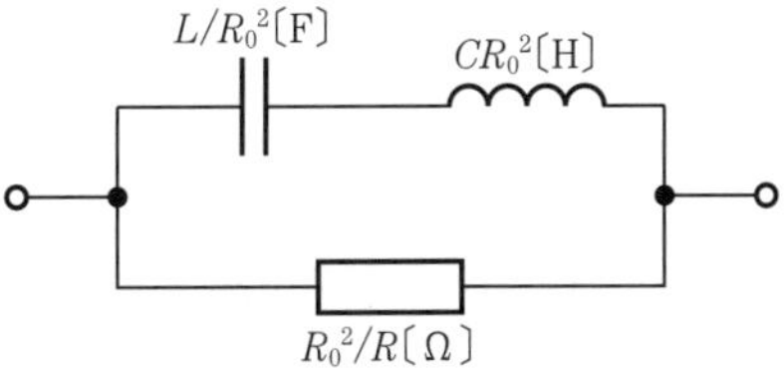

例図 7.13

CR_0^2〔H〕に置き替える．したがって回路は**例図 7.13** に示すようになる．

7.9　定抵抗回路

一般に自己インダクタンスや静電容量が入った回路では，インピーダンスは周波数によって変化する．このような回路のインピーダンスが周波数によって変化しないような回路にする必要がある場合には，次に述べる**定抵抗回路**（constant resistance network）が使われる．

ポイント

インダクタンスや静電容量を含んだ回路について，この回路のインピーダンスが周波数に無関係に一定の抵抗値になる場合，この回路を定抵抗回路という．

ここで，**図 7.14** に示したブリッジ回路を考える．この回路の平衡条件は，

$$\boldsymbol{Z}_1\boldsymbol{Z}_2 = R^2 \qquad (7.31)$$

であり，このとき，c 点と d 点の電位が等しいので，$\boldsymbol{Z}_g$ には電流が流れない．したがって，$\boldsymbol{Z}_g$ は何であっても回路に無関係になる．平衡時の端子 a, b 間のインピーダンス $\boldsymbol{Z}_{ab}$ を求めると，式(7.31)の関係を代入して，

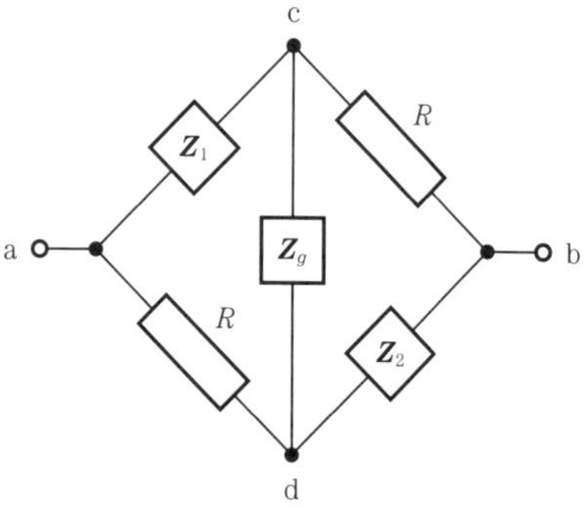

図 7.14

$$\boldsymbol{Z}_{ab} = \frac{(R+\boldsymbol{Z}_1)(R+\boldsymbol{Z}_2)}{(R+\boldsymbol{Z}_1)+(R+\boldsymbol{Z}_2)} = \frac{(R+\boldsymbol{Z}_1)\left(R+\dfrac{R^2}{\boldsymbol{Z}_1}\right)}{(R+\boldsymbol{Z}_1)+\left(R+\dfrac{R^2}{\boldsymbol{Z}_1}\right)} = R \qquad (7.32)$$

となる．すなわち，$\boldsymbol{Z}_{ab}$ は $\boldsymbol{Z}_1$，$\boldsymbol{Z}_2$ および $\boldsymbol{Z}_g$ がどのような素子であっても，式

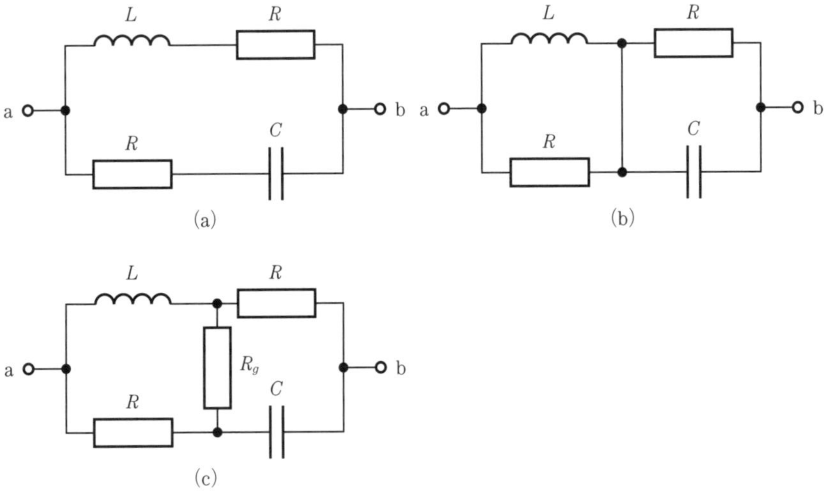

図7.15

(7.31)の関係が成立すれば，抵抗Rと等価であることになる．したがって，この回路は平衡時に定抵抗回路になる．

図7.15は$\boldsymbol{Z}_g$を変えたときの式(7.31)を満たした逆回路を用いた定抵抗回路の例である．同図(a)は端子c,d間を開放し，$\boldsymbol{Z}_g=\infty$とした場合，同図(b)は端子c,d間を短絡し，$\boldsymbol{Z}_g=0$とした場合，同図(c)は端子c,d間を抵抗R_gとした場合である．いずれの場合も$\boldsymbol{Z}_1=j\omega L$，$\boldsymbol{Z}_2=\dfrac{1}{j\omega C}$であるから，$\boldsymbol{Z}_1\boldsymbol{Z}_2=\dfrac{L}{C}=R^2$の関係が成立しなければならない．

例題 7.9

例図7.14に示した回路を定抵抗回路にするためには，抵抗Rをいくらにすればよいか．ただし，$L=90$〔mH〕，$C=1$〔μF〕とする．

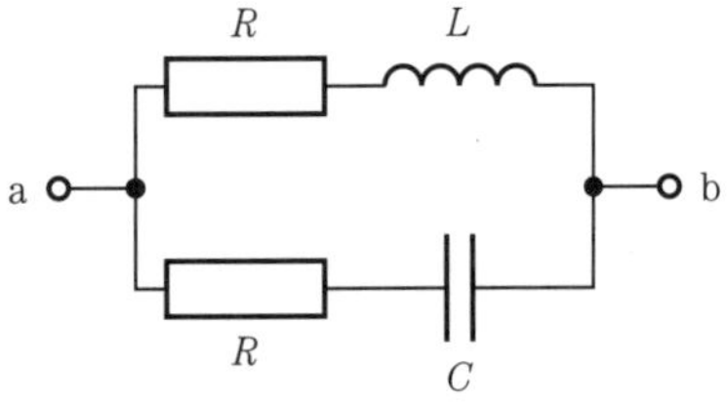

例図7.14

［解］ この回路が定抵抗回路になるため

には，$Z_1=j\omega L$ と $Z_2=\dfrac{1}{j\omega C}$ が R に関して逆回路であればよい．したがって，

$$Z_1Z_2=j\omega L\cdot\frac{1}{j\omega C}=R^2$$

であるから，これより，

$$R=\sqrt{\frac{L}{C}}=\sqrt{\frac{90\times10^{-3}}{1\times10^{-6}}}$$
$$=300\ 〔\Omega〕$$

となる．

演習問題

〔問題 7.1〕 問図 7.1 における回路のインピーダンス $\boldsymbol{Z}_2$ に流れる電流 $\boldsymbol{I}_2$ を重ね合せの理を用いて求めよ．

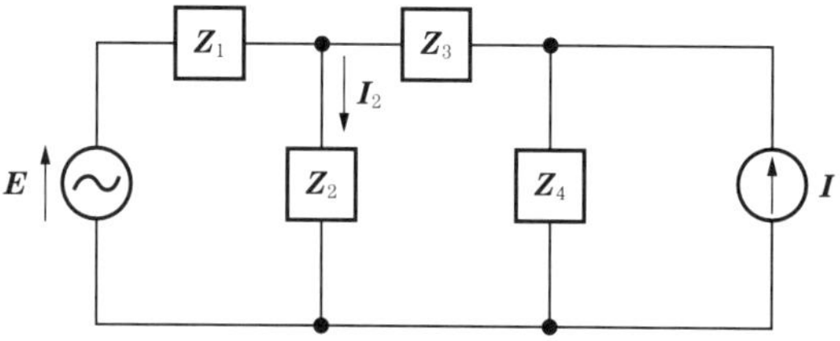

問図 7.1

〔問題 7.2〕 問図 7.2 における回路の抵抗 5〔Ω〕を流れる電流 $\boldsymbol{I}$ を重ね合せの理を用いて求めよ．

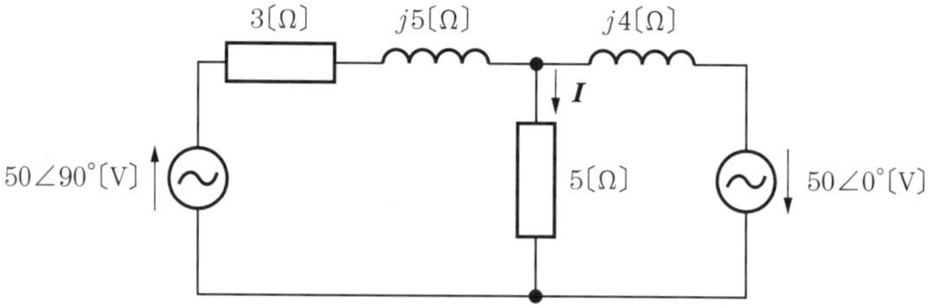

問図 7.2

〔問題 7.3〕 問図 7.3 において，回路網には電源やインピーダンスが含まれている．回路網中の 2 点から取り出した端子 a, b から内部を見たときのインピーダンス $\boldsymbol{Z}_{in}$ は $\boldsymbol{Z}_{in}=5+j4$〔Ω〕であり，端子 a, b を開放したときに現れる電圧 $\boldsymbol{V}_0$ は $\boldsymbol{V}_0=100\angle0°$〔V〕であった．端子 a, b にインピーダンス $\boldsymbol{Z}=3+j2$〔Ω〕を接続したときに，$\boldsymbol{Z}$ を

流れる電流 $\boldsymbol{I}$ を求めよ．

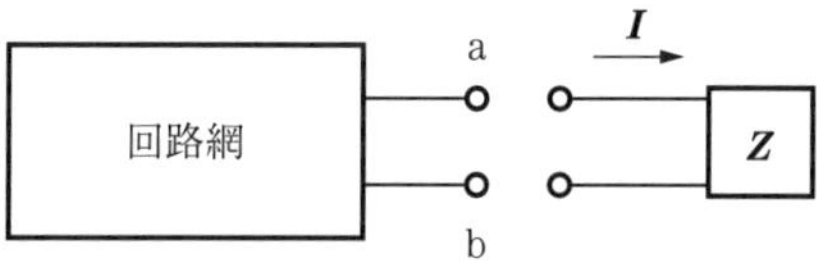

問図 7.3

〔**問題 7.4**〕 問図 7.4 において，$-j30$〔Ω〕を流れる電流 $\boldsymbol{I}$ をテブナンの定理を用いて求めよ．また，端子 a, b 間の電圧 $\boldsymbol{V}$ を求めよ．

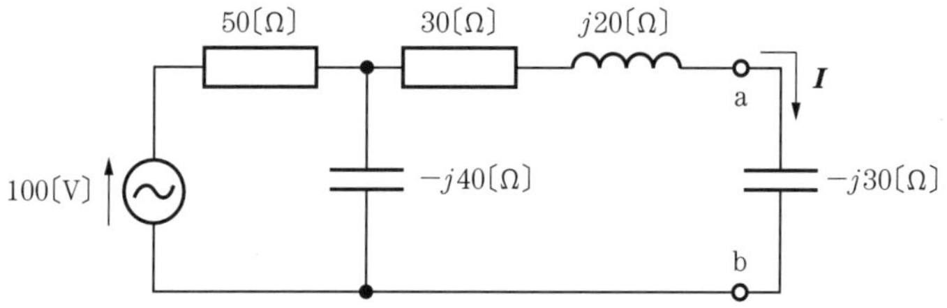

問図 7.4

〔**問題 7.5**〕 問図 7.4 において，$-j30$〔Ω〕を流れる電流 $\boldsymbol{I}$ をノートンの定理を用いて求めよ．

〔**問題 7.6**〕 問図 7.5 において，R の大きさが $\varDelta R=2$〔Ω〕増加しても，各枝路の電流を増加前の値としたい．このために必要な R と直列に入れる電圧源 $\boldsymbol{V}$ を，補償の定理を用いて求めよ．

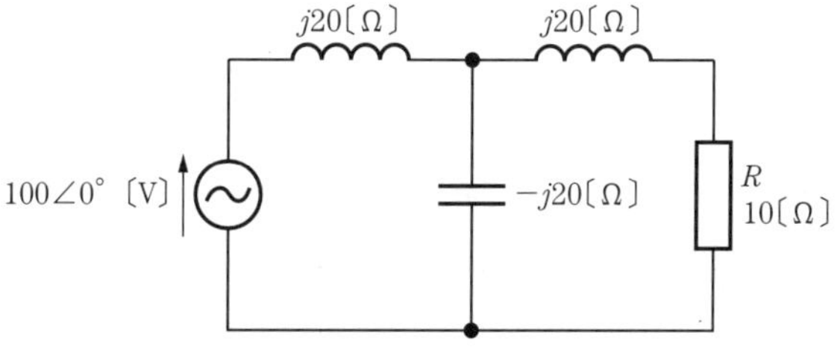

問図 7.5

〔**問題 7.7**〕 問図 7.6(a)に示す回路において，$\boldsymbol{E}_1=100\angle 0°$〔V〕の電圧を加えたとき，$\boldsymbol{I}_2=4+j8$〔A〕であった．同図(b)に示す回路において，$\boldsymbol{E}_2=50\angle 90°$〔V〕の電圧を加えたときの $\boldsymbol{I}_1$ を求めよ．

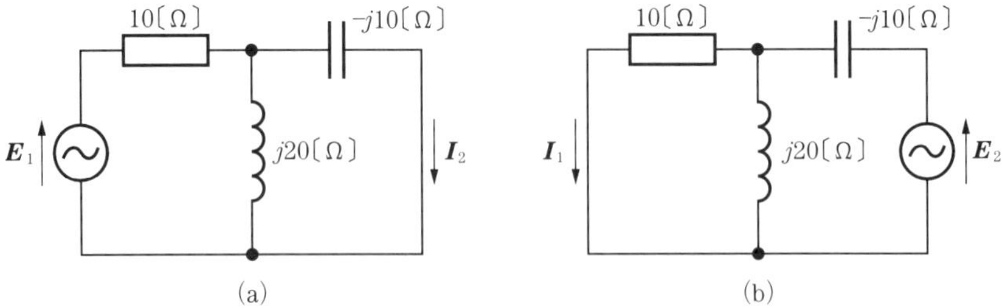

問図 7.6

〔**問題 7.8**〕　問図 7.7(a), (b)に示す回路と双対な回路を求めよ．

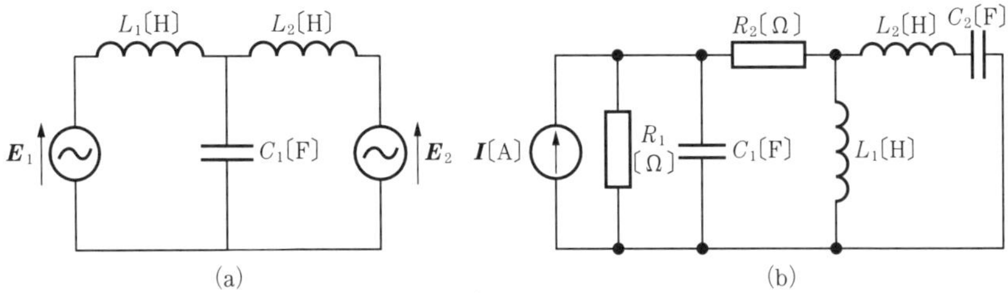

問図 7.7

〔**問題 7.9**〕　問図 7.8 に示す回路の逆回路を求めよ．

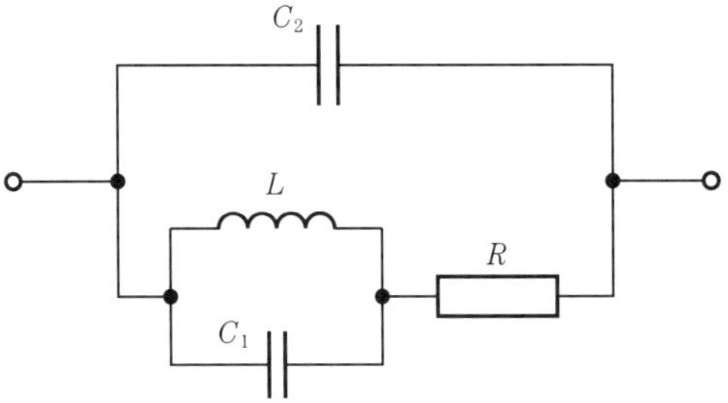

問図 7.8

〔**問題 7.10**〕　問図 7.9 に示す回路が定抵抗回路になるための条件を求めよ．

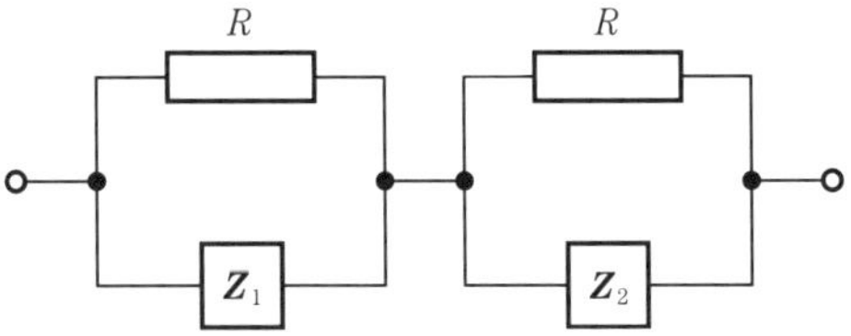

問図 7.9

付　　録

付録A　クラメールの方法

クラメールの方法は連立方程式を機械的に解くものである.

たとえば，次の連立方程式において，$a_1 \sim a_3$，$b_1 \sim b_3$，$c_1 \sim c_3$，$V_1 \sim V_3$ はそれぞれ既知の係数とする.

$$\begin{cases} a_1 I_1 + b_1 I_2 + c_1 I_3 = V_1 \\ a_2 I_1 + b_2 I_2 + c_2 I_3 = V_2 \\ a_3 I_1 + b_3 I_2 + c_3 I_3 = V_3 \end{cases}$$

この方程式の未知数 $I_1 \sim I_3$ は，次のように求めることができる.

$$I_1 = \frac{\Delta_1}{\Delta}, \quad I_2 = \frac{\Delta_2}{\Delta}, \quad I_3 = \frac{\Delta_3}{\Delta}$$

ただし，Δ，Δ_1，Δ_2，Δ_3 は行列式で，係数を並べたものであり，計算結果は単なる数値である.

$$\Delta = \begin{vmatrix} a_1 & b_1 & c_1 \\ a_2 & b_2 & c_2 \\ a_3 & b_3 & c_3 \end{vmatrix}$$

$$= a_1 b_2 c_3 + a_2 b_3 c_1 + a_3 b_1 c_2 - a_1 b_3 c_2 - a_2 b_1 c_3 - a_3 b_2 c_1$$

$$\Delta_1 = \begin{vmatrix} V_1 & b_1 & c_1 \\ V_2 & b_2 & c_2 \\ V_3 & b_3 & c_3 \end{vmatrix}$$

$$= V_1 b_2 c_3 + V_2 b_3 c_1 + V_3 b_1 c_2 - V_1 b_3 c_2 - V_2 b_1 c_3 - V_3 b_2 c_1$$

$$\Delta_2 = \begin{vmatrix} a_1 & V_1 & c_1 \\ a_2 & V_2 & c_2 \\ a_3 & V_3 & c_3 \end{vmatrix}$$

$$= a_1 V_2 c_3 + a_2 V_3 c_1 + a_3 V_1 c_2 - a_1 V_3 c_2 - a_2 V_1 c_3 - a_3 V_2 c_1$$

$$\Delta_3 = \begin{vmatrix} a_1 & b_1 & V_1 \\ a_2 & b_2 & V_2 \\ a_3 & b_3 & V_3 \end{vmatrix}$$

$$= a_1 b_2 V_3 + a_2 b_3 V_1 + a_3 b_1 V_2 - a_1 b_3 V_2 - a_2 b_1 V_3 - a_3 b_2 V_1$$

たとえば，次の3元1次方程式

$$\begin{cases} 3I_1-4I_2+5I_3=14 \\ -2I_1+6I_2+0I_3=14 \\ 0I_1+5I_2-3I_3=3 \end{cases}$$

において，I_1，I_2，I_3 を求める．

$$\Delta=\begin{vmatrix} 3 & -4 & 5 \\ -2 & 6 & 0 \\ 0 & 5 & -3 \end{vmatrix}=3\times6\times(-3)+(-2)\times5\times5+0\times(-4)\times0$$
$$-3\times5\times0-(-2)\times(-4)\times(-3)-0\times6\times5$$
$$=-54-50-0-0+24-0=-80$$

したがって I_1 は，

$$I_1=\frac{\Delta_1}{\Delta}=\frac{\begin{vmatrix} 14 & -4 & 5 \\ 14 & 6 & 0 \\ 3 & 5 & -3 \end{vmatrix}}{\Delta}$$

$$=\frac{14\times6\times(-3)+14\times5\times5+3\times(-4)\times0-14\times5\times0-14\times(-4)\times(-3)-3\times6\times5}{-80}$$

$$=\frac{-252+350-0-0-168-90}{-80}=\frac{-160}{-80}=2$$

同様にして，I_2，I_3 は，

$$I_2=\frac{\Delta_2}{\Delta}=\frac{\begin{vmatrix} 3 & 14 & 5 \\ -2 & 14 & 0 \\ 0 & 3 & -3 \end{vmatrix}}{\Delta}=\frac{-240}{-80}=3$$

$$I_3=\frac{\Delta_3}{\Delta}=\frac{\begin{vmatrix} 3 & -4 & 14 \\ -2 & 6 & 14 \\ 0 & 5 & 3 \end{vmatrix}}{\Delta}=\frac{-320}{-80}=4$$

また，2 元 1 次方程式であれば，

$$\begin{cases} a_1I_1+b_1I_2=V_1 \\ a_2I_1+b_2I_2=V_2 \end{cases}$$

の未知数 I_1，I_2 は同様に，

$$I_1=\frac{\begin{vmatrix} V_1 & b_1 \\ V_2 & b_2 \end{vmatrix}}{\begin{vmatrix} a_1 & b_1 \\ a_2 & b_2 \end{vmatrix}}=\frac{V_1b_2-V_2b_1}{a_1b_2-a_2b_1}$$

$$I_2 = \frac{\begin{vmatrix} a_1 & V_1 \\ a_2 & V_2 \end{vmatrix}}{\begin{vmatrix} a_1 & b_1 \\ a_2 & b_2 \end{vmatrix}} = \frac{a_1 V_2 - a_2 V_1}{a_1 b_2 - a_2 b_1}$$

となる．

付録Ｂ　数学の公式

B.1　三角関数の公式

$$\sin^2\theta + \cos^2\theta = 1$$

$$\begin{cases} \sin(-\theta) = -\sin\theta \\ \cos(-\theta) = \cos\theta \\ \tan(-\theta) = -\tan\theta \end{cases}$$

$$\begin{cases} \sin(2n\pi+\theta) = \sin\theta \\ \cos(2n\pi+\theta) = \cos\theta \\ \tan(n\pi+\theta) = \tan\theta \\ \quad \text{ただし，} n = 0, \pm 1, \pm 2 \cdots \end{cases}$$

$$\begin{cases} \sin(\pi\pm\theta) = \mp\sin\theta \\ \cos(\pi\pm\theta) = -\cos\theta \\ \tan(\pi\pm\theta) = \pm\tan\theta \end{cases}$$

$$\begin{cases} \sin\left(\dfrac{\pi}{2}\pm\theta\right) = \cos\theta \\ \cos\left(\dfrac{\pi}{2}\pm\theta\right) = \mp\sin\theta \\ \tan\left(\dfrac{\pi}{2}\pm\theta\right) = \mp\cot\theta \end{cases}$$

$$\begin{cases} \sin 2\theta = 2\sin\theta\cos\theta \\ \cos 2\theta = \cos^2\theta - \sin^2\theta = 2\cos^2\theta - 1 = 1 - 2\sin^2\theta \\ \tan 2\theta = \dfrac{2\tan\theta}{1-\tan^2\theta} \end{cases}$$

$$\begin{cases} \sin^2\dfrac{\theta}{2} = \dfrac{1-\cos\theta}{2} \\ \cos^2\dfrac{\theta}{2} = \dfrac{1+\cos\theta}{2} \\ \tan^2\dfrac{\theta}{2} = \dfrac{1-\cos\theta}{1+\cos\theta} \end{cases}$$

$$
\begin{cases}
\sin(\alpha\pm\beta)=\sin\alpha\cos\beta\pm\cos\alpha\sin\beta \\
\cos(\alpha\pm\beta)=\cos\alpha\cos\beta\mp\sin\alpha\sin\beta \\
\tan(\alpha\pm\beta)=\dfrac{\tan\alpha\pm\tan\beta}{1\mp\tan\alpha\tan\beta}
\end{cases}
$$

$$
\begin{cases}
\sin\alpha\cos\beta=\dfrac{1}{2}\{\sin(\alpha+\beta)+\sin(\alpha-\beta)\} \\
\cos\alpha\sin\beta=\dfrac{1}{2}\{\sin(\alpha+\beta)-\sin(\alpha-\beta)\} \\
\cos\alpha\cos\beta=\dfrac{1}{2}\{\cos(\alpha+\beta)+\cos(\alpha-\beta)\} \\
\sin\alpha\sin\beta=-\dfrac{1}{2}\{\cos(\alpha+\beta)-\cos(\alpha-\beta)\}
\end{cases}
$$

$$
\begin{cases}
\sin\alpha+\sin\beta=2\sin\dfrac{\alpha+\beta}{2}\cos\dfrac{\alpha-\beta}{2} \\
\sin\alpha-\sin\beta=2\cos\dfrac{\alpha+\beta}{2}\sin\dfrac{\alpha-\beta}{2} \\
\cos\alpha+\cos\beta=2\cos\dfrac{\alpha+\beta}{2}\cos\dfrac{\alpha-\beta}{2} \\
\cos\alpha-\cos\beta=-2\sin\dfrac{\alpha+\beta}{2}\sin\dfrac{\alpha-\beta}{2}
\end{cases}
$$

B.2 指数関数の公式

$$e^0=1$$

$$e^n=\underbrace{eee\cdots\cdots e}_{n\text{ 個}}\quad \text{ただし，}n=1,2,\cdots$$

$$e^{-x}=\frac{1}{e^x}$$

$$e^xe^y=e^{x+y}$$

$$\frac{e^x}{e^y}=e^{x-y}$$

$$(e^x)^y=e^{xy}$$

B.3 複素数と三角関数の関係の公式（j は虚数単位）

$$\cos x\pm j\sin x=e^{\pm jx}$$

$$\sin x=\frac{e^{jx}-e^{-jx}}{2j}$$

$$\cos x = \frac{e^{jx} + e^{-jx}}{2}$$

$$\tan x = \frac{e^{jx} - e^{-jx}}{j(e^{jx} + e^{-jx})}$$

B.4　微分・積分の基本公式

$y = f(x) \pm g(x)$　であれば，$\dfrac{dy}{dx} = f'(x) \pm g'(x)$

$y = f(x)g(x)$　であれば，$\dfrac{dy}{dx} = f'(x)g(x) + f(x)g'(x)$

$y = \dfrac{f(x)}{g(x)}$　であれば，$\dfrac{dy}{dx} = \dfrac{f'(x)g(x) - f(x)g'(x)}{\{g(x)\}^2}$

$\dfrac{d}{dx}x^n = nx^{n-1}$　　（n は有理数）

$$\frac{d}{dx}\sin x = \cos x$$

$$\frac{d}{dx}\cos x = -\sin x$$

$$\frac{d}{dx}\tan x = \sec^2 x$$

$\dfrac{d}{dx}\sin ax = a\cos ax$　　（a は定数）

$$\frac{d}{dx}\cos ax = -a\sin ax$$

$$\frac{d}{dx}\tan ax = a\sec^2 ax$$

$$\frac{d}{dx}e^x = e^x$$

$$\frac{d}{dx}e^{\pm ax} = \pm a e^{\pm ax}$$

$\displaystyle\int Kf(x)\,dx = K\int f(x)\,dx$　　（ただし，K は定数）

$$\int \{f(x) \pm g(x)\}\,dx = \int f(x)\,dx \pm \int g(x)\,dx$$

$$\int f'(x)g(x)\,dx = f(x)g(x) - \int f(x)g'(x)\,dx$$

$$\int x^n dx = \frac{x^{n+1}}{n+1} \qquad (n \neq -1,\ n \text{ は有理数})$$

$$\int \cos x\, dx = \sin x$$

$$\int \sin x\, dx = -\cos x$$

$$\int \sec^2 x\, dx = \tan x$$

$$\int \cos ax\, dx = \frac{\sin ax}{a} \qquad (a \text{ は定数})$$

$$\int \sin ax\, dx = -\frac{\cos ax}{a}$$

$$\int \sec^2 ax\, dx = \frac{\tan ax}{a}$$

$$\int e^x dx = e^x$$

$$\int e^{\pm ax} dx = \pm \frac{e^{\pm ax}}{a}$$

付録C　行　列

$m \times n$ 個（$m=1,2,3\cdots$，$n=1,2,3\cdots$）の任意の数を縦横の長方形に配列したものを行列という．一般には，

$$\begin{bmatrix} a_{11} & a_{12} & \cdots & a_{1n} \\ a_{21} & a_{22} & & a_{2n} \\ \vdots & \vdots & & \vdots \\ a_{m1} & a_{m2} & & a_{mn} \end{bmatrix} = [a_{ij}] = [\mathrm{A}] \qquad \begin{array}{l} \text{ただし，} \\ i=1,2,\cdots,m \\ j=1,2,\cdots,n \end{array}$$

の形式をとり，a_{11}，a_{21}，などを行列の要素といい，a_{ij} は第 i 行，第 j 列の要素を表す．

（a）　m 行 n 列の 2 つの行列 $[\mathrm{A}]=[a_{ij}]$ と $[\mathrm{B}]=[b_{ij}]$ の和と差

$$[\mathrm{A}] \pm [\mathrm{B}] = [a_{ij}] \pm [b_{ij}] = [a_{ij} \pm b_{ij}]$$

$$= \begin{bmatrix} a_{11} \pm b_{11} & a_{12} \pm b_{12} & \cdots & a_{1n} \pm b_{1n} \\ a_{21} \pm b_{21} & a_{22} \pm b_{22} & & a_{2n} \pm b_{2n} \\ \vdots & \vdots & & \vdots \\ a_{m1} + b_{m1} & a_{m2} \pm b_{m2} & & a_{mn} \pm b_{mn} \end{bmatrix}$$

（b）　任意の数 c と行列の積

$$c[\mathrm{A}]=[ca_{ij}]$$

（c）　m 行 n 列の行列［A］と n 行 l 列の行列［B］の積

$$[\mathrm{A}][\mathrm{B}]=[a_{ij}][b_{ij}]=\begin{bmatrix} a_{11} & a_{12} & \cdots & a_{1n} \\ a_{21} & a_{22} & \cdots & a_{2n} \\ \vdots & \vdots & & \vdots \\ a_{m1} & a_{m2} & & a_{mn} \end{bmatrix}\begin{bmatrix} b_{11} & b_{12} & \cdots & b_{1l} \\ b_{21} & b_{22} & \cdots & b_{2l} \\ \vdots & \vdots & & \vdots \\ b_{n1} & b_{n2} & & b_{nl} \end{bmatrix}$$

$$=\begin{bmatrix} \sum_{k=1}^{n} a_{1k}b_{k1} & \sum_{k=1}^{n} a_{1k}b_{k2} & \dots & \sum_{k=1}^{n} a_{1k}b_{kl} \\ \sum_{k=1}^{n} a_{2k}b_{k1} & \sum_{k=1}^{n} a_{2k}b_{k2} & \dots & \sum_{k=1}^{n} a_{2k}b_{kl} \\ \vdots & \vdots & & \vdots \\ \sum_{k=1}^{n} a_{mk}b_{k1} & \sum_{k=1}^{n} a_{mk}b_{k2} & & \sum_{k=1}^{n} a_{mk}b_{kl} \end{bmatrix}$$

（d）　転置行列

行列［A］について，行と列を入れ換えた行列を［A］の転置行列といい，$[\mathrm{A}]^t$ で表す．

$$[\mathrm{A}]^t=[a_{ij}]^t=[a_{ji}]$$

（e）　対角行列

正方行列（n 行 n 列）において，対角線上の要素以外が全部0の行列を対角行列という．

$$[\mathrm{A}]=\begin{bmatrix} a_{11} & 0 & \cdots & 0 \\ 0 & a_{22} & \cdots & 0 \\ \vdots & \vdots & & \vdots \\ 0 & 0 & \cdots & a_{nn} \end{bmatrix}$$

（f）　単位行列

対角行列において，$a_{ii}=1$（$i=1,2,\cdots,n$）の場合を単位行列といい，［U］で表す．

$$[\mathrm{U}]=\begin{bmatrix} 1 & 0 & \cdots & 0 \\ 0 & 1 & \cdots & 0 \\ \vdots & \vdots & & \vdots \\ 0 & 0 & \cdots & 1 \end{bmatrix}$$

（g）逆 行 列

正方行列 [A] について，[A][X]=[U] を満足する行列 [X] を右逆行列といい，[Y][A]=[U] を満足する行列 [Y] を左逆行列という．[X] と [Y] が同一になる場合を [A] の逆行列といい，$[A]^{-1}$ で表す．したがって，

$$[A][A]^{-1}=[A]^{-1}[A]=[U]$$

演習問題　略解答

〔問題 1.1〕

$$I=\frac{E}{R}=0.5 \text{〔A〕}$$

〔問題 1.2〕

$$R=R_1+R_2+R_3=90 \text{〔Ω〕},\quad I=\frac{E}{R}=0.2 \text{〔A〕}$$

$$V_1=R_1I=4 \text{〔V〕},\quad V_2=R_2I=6 \text{〔V〕},\quad V_3=R_3I=8 \text{〔V〕}$$

〔問題 1.3〕

$\frac{1}{R}=\frac{1}{R_1}+\frac{1}{R_2}+\frac{1}{R_3}$ から，$R=9.23$〔Ω〕

$$I=\frac{E}{R}=1.95 \text{〔A〕}$$

$$I_1=\frac{E}{R_1}=0.9 \text{〔A〕},\quad I_2=\frac{E}{R_2}=0.6 \text{〔A〕},\quad I_3=\frac{E}{R_3}=0.45 \text{〔A〕}$$

〔問題 1.4〕

$\frac{1}{R}=\frac{1}{R_1+R_3}+\frac{1}{R_2+R_4}$ から，$R=24$〔Ω〕

$$I=\frac{E}{R}=1 \text{〔A〕}$$

$$I_1=\frac{E}{R_1+R_3}=0.6 \text{〔A〕},\quad I_2=\frac{E}{R_2+R_4}=0.4 \text{〔A〕}$$

〔問題 1.5〕

$$R=\frac{V^2}{P}=12.5 \text{〔Ω〕},\quad I=\frac{V}{R}=8 \text{〔A〕}$$

〔問題 1.6〕

$\frac{1}{C}=\frac{1}{C_1}+\frac{1}{C_2}$ から，$C=1.33$〔μF〕

〔問題 1.7〕

$C=C_1+C_2=6$〔μF〕

〔問題 1.8〕

$\frac{1}{3}C$，$\frac{1}{2}C$，$\frac{2}{3}C$，C，$\frac{3}{2}C$，$2C$，$3C$ の7通り．

〔**問題 2.1**〕

全体の抵抗 R_T は，$R_T=\dfrac{6+5R}{2+R}$

3〔Ω〕を流れる電流 I_3 は，$I_3=\dfrac{10}{R_T}=\dfrac{10\times(2+R)}{6+5R}$

$$I_R=\frac{2}{2+R}I_3=0.4\text{〔A〕} \text{ から，} R=8.8\text{〔Ω〕}$$

〔**問題 2.2**〕

抵抗 4〔Ω〕を流れる電流を I_1，8〔Ω〕を流れる電流を I_2 とする．

$$\begin{cases} I=I_1+I_2 \\ 10I_1+6I_2=17 \\ 6I_1+14I_2=5 \end{cases}$$

これらを解いて，$I=1.5$〔A〕

〔**問題 2.3**〕

$$\begin{cases} I_1+I_2+I_3 \quad =0 \\ -10I_1+2I_2=-2 \\ -2I_2+5I_3 \ =-2 \end{cases}$$

これらから，$I_1=0.225$〔A〕，$I_2=0.125$〔A〕，$I_3=-0.35$〔A〕．

I_3 の値がマイナスなのは，電流が図に示した電流の向きとは逆向きに流れていることを示している．

〔**問題 2.4**〕

抵抗 50〔Ω〕に流れる電流が零の時はこの抵抗を取り去っても同じで，**解図 2.1** になる．

$$5+10=(20+R)I$$

$$V_a=5-20I=5-\frac{20\times15}{20+R}$$

$V_a=0$ であるから，$R=40$〔Ω〕

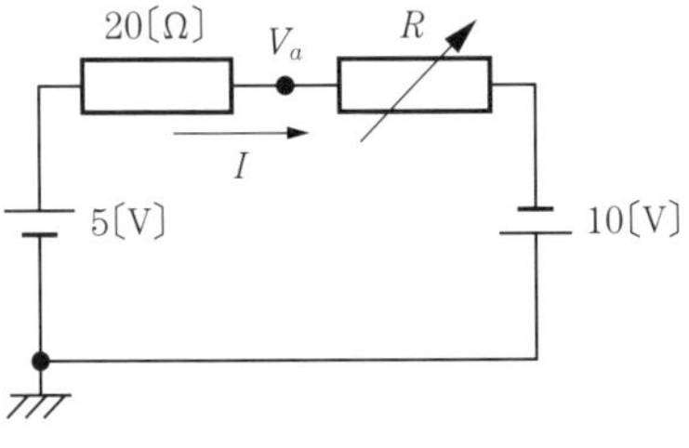

解図 2.1

〔**問題 2.5**〕

テブナンの定理を使う．R を流れる電流 I は，

$$I=\frac{V}{R_0+R}, \quad R=\frac{V}{I}-R_0=24\ [\Omega]$$

〔**問題 2.6**〕

R_3 を切り離した時の端子 a, b 間の電圧 V_0 は，

$$V_0=\frac{R_2E_1+R_1E_2}{R_1+R_2}$$

端子 a, b から見た抵抗 R_0 は，

$$R_0=\frac{R_1R_2}{R_1+R_2}$$

R_3 を接続した時，I_3 はテブナンの定理より，

$$I_3=\frac{V_0}{R_0+R_3}=\frac{R_2E_1+R_1E_2}{R_1R_2+R_2R_3+R_3R_1}$$

〔**問題 2.7**〕

R_3 を切り離した時の端子 a, b から見た抵抗 R_0 は，

$$R_0=\frac{R_1R_2}{R_1+R_2}$$

この時の端子 a, b 間を短絡した電流 I_S は，

$$I_S=\frac{E_1}{R_1}+\frac{E_2}{R_2}$$

R_3 を接続した時，R_3 の電圧 V_3 はノートンの定理より，

$$V_3=\frac{(R_2E_1+R_1E_2)R_3}{R_1R_2+R_2R_3+R_3R_1}$$

$$I_3=\frac{R_2E_1+R_1E_2}{R_1R_2+R_2R_3+R_3R_1}$$

〔**問題 2.8**〕

端子 a, c, d 間の Δ 形抵抗を Y 形抵抗に交換すると，抵抗 1 つの値は $\frac{R}{3}$ になる．

$$R_T=R$$

〔**問題 2.9**〕

a, b 間の電圧を V_{ab}，全体の電流を I とすると，

$$V_{ab}=\frac{I}{3}r+\frac{I}{6}r+\frac{I}{3}r=\frac{5}{6}rI$$

となるので，合成抵抗は $\frac{5}{6}r$．

〔**問題 2.10**〕

端子 a, b で R_4 を切り離した時の a, b 間の電圧 V_0 は 16〔V〕であり，この時の全抵抗 R_0 は 24〔Ω〕になる．I_4 はテブナンの定理より，

$$I_4=\frac{V_0}{R_0+R_4}=0.25\ 〔\mathrm{A}〕$$

$$V_4=R_4I_4=10\ 〔\mathrm{V}〕$$

$$W_4=I_4V_4=2.5\ 〔\mathrm{W}〕$$

〔**問題 3.1**〕

電圧の最大値は $100\sqrt{2}=141$〔V〕．

周期は $\dfrac{1}{f}=\dfrac{1}{50}=0.02$〔s〕．

電圧は $v=141\sin 100\pi t$〔V〕．

波形は**解図 3.1**．

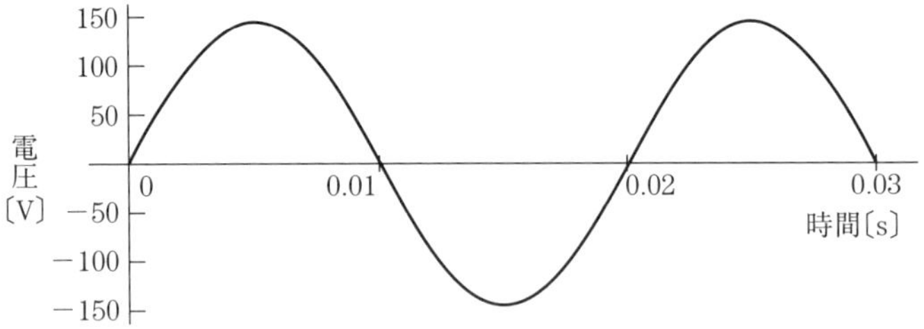

解図 3.1

〔**問題 3.2**〕

RL 直列インピーダンスの大きさは 24〔Ω〕．

$\theta=\dfrac{\pi}{4}$ より，$R=\omega L$．$R=17.0$〔Ω〕，$L=0.054$〔H〕．

〔**問題 3.3**〕

RC 直列回路のインピーダンスの大きさは 167〔Ω〕，電流の実効値 I は 0.60〔A〕，位相差 $\theta=72.6°$．

〔**問題 3.4**〕

インピーダンスの大きさは $40\sqrt{2}$〔Ω〕，電流の最大値は 2.5〔A〕．

位相差は $-\dfrac{\pi}{4}$〔rad〕．

瞬時電流 i は $i=2.5\sin\left(120\pi t-\dfrac{\pi}{4}\right)$〔A〕．

瞬時電力 p は $p=125-125\sqrt{2}\cos\left(240\pi t-\dfrac{\pi}{4}\right)$〔W〕.

〔**問題 3.5**〕

この回路のインピーダンスは 13〔Ω〕, 電流は 10〔A〕, 力率は 0.923, 皮相電力は 1 300〔V･A〕, 有効電力は 1 200〔W〕, 無効電力は 500〔var〕, R の端子電圧は 120〔V〕, L の端子電圧は 50〔V〕.

〔**問題 3.6**〕

この回路のインピーダンスは 5〔Ω〕, 電流は 20〔A〕, 力率は 0.6, 皮相電力は 2 000〔V･A〕, 有効電力は 1 200〔W〕, 無効電力は 1 600〔var〕, R の端子電圧は 60〔V〕, C の端子電圧は 80〔V〕.

〔**問題 3.7**〕

力率が 90〔%〕になった場合の皮相電力は 15.6〔kV･A〕.

力率を 90〔%〕にするためのコンデンサの無効電力は 7.5〔kV･A〕.

求める静電容量は 597〔μF〕.

〔**問題 3.8**〕

この回路のインピーダンスは 5〔Ω〕, 電流は 20〔A〕, 力率は 0.8, 皮相電力 2 000〔V･A〕, 有効電力 1 600〔W〕, 無効電力 1 200〔var〕, R の端子電圧 80〔V〕, L の端子電圧 200〔V〕, C の端子電圧 140〔V〕.

〔**問題 4.1**〕

（a） $50=50\,e^{j0^\circ}=50\angle 0^\circ$〔V〕

（b） $2.12+j\,2.12=3\,e^{j\frac{\pi}{4}}=3\angle\dfrac{\pi}{4}$〔A〕

（c） $50-j\,50\sqrt{3}=100\,e^{-j\frac{\pi}{3}}=100\angle-\dfrac{\pi}{3}$〔V〕

〔**問題 4.2**〕

（a） $v=20\sqrt{2}\sin\left(120\pi t+\dfrac{\pi}{3}\right)$〔V〕

（b） $i=2\sqrt{2}\sin\left(120\pi t-\dfrac{\pi}{4}\right)$〔A〕

（c） $v=100\sqrt{2}\sin\left(120\pi t+\dfrac{\pi}{6}\right)$〔V〕

〔問題 4.3〕

インピーダンス $\boldsymbol{Z}=R+j\omega L=600+j\,314$〔Ω〕.

$\boldsymbol{I}=0.131-j\,0.068$〔A〕

$\boldsymbol{V}_R=88.6\,e^{-j27.6^\circ}$〔V〕

$\boldsymbol{V}_L=46.3\,e^{j62.5^\circ}$〔V〕

ベクトル図は解図 4.1.

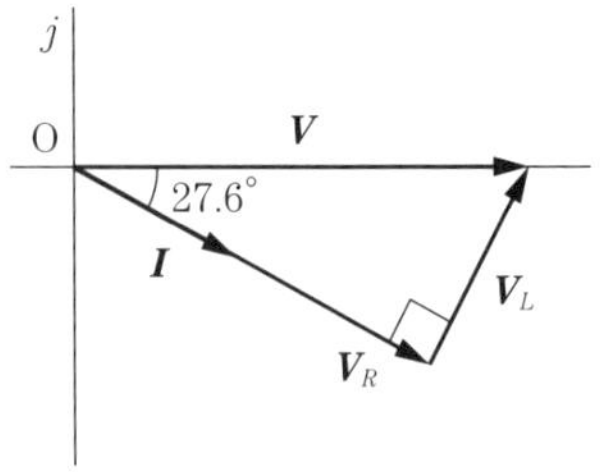

解図 4.1

〔問題 4.4〕

インピーダンス $\boldsymbol{Z}=\dfrac{\boldsymbol{V}}{\boldsymbol{I}}=17.0+j\,17.0$〔Ω〕,　$R=17.0$〔Ω〕

$$L=\frac{17.0}{\omega}=0.054\ 〔\mathrm{H}〕$$

〔問題 4.5〕

インピーダンス $\boldsymbol{Z}=3-j\,4$〔Ω〕,　電流 $\boldsymbol{I}=\dfrac{\boldsymbol{V}}{\boldsymbol{Z}}=20\angle 53.1^\circ$.

力率 $\cos 53.1^\circ=0.60$.

有効電力 1 200〔W〕, 無効電力 1 600〔var〕, 皮相電力 2 000〔V·A〕.

R の端子電圧 $\boldsymbol{V}_R=60\angle 53.1^\circ$〔V〕.

C の端子電圧 $\boldsymbol{V}_C=80\angle -36.9^\circ$〔V〕.

〔問題 4.6〕

抵抗 R を流れる電流 $\boldsymbol{I}_R=-j\dfrac{\boldsymbol{I}_C}{\omega CR}$.

L を流れる電流 $\boldsymbol{I}_L=\left(1-j\dfrac{1}{\omega CR}\right)\boldsymbol{I}_C$.

$$\boldsymbol{I}_C=\frac{V}{\dfrac{L}{CR}+j\left(\omega L-\dfrac{1}{\omega C}\right)}$$

〔問題 4.7〕

アドミタンス $\boldsymbol{Y}=\dfrac{R}{R^2+\omega^2L^2}+j\left(\omega C-\dfrac{\omega L}{R^2+\omega^2L^2}\right)$.

共振角周波数 $\omega_0=\sqrt{\dfrac{1}{LC}-\dfrac{R^2}{L^2}}$.

$R^2\ll\dfrac{L}{C}$ を使って $\omega_0=\sqrt{\dfrac{1}{LC}}$ から, 共振周波数 f_0 は $f_0=\dfrac{1}{2\pi\sqrt{LC}}$.

〔**問題 4.8**〕

回路合成インピーダンス $\boldsymbol{Z}$ を求め，$\boldsymbol{V}$ と $\boldsymbol{I}$ とが同相になるためには，$\boldsymbol{Z}$ の虚部が 0 であればよいことを使う.

$$R=\frac{1}{\omega C}\sqrt{\frac{\omega^2 LC}{1-\omega^2 LC}}$$

ただし，$\omega^2 LC<1$.

〔**問題 5.1**〕

等価回路は解図 5.1 になる.

$$\boldsymbol{Z}=\frac{\omega^2 R(L-M)^2}{R^2+\omega^2 L^2}+j\omega\frac{(L-M)(2R^2+\omega^2 LM+\omega^2 L^2)}{R^2+\omega^2 L^2}$$

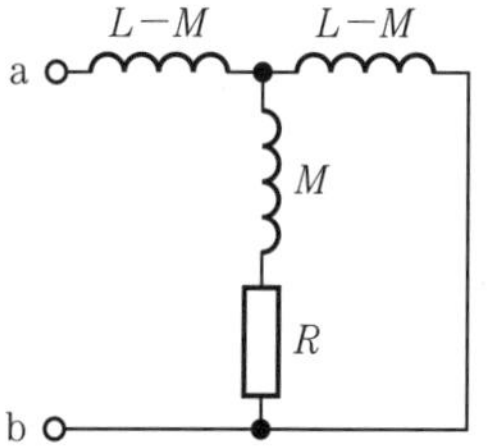

解図 5.1

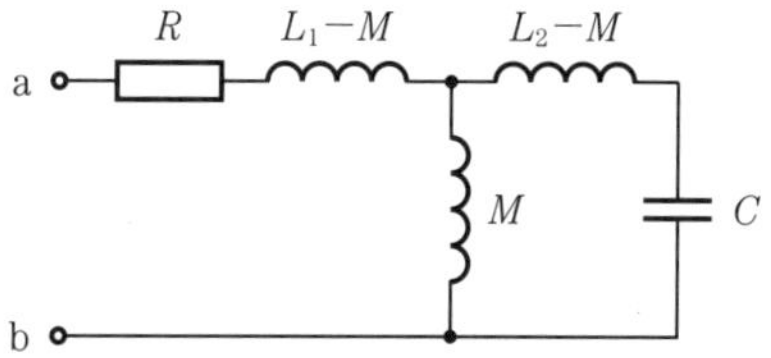

解図 5.2

〔**問題 5.2**〕

等価回路は解図 5.2 になる.

$$\boldsymbol{Z}=R+j\omega\left(\frac{\omega L_1 L_2-\dfrac{L_1}{\omega C}-\omega M^2}{\omega L_2-\dfrac{1}{\omega C}}\right)$$

$\boldsymbol{Z}$ の虚部の分子=0 とおく.

$$f=\frac{1}{2\pi}\sqrt{\frac{L_1}{(L_1 L_2-M^2)C}}$$

〔**問題 5.3**〕

等価回路は解図 5.3 になる．検流計Ⓓを流れる電流が零のとき，

$$j\omega M\boldsymbol{I}-j\frac{1}{\omega C}\boldsymbol{I}=0,\quad f=\frac{1}{2\pi}\frac{1}{\sqrt{MC}}$$

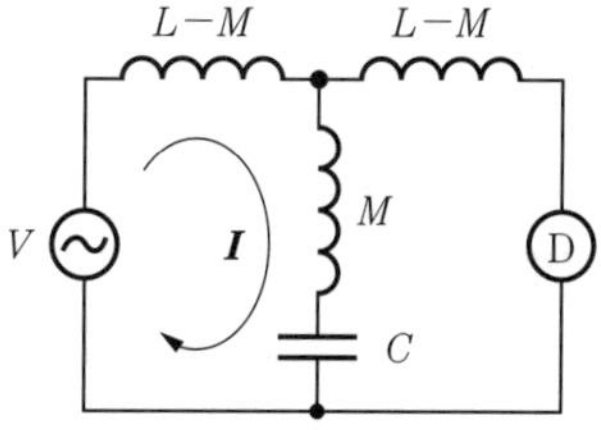

解図 5.3

〔問題 5.4〕

ブリッジの平衡条件から求める．

$$R_4=\frac{R_2R_3}{R_1},\quad L_4=\frac{R_2L_3}{R_1}$$

〔問題 5.5〕

ブリッジの平衡条件から求める．

$$f=\frac{1}{2\pi}\sqrt{\frac{1}{C_3C_4R_3R_4}}$$

〔問題 5.6〕

(1)，(2)　解図 5.4 の通り．

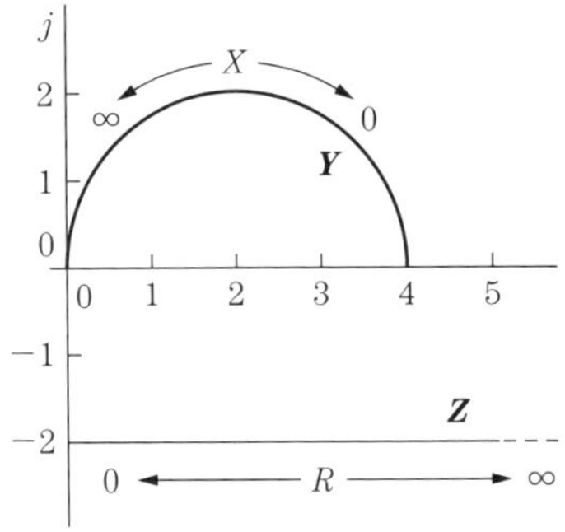

解図 5.4

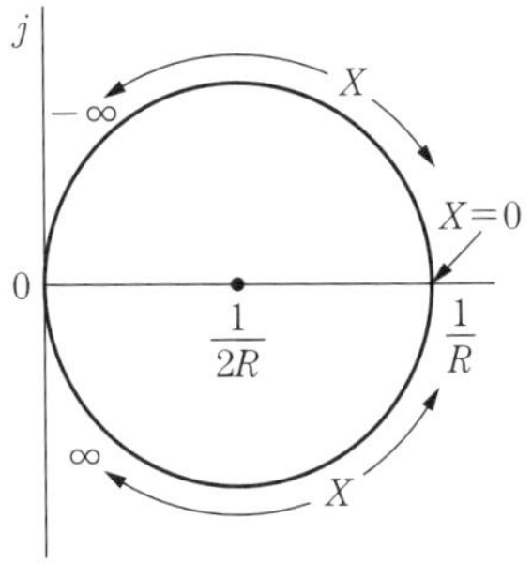

解図 5.5

〔問題 5.7〕 $X=\omega L-\dfrac{1}{\omega C}$ とおいて，ω を 0 から∞まで変化させると，解図 5.5 の通り．

〔問題 6.1〕

$$\begin{cases} \boldsymbol{I}_1-\boldsymbol{I}_2-\boldsymbol{I}_3=0 \\ 5\boldsymbol{I}_1+j10\boldsymbol{I}_2=50 \\ -j10\boldsymbol{I}_2+(3-j4)\boldsymbol{I}_3=0 \end{cases}$$

これらを解いて

$$\begin{cases} \boldsymbol{I}_1=4.12\angle 15.9°\ \text{〔A〕} \\ \boldsymbol{I}_2=3.07\angle -100.6°\ \text{〔A〕} \\ \boldsymbol{I}_3=6.14\angle 42.5°\ \text{〔A〕} \end{cases}$$

〔問題 6.2〕

解図 6.1 のように閉路電流 $\boldsymbol{I}_A$，$\boldsymbol{I}_B$ を決める．

$$\begin{cases} (5+j10)\boldsymbol{I}_A-j10\boldsymbol{I}_B=50\angle 0° \\ -j10\boldsymbol{I}_A+(3+j6)\boldsymbol{I}_B=0 \end{cases}$$

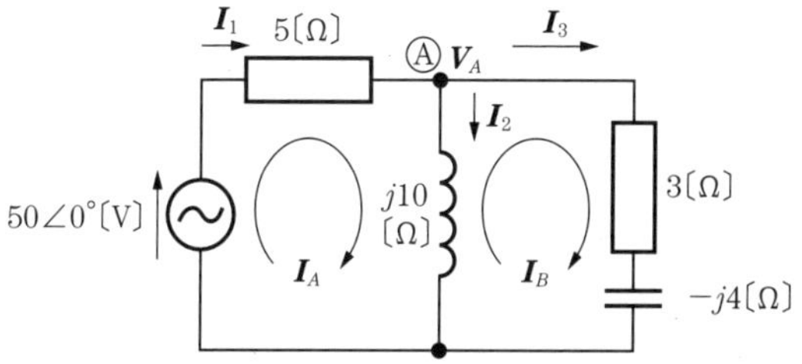

解図 6.1

これらから I_A, I_B を求めると,

$$\begin{cases} I_A=4.12\angle 15.9^\circ \text{〔A〕} \\ I_B=6.14\angle 42.5^\circ \text{〔A〕} \end{cases}$$

したがって,　$I_1=I_A=4.12\angle 15.9^\circ$〔A〕

$I_2=I_A-I_B=3.07\angle -100.6^\circ$〔A〕

$I_3=I_B=6.14\angle 42.5^\circ$〔A〕

〔問題 6.3〕

解図 6.1 の Ⓐ点の電圧を V_A とすると,

$$\frac{50\angle 0^\circ - V_A}{5} - \frac{V_A}{j\,10} - \frac{V_A}{3-j\,4} = 0$$

これから V_A を求めると, $V_A=30.7\angle -10.6^\circ$〔V〕

$$I_1 = \frac{50\angle 0^\circ - V_A}{5} = 4.12\angle 15.9^\circ \text{〔A〕}$$

$$I_2 = \frac{V_A}{j\,10} = 3.07\angle -100.6^\circ \text{〔A〕}$$

$$I_3 = \frac{V_A}{3-j\,4} = 6.14\angle 42.5^\circ \text{〔A〕}$$

〔問題 6.4〕

解図 6.2 のように閉路電流 I_A, I_B, および I_C を定める.

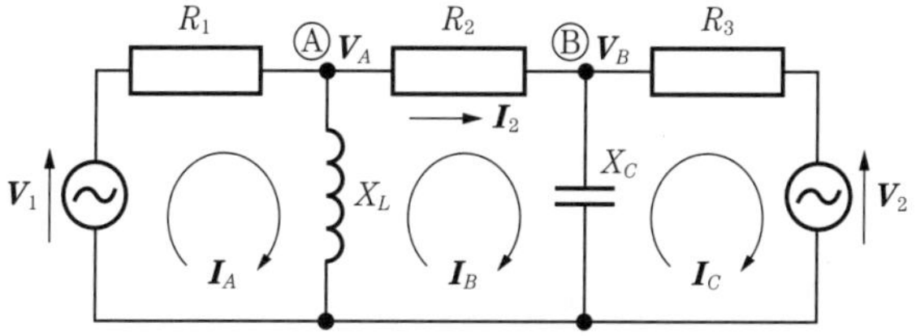

解図 6.2

$$\begin{cases} (R_1+jX_L)\boldsymbol{I}_A-jX_L\boldsymbol{I}_B=\boldsymbol{V}_1 \\ -jX_L\boldsymbol{I}_A+(R_2+jX_L-jX_C)\boldsymbol{I}_B+jX_C\boldsymbol{I}_C=0 \\ jX_C\boldsymbol{I}_B+(R_3-jX_C)\boldsymbol{I}_C=-\boldsymbol{V}_2 \end{cases}$$

これらに値を代入し，$\boldsymbol{I}_B$ を求める．

$$\boldsymbol{I}_2=\boldsymbol{I}_B=0.51\angle 29.0° \text{〔A〕}$$

〔**問題 6.5**〕

解図 6.2 のように $\boldsymbol{V}_A$，$\boldsymbol{V}_B$ を定める．

$$\begin{cases} \dfrac{\boldsymbol{V}_1-\boldsymbol{V}_A}{R_1}-\dfrac{\boldsymbol{V}_A-\boldsymbol{V}_B}{R_2}-\dfrac{\boldsymbol{V}_A}{jX_L}=0 \\ \dfrac{\boldsymbol{V}_A-\boldsymbol{V}_B}{R_2}-\dfrac{\boldsymbol{V}_B-\boldsymbol{V}_2}{R_3}-\dfrac{\boldsymbol{V}_B}{-jX_C}=0 \end{cases}$$

これらに値を代入し，$\boldsymbol{V}_A$，$\boldsymbol{V}_B$ を求める．

$$\boldsymbol{V}_A=15.9\angle 32.2° \text{〔V〕}$$

$$\boldsymbol{V}_B=13.8\angle 32.9° \text{〔V〕}$$

$$\boldsymbol{I}_2=\frac{\boldsymbol{V}_A-\boldsymbol{V}_B}{R_2}=0.51\angle 29.0° \text{〔A〕}$$

〔**問題 6.6**〕

解図 6.3 のように閉路電流 $\boldsymbol{I}_A$，$\boldsymbol{I}_B$ を定める．

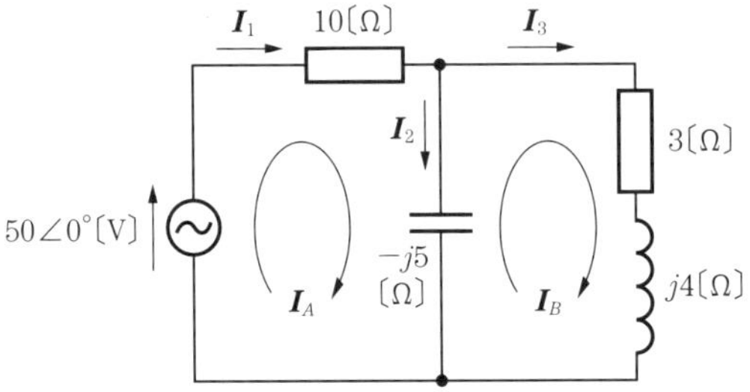

解図 6.3

$$\begin{cases} (10-j5)\boldsymbol{I}_A+j5\boldsymbol{I}_B=50 \\ j5\boldsymbol{I}_A+(3-j1)\boldsymbol{I}_B=0 \end{cases}$$

$$\begin{cases} \boldsymbol{I}_A=2.83\angle 8.1° \text{〔A〕} \\ \boldsymbol{I}_B=4.47\angle -63.4° \text{〔A〕} \end{cases}$$

$$\begin{cases} \boldsymbol{I}_1=\boldsymbol{I}_A=2.83\angle 8.1° \text{〔A〕} \\ \boldsymbol{I}_2=\boldsymbol{I}_A-\boldsymbol{I}_B=4.47\angle 79.7° \text{〔A〕} \\ \boldsymbol{I}_3=\boldsymbol{I}_B=4.47\angle -63.4° \text{〔A〕} \end{cases}$$

抵抗 10〔Ω〕での消費電力 80〔W〕

抵抗 3〔Ω〕での消費電力 60〔W〕

回路に供給される電力 140〔W〕

回路への供給電力は各抵抗での消費電力の和に等しい．

〔**問題 6.7**〕

$$\begin{cases} \dfrac{50\angle 0^\circ - \boldsymbol{V}_A}{5} - \dfrac{\boldsymbol{V}_A}{j2} - \dfrac{\boldsymbol{V}_A - \boldsymbol{V}_B}{4} = 0 \\ \dfrac{\boldsymbol{V}_A - \boldsymbol{V}_B}{4} - \dfrac{\boldsymbol{V}_B}{-j2} - \dfrac{\boldsymbol{V}_B - 50\angle 90^\circ}{2} = 0 \end{cases}$$

$$\begin{cases} \boldsymbol{V}_A = 24.8\angle 72.3^\circ \text{〔V〕} \\ \boldsymbol{V}_B = 34.3\angle 52.8^\circ \text{〔V〕} \end{cases}$$

〔**問題 6.8**〕

$$\begin{cases} (0.6 - j0.8)\boldsymbol{V}_A + j0.5\boldsymbol{V}_B + (-0.1 + j0.3)\boldsymbol{V}_C = -2.37 + j2.10 \\ j0.5\boldsymbol{V}_A + 0.5\boldsymbol{V}_B - j0.5\boldsymbol{V}_C = -1.74 + j9.85 \\ (-0.1 + j0.3)\boldsymbol{V}_A - j0.5\boldsymbol{V}_B + (0.6 + j0.2)\boldsymbol{V}_C = 4.10 - j11.95 \end{cases}$$

〔**問題 7.1**〕

解図 7.1(a)は電流源 $\boldsymbol{I}$ を開放除去した図である．この場合に $\boldsymbol{Z}_2$ を流れる電流を $\boldsymbol{I}_2'$ とすると，

$$\boldsymbol{I}_2' = \frac{(\boldsymbol{Z}_3 + \boldsymbol{Z}_4)\boldsymbol{E}}{(\boldsymbol{Z}_1 + \boldsymbol{Z}_2)(\boldsymbol{Z}_3 + \boldsymbol{Z}_4) + \boldsymbol{Z}_1\boldsymbol{Z}_2}$$

となる．次に解図 7.1(b)は電圧源 $\boldsymbol{E}$ を短絡除去した図である．

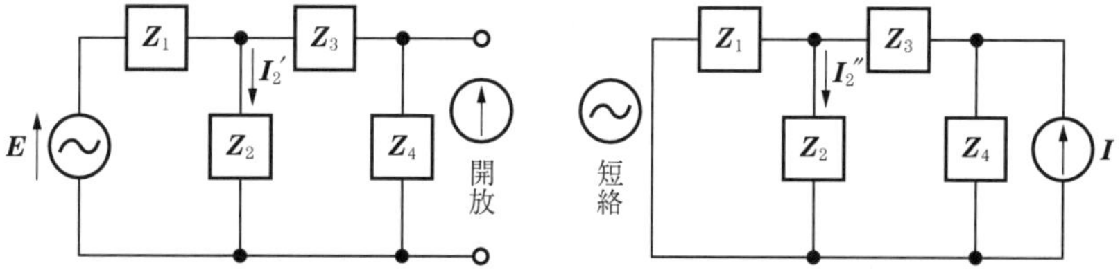

(a)　(b)

解図 7.1

この場合に $\boldsymbol{Z}_2$ を流れる電流を $\boldsymbol{I}_2''$ とすると，

$$\boldsymbol{I}_2'' = \frac{\boldsymbol{Z}_1\boldsymbol{Z}_4\boldsymbol{I}}{(\boldsymbol{Z}_1 + \boldsymbol{Z}_2)(\boldsymbol{Z}_3 + \boldsymbol{Z}_4) + \boldsymbol{Z}_1\boldsymbol{Z}_2}$$

となる．したがって，$\boldsymbol{Z}_2$ を流れる電流 $\boldsymbol{I}_2$ は，

$$\boldsymbol{I}_2 = \boldsymbol{I}_2' + \boldsymbol{I}_2'' = \frac{(\boldsymbol{Z}_3 + \boldsymbol{Z}_4)\boldsymbol{E} + \boldsymbol{Z}_1\boldsymbol{Z}_4\boldsymbol{I}}{(\boldsymbol{Z}_1 + \boldsymbol{Z}_2)(\boldsymbol{Z}_3 + \boldsymbol{Z}_4) + \boldsymbol{Z}_1\boldsymbol{Z}_2}$$

〔問題 7.2〕

$50\angle 0^\circ$〔V〕の電圧源を短絡除去した場合の抵抗 5〔Ω〕を流れる電流 $\boldsymbol{I}'$ は,

$$\boldsymbol{I}' = 3.49\angle 84.9^\circ \text{〔A〕}$$

となる．次に，元の回路から $50\angle 90^\circ$〔V〕の電圧源を短絡除去した場合の抵抗 5〔Ω〕を流れる電流 $\boldsymbol{I}''$ は,

$$\boldsymbol{I}'' = 5.10\angle 144.0^\circ \text{〔A〕}$$

となる．したがって，$\boldsymbol{I}$ は,

$$\boldsymbol{I} = \boldsymbol{I}' + \boldsymbol{I}'' = 7.52\angle 120.5^\circ \text{〔A〕}$$

〔問題 7.3〕

テブナンの定理より，$\boldsymbol{I} = \dfrac{\boldsymbol{V}_0}{\boldsymbol{Z}_{in} + \boldsymbol{Z}} = 10\angle -36.9^\circ$〔A〕.

〔問題 7.4〕

$-j\,30$〔Ω〕を切り離したときの端子 a, b から見たインピーダンス $\boldsymbol{Z}_0$ は,

$$\boldsymbol{Z}_0 = 49.5 - j\,4.4 \text{〔Ω〕}$$

端子 a，b 間の開放電圧 $\boldsymbol{V}_0$ は,

$$\boldsymbol{V}_0 = 39.0 - j\,48.8 \text{〔V〕}$$

$\boldsymbol{I}$ はテブナンの定理を用いて,

$$\boldsymbol{I} = \frac{\boldsymbol{V}_0}{\boldsymbol{Z} - j\,30} = 1.04\angle -16.6^\circ \text{〔A〕}$$

$$\boldsymbol{V} = 31.1\angle -107^\circ \text{〔V〕}$$

〔問題 7.5〕

$-j\,30$〔Ω〕を切り離したときの端子 a, b から見たインピーダンス $\boldsymbol{Z}_0$ は,

$$\boldsymbol{Z}_0 = 49.5 - j\,4.4 \text{〔Ω〕}$$

端子 a, b の短絡電流 $\boldsymbol{I}_S$ は,

$$\boldsymbol{I}_S = 1.26\angle -46.2^\circ \text{〔A〕}.$$

$-j\,30$〔Ω〕を接続したときの端子間電圧 $\boldsymbol{V}$ は，ノートンの定理より,

$$\boldsymbol{V} = -8.87 - j\,29.8 \text{〔V〕}.$$

$-j\,30$〔Ω〕を流れる電流 $\boldsymbol{I}$ は,

$$\boldsymbol{I} = 1.04\angle -16.6^\circ \text{〔A〕}.$$

〔問題 7.6〕

ΔR 増加する前の R を流れる電流 $\boldsymbol{I}_R$ は，$\boldsymbol{I}_R = -j\,5$〔A〕である．したがって，$\Delta R = 2$〔Ω〕増加したときに，元の電流と同じにするために挿入する電圧源 $\boldsymbol{V}$ は，補償の定理より,

$$\boldsymbol{V} = \boldsymbol{I}_R\,\Delta R = -j\,10 \text{〔V〕}$$

となり，I_R とは逆向きに挿入する．

〔**問題 7.7**〕

相反定理から，$\boldsymbol{I}_1=\dfrac{\boldsymbol{I}_2\boldsymbol{E}_2}{\boldsymbol{E}_1}=-4+j\,2$〔A〕

〔**問題 7.8**〕

解図 7.2 の通り．

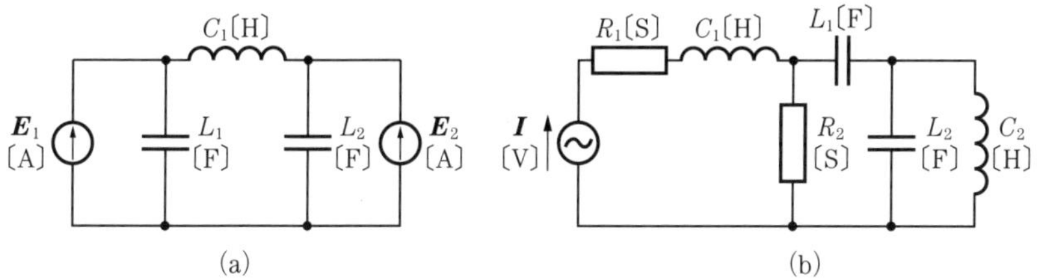

解図 7.2

〔**問題 7.9**〕

解図 7.3 の通り．

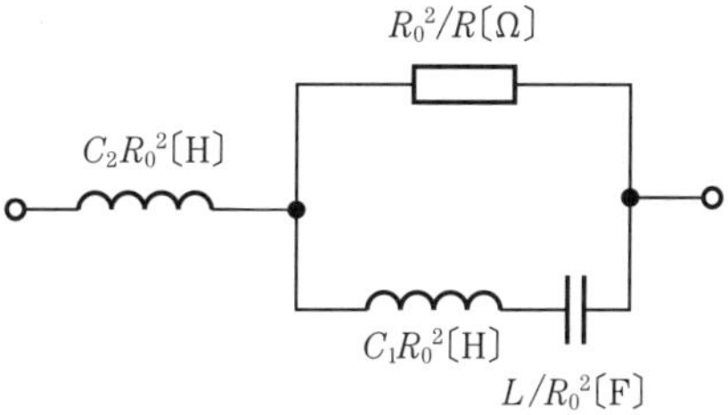

解図 7.3

〔**問題 7.10**〕

$\boldsymbol{Z}_1\boldsymbol{Z}_2=R^2$，すなわち，$\boldsymbol{Z}_1$ と $\boldsymbol{Z}_2$ が R^2 に関して互いに逆回路であること．

参考文献

1) 川村雅恭：電気回路，昭晃堂（1992）
2) 瀬谷浩一郎：電気回路テキスト，日本理工出版会（1994）
3) 小澤孝夫：電気回路 I 基礎・交流編，昭晃堂（1990）
4) 電気学会通信教育会：電気学会大学講座電気回路論（改訂版），電気学会（1990）
5) 菅 博，堀川仙松：図説電気回路要論，産業図書（2005）
6) 山本 滋，松塚 勇，長澤幸二：回路の諸定理と例解，コロナ社（1992）
7) 山田直平：改訂交流回路計算法，コロナ社（1978）
8) 関根松夫：やさしい電気回路 — 微・積分は使わない —，昭晃堂（2005）
9) 小澤孝夫：電気回路を理解する，昭晃堂（1996）
10) 川村雅恭：電気磁気学 —基礎と例題—，昭晃堂（1989）
11) 山口勝也：詳解電気回路・過渡現象演習，日本理工出版会（1989）
12) 大下眞一郎：詳解電気回路演習（上），共立出版（1989）
13) 曽根 悟，檀 良：電気回路の基礎，昭晃堂（2006）
14) 谷本正幸：図解はじめて学ぶ電気回路，ナツメ社（2006）
15) 卯本重郎：現代基礎電気数学，オーム社（1994）
16) エドミニマスター：マグロウヒル大学演習シリーズ電気回路，マグロウヒルブック（1988）
17) Theodore F. Bogart, Jr. : Electric Circuits–Second Edition–, McGraw–Hill（1992）
18) Bernard Grob : Basic Electronics, McGraw–Hill（1984）

索　　引

（五十音順）

あ　行

か　行

さ 行

た 行

な　行

は　行

ま 行

や 行

ら 行

わ 行

欧文・ギリシャ

—著者略歴—

1979年　日本大学理工学部電気工学科卒業
1981年　日本大学大学院理工学研究科博士前期課程修了
　　　　（電気工学専攻）
1988年　工学博士（日本大学）
　　　　助手，専任講師，助教授を経て
2007年　日本大学教授
2021年　日本大学特任教授
　　　　現在に至る

ポイントで学ぶ **電気回路**
—直流・交流基礎編—
Essentials of Electric Circuits : Basic Analysis

2015年1月30日　初版第1刷発行
2022年7月15日　初版第5刷発行

検印省略

著　者　三浦（みうら）　光（ひかる）
発行者　株式会社　コロナ社
　　　　代表者　牛来真也
印刷所　美研プリンティング株式会社
製本所　有限会社　愛千製本所

112-0011　東京都文京区千石4-46-10
発行所　株式会社　**コロナ社**
CORONA PUBLISHING CO., LTD.
Tokyo Japan
振替00140-8-14844・電話(03)3941-3131(代)
ホームページ　https://www.coronasha.co.jp

ISBN 978-4-339-00871-5　C3054　Printed in Japan　（中原）